미생물이
우리를
구한다

병 주고 약 주는 생태계의 숨은 주인,
미생물의 모든 것

미생물이
우리를
구한다

필립 K. 피터슨 지음 | **홍경탁** 옮김 | **김성건** 감수

문학수첩

안데르스, 소냐, 일사, 스베아에게

"세상의 종말과 함께할 생명체는 바로 미생물이다."

– 루이 파스퇴르Louis Pasteur

"미생물이 사라진다면 지구는 바로 종말을 맞이하게 될 것이다."

– 칼 워즈Carl Woese

CONTENTS

제3부 미생물의 미래

한국어판 저자 서문

2020년 초 《미생물이 우리를 구한다》의 교정 작업을 하고 있을 때, 중국의 우한 지방에서 최신 병원균(제2형 중증급성호흡기증후군 코로나바이러스SARS-CoV-2)이 확산되기 시작했다. 얼마 지나지 않아 이 바이러스에서 유발된 질병인 코로나바이러스감염증-19(COVID-19)는 사실상 인간이라는 존재의 모든 측면을 파괴하는 대유행병으로 완전히 성장했다.

《미생물이 우리를 구한다》가 미국에서 출간된 지 1년 뒤인) 2021년 8월 중순까지 COVID-19는 전 세계 구석구석까지 파고들어 2억 1000만 명이 넘는 사람들을 감염시켰고, 450만 명에 달하는 사람들의 목숨을 앗아 갔다. 안타깝게도 미국은 2020년 5월 이후 전 세계에서 가장 많은 사람이 감염되고 가장 많은 사람이 사망한 나라가 되었다. 1세기 전에 스페인독감으로 사망한 사람보다 COVID-19로 사망한 미국인이 더 많다.

일부 국가들은 다른 국가들보다 코로나바이러스에 훨씬 잘 대응했다. 예를 들어 한국은 초기에 COVID-19가 증가하지 않도록 관리하는 데 앞서갔다. 여기에는 공중보건을 존중하는 시민들의 세심한 접촉자 추적, 사회적 거리 두기, 마스크 착용 등이 포함된다.

코로나바이러스 방역에서 보인 한국의 모범적인 대응은, 부분적으로 9장에서 논의한 초기 코로나바이러스인 중동호흡기증후군 코로나바이러스(MERS-CoV)가 나타났을 때 습득한 학습의 결과였다.

하지만 RNA 바이러스들이 대개 그러하듯 코로나바이러스는 빠르게 돌연변이를 일으켰다. 그러나 2021년 8월 매우 전염성이 강하고 훨씬 치명적인 델타 변이 코로나바이러스가 한국을 강타해 증가하는 감염자 수를 억제하기 위해 고군분투할 때도, 한국은 여전히 세계의 여느 국가보다 훨씬 나은 상황을 보였다. (나는 이 사실을 다수의 조사를 통해 알게 되었지만 여러분은 경험을 통해 알고 있을 것이다.)

기록적인 시간 안에 매우 효과적이고 안전한 백신을 개발한 것은 COVID-19 이야기에서 가장 재미있는 부분이다. 대유행병으로 인해 촉발된 면역학, 바이러스학, 공중보건 분야에서 급속도로 발전이 일어나고 있는 것 역시 마찬가지다.

그럼에도 불구하고 내가 이 서문을 쓰고 있는 2021년 9월에도 여러 핵심적인 질문에 대한 답은 여전히 얻어 내지 못하고 있다. 우리는 아직까지도 코로나바이러스가 어디서 발생했는지 모른다. 코로나바이러스는 박쥐에서 인간으로 전이된 것일까? 가장 그럴 듯하지만 결코 확실한 답은 아니다. 별생각 없이 실험실에서 방출된 것일까? 그럴 것 같지는 않다. 의도적으로 방출된 것일까? 전혀 그럴 것

같지 않다.* 여전히 전 세계의 병원을 뒤덮고 있는 새로운 변종 코로나바이러스들의 등장에 어떻게 하면 효과적으로 대처할 수 있을까? 이 글을 쓰는 지금도 이러한 질문에 대한 답은 모두 '아직은 모른다'이다.

1세기에 걸쳐 발생한 세계적인 유행병 가운데 COVID-19가 단연 규모가 크다는 이유로, 우리에게 해를 끼치는 치명적인 미생물뿐만 아니라 우리에게 도움을 주는 대부분의 미생물에 관한 이야기까지, 대다수의 미생물 이야기에 대한 관심이 무색해졌다. 《미생물이 우리를 구한다》에서는, 만일 존재하지 않았다면 우리 인류가 멸종해 버렸을 수도 있는 수많은 미생물에 관한 특별한 이야기를 볼 수 있다. 또한 우리에게 해를 끼치는 비교적 적은 미생물에 관한 마찬가지로 놀라운 이야기를 만나게 될 것이다.

이러한 해로운 미생물의 다수는 신종 병원균이다. 신종 병원균은 처음으로 모습을 보이거나, 기존에 살던 곳에서 새롭게 다른 곳으로 확산된 미생물이다. 내가 이 분야에서 일하는 동안에만 인류는 거의 150종의 신종 병원균을 처리해야 했다. 여러분은 이 책에서 다수의 해로운 미생물과 그보다 훨씬 많은 우호적인 미생물을 만나게 될 것이다.

또한 우리의 몸을 함께 사용하는 무수히 많은 미생물인 인간 마

---

* 중국이 고의적으로 감염성이 매우 강한 치명적인 병원균을 자국 내 인구 밀집 지역에 방출하여 수천 명의 자국민을 죽이고, 경제적으로 수백억 달러의 경제적 손실을 입힌다는 것은 말이 되지 않는다. 만약 이 바이러스가 중국 외 지역에서 처음 모습을 나타냈다면 의도적으로 방출된 것이라는 가설에 훨씬 신빙성을 더했을 것이다.

이크로바이옴에 관한 내용을 보게 될 것이다. 미생물이 사는 5가지 인간 생태계(장, 구강, 폐, 피부, 질) 가운데 장이 가장 많이 다뤄졌다. 《미생물이 우리를 구한다》에서 여러분은 인간의 장에 있는 약 40조로 추정되는 (인체 내 세포 수보다 많은) 박테리아에 대해 읽게 될 것이다. 이들은 음식물 소화에 필수적이다. 하지만 여러 가지 염증과 암, 당뇨병, 비만과도 관련이 있는 것으로 보인다.

장과 관련하여, 여러분은 이 책에서 전혀 예측하지 못한 놀라운 무언가에 대해 알게 될 것이다. 바로 인간의 대변을 이식하여 질병을 치료하는 새로운 치료법이다. 여러분은 또한 유망한 미생물 치유의 형태인 박테리오파지와 프로바이오틱스, 미생물의 방어 체계에 대한 연구를 기반으로 한 놀라운 발견에 대해서도 알게 될 것이다.

《미생물이 우리를 구한다》의 후반부에서는 현재 인류와 지구에게 가장 불길한 위협을 주고 있는 기후변화와 미생물 세계 사이의 관계에 대해 알아볼 것이다. 전 세계적으로 인간이 처한 곤경에서 미생물은 우리를 구할 수 있을까? 여러분은 희망적인 답이 가능한 이유와 방법을 발견하게 될 것이다. 인간의 독창성이 결합된다면 말이다.

인생을 뒤바꿀 미생물 세계로의 특별한 여행에 부디 함께해 주기 바란다.

2021년 9월
필립 K. 피터슨

서문

대형 온라인 서점을 검색해 보면, 전염병과 관련된 미생물을 포함해 여러 측면에서 미생물을 다루고 있는 책 수만 권을 볼 수 있다. 이 책들을 매주 한 권씩 읽는다고 가정하면 전부 읽는 데 192년이 넘게 걸린다. 그래서 많은 시간을 절약해 줄 《미생물이 우리를 구한다: 병 주고 약 주는 생태계의 숨은 주인, 미생물의 모든 것》을 소개한다. 이 책은 이해하기 쉬운 입문서로서 독자가 알아야 할 중요한 정보를 요약하고, 미생물에 관한 책이라면 모두 다루는 내용과 메시지를 강조해 재미있게 서술하고 있다. 역사적 교훈과 개인적인 기록, 여행기, 과학 교과서, 엔터테인먼트 가이드가 하나로 묶인 이 책은 전염병 전문가나 의사, 간호사, 미생물학자, 교사, 학생, 또는 역동적이고 흥미진진한 미생물 세계와 인간, 동물, 환경 변화에 관심 있는 일반 대중의 필독서이다! 독자들은 미생물이 내 건강에 어떤 영향을 미치는지를 알아 가면서 즐거움을 느끼게 될 것이다.

피터슨 박사는 이야기꾼인 동시에 다양한 (선하고, 악하고, 추한)

미생물에 조예가 깊은 사람이다. 이 책은 세 부분으로 나뉘어 있다. 제1부인 〈친한 친구들〉에서 우리는 모든 생명체가 숨 쉴 수 있는 현재의 산소가 풍족한 환경을 만드는 데 미생물이 어떠한 기여를 했으며, 그들이 어떻게 우리 몸을 보호하고 우리 존재를 가능하게 하는 데 결정적인 기여를 하는지 알아본다. 제2부 〈인간의 적〉에서는 미생물이 어떻게 우리 인간을 비롯하여 지구상의 모든 종을 해치울 수 있는지 배우고, 마지막 제3부 〈미생물의 미래〉에서는 미생물의 힘을 이용하여 우리가 어떻게 건강하고 안전해질 수 있으며, 미생물의 진화라는 역동적인 세계에서 여전히 미생물이 주도권을 쥐고 있다는 이야기도 듣게 될 것이다.

피터슨 박사는 이 책에서 흥미로운 사실들을 다루며, 독자를 과학자나 의료 종사자 수준으로 끌어올리기보다는 다음 장을 넘기지 않고는 못 배길 정도로 재미있는 독서를 하도록 이끈다. 많은 독자는 인간의 역사에서 미생물이 얼마나 중요한 역할을 맡았는지를 알며 놀랄 것이다. 그 역할 중에는 우리의 건강을 유지(미생물은 대부분 해를 가하기보다는 우리의 절친한 친구이자 보호자이다)해 주는 것은 물론, 더 좋아지게 하는 것도 있다. 대다수 미생물은 인간, 동물, 식물, 지구의 건강에 유익하다. 오늘날 우리는 미생물을 모조리 죽여야 한다고 믿게 하려는 다양한 살균제 광고의 홍수 속에서 살고 있다. 이 책은 미생물이 인간에게 얼마나 유익한지를 이해하고 인정하게 하는 권위 있는 지침서다. 어느 날 나, 또는 사랑하는 사람이나 동료의 삶이 더 이상 효과적인 항생제가 없는 병원균에게 공격당했을 때 "치료 바이러스"라고 불리는 박테리오파지가 목숨을 구해 준다면 어떨지 한번 생각해 보자.

하지만 미생물 중에는 분명 우리의 적도 있다. 현재 1400가지가 넘는 공인된 감염병이 존재할 뿐만 아니라, 아직 발견되지 않았거나 미처 질병 유발자로 진화하지 않은 미생물도 있다. 물론 질병을 유발하는 미생물은 전체 미생물 수에 비하면 소수일 뿐이지만, 이들의 영향은 부인하거나 축소될 수 있는 수준이 아니다. 우리는 천연두, 페스트, 에볼라, 에이즈, 결핵, 말라리아, 인플루엔자, 콜레라, 지카, 뎅기열, 항생제 내성 전염병 등과 같은 치명적인 질병에 대해 상세하게 배울 것이다. 이러한 질병을 일으키는 바이러스, 박테리아, 기생충은 오늘날 군대가 소유하고 있는 대규모 무기 시스템만큼 위험하고 심각한 질병을 유발해 인간, 동물, 식물 사회가 붕괴할 정도로 타격을 입힐 수 있다. 어떤 파괴적인 인플루엔자 대유행병은 불과 몇 개월 내에 지구상의 어느 곳에서 일어난 핵탄두 폭발보다 더 많은 사람을 살상할 수도 있다. 피터슨 박사는 현대적인 의학 연구와 기술적 성취에도 불구하고, 감염병이 우리의 미래를 심각하게 위협할 수 있는 이유에 대해 분명하고 설득력 있게 이야기한다.

이 책은 우리가 미생물을 중요하게 생각해야 하며, 그들이 어떻게 우리를 돕고 죽이는지에 대해 더 자세히 알아야 한다는 결론을 내리게 한다. 백신과 항생물질의 중요성을 역설하며 우리가 개발에 투자해야 하는 이유를 명쾌하게 설명한다. 백신이 감염병에 끼친 어마어마한 영향력에 대해 생각해 보자. 미국 질병통제예방센터는 지난 20년 동안 유아에게 제공된 백신 덕분에 3억2200만 건의 질병과 2100만 건의 입원, 73만2000건의 사망이 예방되었다고 추정한다. 이 예측이 타당할까? 나는 그렇다고 생각한다. 그럼에도 불구하고, 오늘날 백신에 대해 가혹하고 강경하게 비판하는 목소리가 존재한다. 그들은 신뢰할 만한 과학적 연구에 기반하지 않은 거짓 메시지를 통해 백신 사용을 강력하게 방해하고 있다. 피터슨은 이 문제에 정면으로 대처하면서, 우리에게 이러한 백신에 반대하는 목소리를 반박할 수 있는 정보를 제공한다.

여러분의 건강과 우리가 사는 세상을 이해하기 위해 읽어야 할 한 권의 책이 있다면 《미생물이 우리를 구한다》일 것이다. 이 책은 미생물의 세계에 사는 우리 모두에게 주는 선물이나 다름없다!

박사, 공중보건학 석사(MPH), 석학교수, 공중보건 맥나이트 석좌교수,

감염병연구정책센터 소장, 공중보건 환경보건교육 전문교수,

과학기술대학연구소 기술리더십 교수, 미네소타대학교 의과대학 외래교수

마이클 T. 오스터홈^{Michael T. Osterholm}

독자에게

이 책에는 다양한 질병에 관한 논의가 등장하지만, 진단이나 치료를 목적으로 하지는 않는다. 특정 질병이 의심되는 증상이 있거나 그 질병에 관심이 있다면 의료 전문가와 상담하기 바란다.

감사의 글

몇 년 전 손자 네 명(이 책을 손자들에게 바친다)에게 크리스마스 선물로 현미경을 선물했다. 오래전 내가 현미경을 보고 흥분했던 때처럼, 눈앞에 미시적 세계가 열리자 손자들이 흥분하는 모습을 지켜본 경험은 이 책을 쓰는 데 큰 영감을 주었다.

책을 쓰면서 나는 많은 친구와 동료 들과 '미생물이라는 보석'에 대한 이야기를 나누었고, 거의 모든 사람이 미생물에 흥미를 느끼고 있다는 사실을 깨달았다. ('거의' 모든 사람이라고 말한 이유는 나의 가장 친한 친구인 아내 카린이 지난 몇 년 동안 산책을 갈 때마다 내가 들려준 미생물 이야기의 진정한 가치를 인정했는지 확신이 서지 않기 때문이다. 하지만 카린의 밝은 성격은 책을 완성하는 데 중요한 역할을 해 주었다. 그리고 여전히 가장 친한 친구이다.)

또한 이 책에 많은 영향을 준 저술자문위원이자 저작권 대리인 스콧 에델스테인에게 감사하고 싶다. 미생물 이야기를 생생하게 만드는 법에 대한 그의 조언은 너무나도 소중했다. 스콧의 도움과 재치 넘치는 유머 감각이 없었다면 이 책은 빛을 보지 못했을 것이다. 담당 편집자인 제이컵 보너, 켈리 헤이건, 앤드루 화이트의 조언과 힘을 북돋워 준 지도에도 감사한다.

끝으로 40년 넘게 함께한 소중한 친구이자 동료인 세 사람에게 감사의 말을 전하고 싶다. 감염병 역학 분야의 세계 최고 권위자인 마이크 오스터홈은 서문을 써 주었다. 그의 서문은 이 책에 큰 도움이 되었을 뿐 아니라 그의 성품이 얼마나 너그러운지 잘 보여 준다. 내가 학계에 발을 들여놨을 때부터 나의 멘토였던 감염병 분야의 대가 폴 퀴Paul Quie와 데이비드 윌리엄스David Williams(내가 아는 가장 재능이 넘치는 선생님이자 내과 전문의, 감염병 전문가)는 많은 통찰을 제공해 주었다. 이러한 통찰은 《미생물이 우리를 구한다》에 포함된 주제뿐만 아니라, 수년간에 걸쳐 인정human kindness이라는 훨씬 큰 주제에 이르는 계기가 되었다.

머리글
작은 생명체가 어떻게 엄청난 결과를 초래하는가

"항생제와 살균제를 만들어 사용할 만큼 위대하고 영리한 인간은 자신이 박테리아를 멸종에 이르게 했다고 확신하기 쉽다. 하지만 절대 그렇지 않다. 박테리아가 도시를 건설하거나 흥미로운 사회 생활을 하지는 않을지 몰라도, 그들은 태양계가 사라지는 순간까지 살아남을 것이다. 지구는 박테리아의 행성이며, 우리는 그들이 허락해 주었기 때문에 지구에 머물고 있을 뿐이다."

빌 브라이슨^{Bill Bryson}

"어떤 이야기의 한 측면을 이야기라고 할 수는 없다. 생각해 보면 그것은 오히려 정치 선전에 가깝다."

대니얼 L. 로빈슨^{Daniel L. Robinson}

이 책은 30년 전, 4학년이었던 딸의 교실에서 싹트기 시작했다. 딸아이는 수업 시간에 나의 직업에 대해 학생들에게 말하는 시간을 마련해 주었는데, 당시 나는 감염병 전문가라는 새로운 직업군에서 일하고 있었다. 나는 딸아이의 친구들이 미생물이 얼마나 위험한지 들어 보았을 것이라고 생각했다. 그래서 아이들의 폭넓은 이해를 돕기 위해 '미생물은 여러분의 친구입니다'라는 제목으로 강연을 했다.

나는 안톤 판 레이우엔훅Anton van Leeuwenhoek이 발명한 것과 똑같은 현미경(현미경 자체의 크기는 불과 7, 8센티미터 정도로 놀라우리만큼 작다)과 페트리 접시를 가지고 가 아이들이 기침을 하거나 침을 뱉도록 했다. 아이들의 기침과 침은 항온배양기에서 이틀이 지나자 얼마나 다양한 박테리아와 곰팡이가 입에 살고 있는지 보여 주었다.

강연에 대한 학생들의 반응은 좋았다. 하지만 내가 대다수의 세균은 전적으로 무해하며 상당수는 건강에 도움이 되기도 한다고 말하자 선생님은 눈에 띄게 불편해했고, 아이들의 질문에 채 답하기도 전에 나를 교실 밖으로 안내했다.[1]

요즘 그와 비슷한 강연을 하게 된다면 '미생물은 여러분의 친구입니다'라는 제목을 붙이지는 않을 것이다. 그보다는 '미생물은 지금까지 어떻게 우리의 생명을 구했는가'라고 하고 싶다. 미생물은 일상 속 질병과 죽음으로부터 우리를 보호해 주기 때문이다. 최근 분자생물학, 진화생물학, 생태학의 발전으로 미생물이 인간의 건강과 행복에 미치는 역할의 중요성이 새롭게 밝혀지고 있다.

20세기의 마지막 사반세기에 시작된 놀라운 과학 발전은 미생물이 우리와 우리가 사는 행성의 건강에서 맡고 있는 중대한 역할을 드러냈다. 하지만 그와 동시에 낯설고 끔찍한 전염병이 급속도로 전 세계에 퍼졌다. 이 책에서는 악역을 맡기도 했다가 좋은 일도 하는, 아슬아슬하면서도 때로는 무시무시한 미생물 이야기를 다룰 것이다.

아주 작은 생명체인 미생물의 어마어마한 힘은 아무리 과장해도 지나치지 않다. 실제로 생명 자체가 미생물과 함께 탄생했다. 하지만 미생물은 계속해서 건강을 증진하는 동시에 다른 모든 형태의 생명을 위협하고 있다.

하버드 의과대학 학과장이었던 찰스 시드니 버웰은 이런 유명한 말을 남겼다.."학생들에게 이런 말을 해 주면 실망한다. '의대에서 가르치는 지식의 절반은 10년이 지나면 틀린 것으로 드러난다. 그런데 문제는 선생들도 어느 쪽이 틀리고, 어느 쪽이 옳을지를 전혀 모른다는 것이다.'"

나는 40여 년 전에 컬럼비아대학교 의대를 졸업했는데, 당시에는 미생물이 온갖 종류의 위험한 감염병을 일으키며 대부분 치명적이라고 배웠다.

오늘날에도 그러한 주장(미생물은 인간의 치명적인 적이다)은 바뀌지 않았다. 하지만 그것은 빙산의 일각일 뿐이다. 지난 몇 년 동안의 과학 발전 덕분에 우리는 이제 대다수의 미생물(박테리아, 고세균류, 바이러스, 곰팡이, 원생생물)이 무해하거나 인간의 건강에 정말 필요하다는 사실을 안다. 미생물은 우리의 친한 친구이다.

그리고 미생물은 생명이 탄생한 이래 항상, 어디에나 있어 왔다. 박테리아는 인체 표면 어디서나 서식한다. 건강한 사람의 위장에는 약 40조 개의 박테리아가 서식하는데, 이는 인간의 육체 전체에 있는 세포 수와 비슷하다. 이들 박테리아는 모두 인체에 무해하거나 건강에 유익하다.

미생물은 모든 인간의 조상이며, 그 무게를 모두 더하면 지구상의 모든 동물을 합한 것보다 무겁다. 그리고 많은 경우 인간보다 똑똑하다. 최근 항생제에 내성이 생긴 미생물의 전파를 통해서 이 점을 확인할 수 있었다.

또한 미생물은 지구의 생존에도 필수적이다. 미생물은 인체에서 바다에 이르기까지 모든 생태계의 건강에 결정적인 역할을 한다.

내가 의대에 진학한 1966년 당시에는 전염병이 정복되었다는 오해가 만연해 있었다. 당시 의무감醫務監(군에서 의료 업무를 맡아 보는 특별참모부서의 우두머리—옮긴이)이던 윌리엄 H. 스튜어트의 말로 알려진, 현대 의학에서 가장 널리 인용되는 구절 중 하나에 이러한 잘못된 개념이 반영되어 있다. "이제 전염병을 끝장내고 역병과의 전쟁에서 승리했음을 선언한 다음, 국가의 자원을 암과 심장질환 같은 만성 질병 치료에 투입해야 한다." 하지만 사실 윌리엄 스튜어트는 이런 말을 한 적이 없으며, 내용 역시 전혀 사실이 아니다.

1992년 미국 의학연구소Institute of Medicine, IOM에서 발간한 〈새로운 감염병: 미국의 건강을 위협하는 미생물〉[2]에서는 이 같은 기록을 바로잡고 있다. 미국 의회의 경각심을 불러일으키기 위해 작성된 이 보고서는, 이전 25년 동안 감염병이 우려할 만한 수준으로 증가하고 있다는 사실을 상세하게 기술하고 있다.

이 책을 읽다 보면 알게 되겠지만, 병원균은 인류 역사에서 엄청난 역할을 담당해 왔으며 지금까지도 그 역할을 계속하고 있다. 천연두로 죽은 사람의 수는 이제까지의 모든 전쟁에서 사망한 사람의 수를 합한 것보다 많다. (그러나 천연두를 일으킨 바이러스는 실제로 정복할 수 있었던 유일무이한 바이러스다. 백신 덕분이었다.) 그리고 흑사병의 원인이었던 페스트균은 14세기 중반 유럽에서 2500만 명의 목숨을 앗아 갔다. (현재 뉴잉글랜드 지역의 인구는 약 1500만 명이다.)

내가 감염병 교육을 마친 1977년 이후 새롭게 등장한 감염병에는 클로스트리디오이데스 디피실 감염증, 레지오넬라증, 라임병, 후천성 면역 결핍증, 에볼라 바이러스, 웨스트나일 바이러스 뇌염, 사스, 메티실린 내성 황색포도상구균 감염증, 지카 바이러스 감염증 등이 있다.

하지만 인간에게 가장 치명적인 적은 예나 지금이나 감기 바이러스다. 동료인 마이크 오스터홈은 감기 바이러스를 '감염증의 왕'이라고 부른다. 1918-1919년의 유행성 독감은 제1차 세계대전보다 더 많은 사람의 목숨을 앗아 갔으며, 앞으로 우리를 찾아올 유행성 독감들은 말 그대로 줄을 서서 기다리고 있다.

이 책에서는 인간의 삶이(그리고 역사가) 우리의 치명적인 적인 미생물에 의해 근본적으로 어떻게 바뀌었는지를 이야기하는 한편, 우리에게 영감을 주고 때로는 놀랍기도 한 미생물 친구들에 대해 이야기한다. 이 친구들은 우리의 건강을 유지하고 더 건강해지도록 도와준다. 어떤 경우에는 인간의 삶이 존재하게 해 주기도 한다.

새롭게 알게 된 이러한 사실들이 이야기하듯, 대다수의 미생물은 인간과 지구의 환경에 유익하다. 미생물은 우리에게 새로운 백신(그리고 더 긴 양질의 삶)에 대한 희망을 제공한다. 또한 기후변화를 해결하는 방법의 일환일 수도 있다. 이 책에서는 인간의 삶을 더 좋게 바꿔 줄 다양한 미생물과, 이와 같은 변화를 일으킬 현재 개발 중인 기술들을 살펴본다.

나는 거의 40년 동안 감염병 전문가로서 최전선에서 병원균과 싸워 왔다. 미네소타대학교에서 감염병 자문위원 및 연구원으로 활동한 40년은 새로운 감염병이 가장 많이 나타난 시기였다. (그와 관련한 내용은 이 책의 〈인간의 적〉 단원에서 읽게 될 것이다.) 또한 〈친한 친구들〉에서 논의되는 주제인 인간 마이크로바이옴human microbiome 시대의 탄생을 목격하는 행운을 누리기도 했다. 이러한 시절을 겪으면서 나는 미생물이 인간에게 해를 끼칠 때 얼마나 교활해지는지 지켜보며 갈수록 놀라게 되었다. 하지만 수많은 미생물이 인간의 생명과 음식물 공급, 지구 전체의 건강과 생존에 얼마나 중요한지에 대해서도 알게 되었다.

이 책은 미생물에 관한 굉장한 이야기를 들려준다. 이는 후원자이자 적에 대한 이야기다. 이 책은 과거를 바라보는 동시에 가까운 미래를 들여다본다. 아울러 사실에 관한 이야기이면서, 수수께끼가 가득한 이야기이기도 하다. 앞으로 알게 되겠지만 인간과 동물, 식물의 삶에 영향을 미치는 새로운 감염병은 계속해서 등장할 것이다. 하지만 미생물 이야기는 인간의 삶과 인류, 지구를 구하는 희망의 이야기라는 사실 또한 알게 될 것이다.

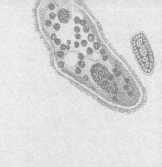

제1부

친한
친구들

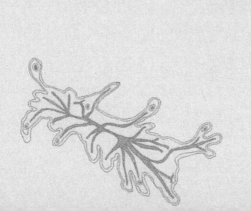

1

생명의 나무

———

한 알의 모래에 세상이 보이고
한 송이 들꽃에서 천국이 보이네,
손바닥에는 무한이 존재하고
순간에서 영원이 보이네.

윌리엄 블레이크 William Blake

천문학자들은 우주에 지구상의 모래알만큼 많은 별이 존재한다고 말한다. 별이나 모래알 모두 약 10^{24}(1 뒤에 0이 24개 붙는다는 뜻이다)개인 것으로 추정된다. 매우 큰 수이다.

하지만 과학자들이 전자현미경을 사용하여 각각의 모래알을 정밀하게 관찰한 결과, 모래알마다 수천 개의 박테리아가 숨어 있다는 사실을 발견했다. 한 예측에 따르면 지구에 서식하는 박테리아의 수는 약 10^{30}개(1에 0이 30개 붙는 노닐리온nonillion)라고 한다. 대략 우주에 있는 모든 별을 합한 수의 100만 배쯤 된다.

그런데, 대체 미생물이란 무엇일까?

태초에

"더 이상 놀라움에 멈춰 서서 경외감에 빠져 있지 않는 사람은 죽은 것이나 마찬가지다. 눈을 감고 있기 때문이다."

알베르트 아인슈타인 Albert Einstein

———

'미생물'과 '미소 생물'이라는 용어는 서로 바꿔 가며 사용할 수 있는 비슷한 말이지만, 미생물이라는 말이 잘 어울리는 것 같다. 미생물germ은 식물의 싹을 뜻하는 라틴어 germen에서 유래했다. 이 라틴어는 우리가 사용하는 'germinate(싹이 트다)'의 어원이기도 하다. 앞으로 다루겠지만, 미생물은 식물뿐만 아니라 동물을 포함한 모든 생물을 태어나게 했다. 이 책에서 미생물이라는 용어는 육안으로 볼 수 없는 아주 작은 생명체를 일컫는다.

germ이라는 단어는 17세기 영국에서 처음 등장했다. 당시 이 이 단어는 '생각의 시작(싹)the germ of an idea'처럼 이롭고 긍정적인 뜻으로 쓰였다.

하지만 19세기에 미생물이 병을 일으킨다는 이론이 등장하면서 germ의 평판이 나빠지기 시작했다. 수많은 미생물이 인간에게 유익하며, 해를 끼치는 경우는 상대적으로 아주 드물다는 점을 생각하면 참으로 안타까운 일이다. 앞으로 살펴보겠지만, 모든 미생물은 정당하게 존중을 받을 자격이 있다.

생명과 종의 기원

생명의 가장 작은 단위는 유기체organism라고 한다. 유기체는 하나 이상의 세포로 구성되며 모든 유기체는 3가지 기본 활동, 즉 신진대사, 주변 자극에 대한 반응, 재생산 활동을 한다. 간단히 말해 유기체는 모두 먹고, 싸우거나 도망치고(또는 싸우다가 도망치고), 새끼를 낳는다. 또한 유기체가 오랜 기간 생존하려면 진화를 통해 환경에 적응해야 한다.

우리는 아직 "최초의 유기체는 어떻게 탄생했을까?"라는 질문에 대답하지 못한다. 하지만 38억 년 전에 유기체가 나타났다는 사실은 안다.

진화생물학의 아버지 찰스 다윈Charles Darwin은 이 질문이 가장 근본적인 문제라고 생각하고 풀기 위해 매달렸지만, 끝내 해법을 찾지 못했다. 그 후 연구원들은 이를 해결하기 위해 온갖 종류의 정교한 실험을 수행하며, 흔히 원시 수프primordial soup라고 불리는 것과 유사한 화학혼합물을 만들어 생명체가 나타나기를 기대했다. 하지만 지금까지는 모두 실패로 돌아갔고, 생명의 기원은 여전히 미스터리로 남아 있다.

　다윈의 진화 이론은 생명체와 화석(과거에 생명체가 바위나 호박琥珀 등의 광물에 갇힌 것)의 특징에 대한 그의 통찰력 있는 관찰을 근거로 한다. 하지만 다윈이 볼 수 있는 화석 기록은 약 5억7000만 년 전인 선캄브리아Precambrian Period 말기에 해당하는 바위가 끝이 있다. 이와는 대조적으로 지질학과 고생물학, 분자생물학의 현대 기술은 세계에서 가장 오래된 화석의 나이가 이전까지 밝혀진 가장 오래된 화석의 나이보다 여섯 배 이상 많은 37억 년이라는 사실을 밝혀냈다. 그린란드의 스트로마톨라이트(박테리아에 의해서 만들어지는 특이한 형태의 생물 퇴적 화석—옮긴이)에서 최근 발견된 이 유기체는 남세균cyanobacteria이라는 이름의 세균의 일종이다. (2017년 캐나다 연구원들이 퀘벡주의 퇴적암에서 발견된 화석화된 미생물이 38억 년에서 43억 년 전 사이에 생성된 것이라고 주장했지만. 다른 과학자들은 이에 반박하고 있다.)

미생물과 큰 그림

"보다시피 생명의 역사에서 가장 두드러진 특징은 계속해서 박테리아가 지배했다는 것입니다."

스티븐 제이 굴드 Stephen Jay Gould

———

미생물은 이른바 '생명의 나무'의 근원이다. 옆의 그림에서 볼 수 있는 것처럼 생물은 박테리아, 고세균archaea류('고대'라는 뜻의 그리스어

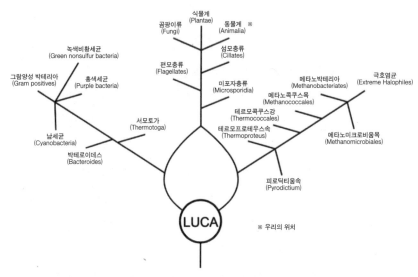

박테리아(Bacteria)　　　진핵생물(Eukarya)　　　고세균(Archaea)

식물계
(Plantae)
곰팡이류　　　　　　동물계　※
(Fungi)　　　　　　(Animalia)
녹색비황세균　　　　　　　　　　섬모충류
(Green nonsulfur bacteria)　　　　　(Cillates)
그람양성 박테리아　　　　　편모충류
(Gram positives)　　홍색세균　(Flagellates)
　　　　　　　　(Purple bacteria)　　　미포자충류　　　　　메타노박테리아　　극호염균
　　　　　　　　　　　　　　　　(Microsporidia)　　　(Methanobacteriates)　(Extreme Halophiles)
　　　　　서모토가　　　　　　　　　　메타노콕쿠스목
　　　　　(Thermotoga)　　　　　　　(Methanococcales)
남세균　　　　　　　　　　테르모콕쿠스강
(Cyanobacteria)　　　　　　(Thermococcales)
박테로이데스　　　　　　테르모프로테우스속　　　　　메타노미크로비움목
(Bacteroides)　　　　　(Thermoproteus)　　　　　(Methanomicrobiales)

피로딕티움속
(Pyrodictium)

LUCA　　　　　※ 우리의 위치

1970년대 칼 워즈와 그의 동료들이 처음 제안한 생명의 나무 계통수를 단순화한 그림. 근간이 되는 LUCA는 윌리엄 마틴이 이끄는 연구 팀이 2016년 상정한 것이다. (게놈 서열을 생성하는 새로운 방법과 슈퍼컴퓨터를 사용하여, 질리언 반필드와 그녀의 동료들은 최근 생명의 나무에 대한 새로운 관점을 제시했다. 거기에는 92개의 박테리아문, 26개의 고세균문, 5개의 진핵생물 슈퍼그룹이 포함되어 있다.)

에서 유래), 진핵생물eukarya류 등 3가지 주요 영역으로 분류된다. 박테리아와 고세균류 모두 극도로 작고 세포 하나로 이루어졌기 때문에 육안으로는 볼 수 없다. 또한 모두 단일 염색체를 가지고 있으며 DNA는 세포질cytoplasm 안에 들어 있다.

이와는 대조적으로 진핵생물은 일부 원생생물처럼 단일세포생물도 있지만, 대부분 다세포생물이다. (주목해야 할 점은 곰팡이류가 모두 작지는 않다는 것이다. 곰팡이류는 동물계 및 식물계와 함께 생명의 나무의 진핵생물류 가지에서 가장 높은 곳에 있다. 실제로 지구에서 가장 큰 미생물은 오리건주 동부 숲의 8제곱킬로미터에 번식하고 있는 잣뽕나무버섯Armillaria ostoyae이라는 곰팡이류다. 우리가 육안으로 흔히 볼 수 있는 곰팡이류는 버섯이다. 당연한 말이지만 식용버섯에는 영양가가 있으며, 존스홉킨스대학에서 수행한 연구에 따르면 실로시빈psilocybin이라는 "마법의 버섯magic mushrooms"의 유효성분은 우울증과 불안을 완화시킨다.[1]

인간과 동물, 식물, 곰팡이, 원생생물은 모두 진핵생물이다. 인간을 포함하여 진핵생물의 두드러진 특징은 세포마다 다수의 염색체와 DNA 대부분을 포함하는 핵을 가지고 있다는 것이다. (인간은 46개, 개는 78개, 고양이와 돼지는 38개의 염색체를 가지고 있다.)

하지만 아주 작은 단일세포 유기체인 미생물은 생명의 나무 세 영역에서 모두 나타나며, 지금까지는 그들 중 일부(박테리아와 고세균류)가 진핵생물을 탄생시켰다고 알려져 있다. 최근의 연구에 따르면 약 38억 년 전 LUCAlast universal common ancestor(모든 생물의 공통 조상)라는 한 미생물(미생물 이브microbial Eve라고도 불린다)이 등장했다. 그리고 약 20억 년 뒤, 박테리아와 고세균류가 합쳐져 진핵생물이 탄생하게 되었다. 따라서 미생물은 20억 년 동안 지구를 독차지했다.

데이비드 쿼먼David Quammen은 자신의 저서 《진화를 묻다》에서 칼 워즈의 획기적인 고세균류 발견에 관한 흥미진진한 이야기를 비롯해, 원핵세포에서 에너지를 생산하는 미토콘드리아mitochondria라는 세포소기관이 또 다른 유형의 박테리아에서 유래한다는 린 마굴리스Lynn Margulis의 매우 논쟁적인 제안을 언급한다.[2] 또한 쿼먼은 진화의 추동력으로서 미생물 사이의 유전자 이동이 중요하다는 사실을 확실하게 입증한다.

그래서 우리는 이제 미생물(박테리아와 고세균류)이 없었다면 인간이 이 자리에 없었을 것이라는 사실을 알고 있다.

생명의 특이값

엄밀하게 말하자면, 미생물의 네 번째 유형도 있다. 바로 바이러스다. 바이러스야말로 심하게 벗어난 특이값이다. 사실 생물학자들은 대부분 바이러스를 생물로 여기지도 않는다. 생명의 나무에서 바이러스가 보이지 않는 이유도 그 때문이다.

살아 있는 생물과 다르게 바이러스에게는 그들만의 신진대사 절차가 없으며 고유한 재생산 능력도 없다. 그 대신 바이러스는 그들이 감염시킨 숙주세포를 제집처럼 사용한다. 바이러스학자 마크 H. V. 반 레겐모텔Marc H. V. van Regenmortel과 브라이언 W. J. 마이Brian W. J. Mahy는 바이러스가 "일종의 덤으로 사는 삶"을 살고 있다고 말한다.

바이러스는 다른 미생물과 마찬가지로 매우 단순하고 아주 작다. 너무 작아서 육안이나 표준 현미경으로도 볼 수 없다. 단백질외피로 둘러싸인 몇 개의 유전자로 구성된 바이러스에게는 세포의 기원까지 거슬러 올라가는 독자적인 진화의 역사가 있다. 사실 바이러스와 박테리아, 고세균류는 줄곧 공진화해 왔으며, 약 15억 년 전 그들의 진화 경로에 진핵생물이 합류했다.

바이러스의 유형이나 종은 어마어마하게 많다. 누군가는 수억 종류라고 말하고, 누군가는 못해도 최소 10억 가지일 것이라고 추정한다.[3] 이 가운데 지금까지 상세하게 연구되고 관찰된 것은 불과 5000종 정도이다.

일부 바이러스는 인간에게 치명적이지만 대다수가 무해하며, 세균과 마찬가지로 일부는 매우 유익하다. 사실 인간 유전체genome의 약 8퍼센트는 아주 오래 전에 스스로 우리의 DNA 내부에 자신을 삽입한 내생 레트로바이러스로 구성된다. 이 바이러스 DNA의 일부는 생존을 위해 없어서는 안 되는 생리 기능에 필수적이다.

2003년 미미바이러스mimivirus라는 거대 바이러스의 발견은 생물에 대한 기존 정의를 깨부수고 생명의 나무에 바이러스를 위한 자리를 마련하는 초석이 되었다. 아울러 일리노이대학교의 구스타보 카에타노 아놀레스Gustavo Caetano-Anolles와 그의 동료들은 최신 연구에 의거해 바이러스와 박테리아 모두 고대 세포 생명체의 후손이라고 주장했다.[4]

미미바이러스는 일반 현미경으로도 볼 수 있을 만큼 크다. 일부는 박테리아보다 크기도 하다. 2017년 프레데릭 슐츠Frederick Schulz와 동료들은 (오스트리아 동부 클로스터노이베르크Klosterneuberg 마을의 진흙에서 발견된) 클로스노이바이러스Klosneuvirus라는, 생명의 나무 구성원과 비슷한 유전체를 가진 미미바이러스에 대해 설명했다.[5] 바이러스가 생명의 나무의 네 번째 영역인지에 관한 논쟁은 계속되고 있다. 하지만 대다수의 작은 바이러스들처럼, 거대 바이러스들도 인간에게 해를 끼치지 않는 것으로 알려져 있다.

2

미생물의 세계

"망원경이 끝나는 곳에서 현미경이 시작된다.
어느 쪽의 시야가 더 넓을까?"

빅토르 위고 Victor Hugo

1850년 프랑스의 과학자 루이 파스퇴르는 미생물이 병을 유발한다는 가설을 세우고, 그 가설을 검증하기 위한 실험을 최초로 시행했다. 하지만 미생물이 질병을 일으킨다는 이론을 명확하게 증명한 것은 1875년 33세의 독일 시골 의사 로베르트 코흐Robert Koch가 수행한 실험이었다.

당시에는 탄저병 때문에 수가 떼죽음을 당하고 있었을 뿐만 아니라 인간 역시 심각한 피해를 받고 있었다.[1] 코흐는 죽은 동물의 피에서 박테리아(그는 이것을 탄저균Bacillus anthracis이라고 불렀다)를 분리하여 순수 배양했다. 이 자체만으로도 과학적으로 획기적인 발견이었다. 그런 다음 코흐는 건강한 토끼에게 박테리아를 접종했다. 토끼는 탄저병에 걸렸고, 코흐는 토끼의 피를 추출하여 박테리아의 존재를 발견했다. (죽은 동물에서 미생물을 분리한 다음, 그것을 이용하여 건강한 동물에게 병을 전달하고 다시 분리하는 과정은 이후 '코흐의 공리'로 알려지게 되었다.)

1882년 코흐는 계속해서 결핵을 일으키는 박테리아를 발견했고, 1897년에는 감염된 쥐에서 이동한 벼룩을 통해 전염되는 페스트균을 비롯해 중세를 공포에 떨게 한 흑사병의 원인을 설명했다.

파스퇴르와 코흐의 연구 덕분에 미생물학 분야는 각광을 받았다. 의사들과 과학자들은 감염병을 일으키는 수많은 미생물을 발견했고, 이와 같은 감염병을 예방하거나 치료할 방법을 고안했다.

최초의 노벨생리의학상은 1901년 디프테리아를 일으키는 미생물 독소를 발견한 에밀 폰 베링Emil von Behring에게 수여되었다. 이후 20년 동안 세균학이 상금의 절반을 가져갔고, 1921년에서 1940년 사이에도 거의 그만큼의 상금을 받아 갔다.

하지만 가장 작은 미생물인 바이러스에 관한 연구는 대형 미생물보다 뒤처졌다. 빛을 이용하는 기존의 현미경으로는 바이러스를 볼 수 없었기 때문이다.

아주 작은 감염원의 존재 가능성을 최초로 제기한 사람은 러시아의 생물학자 드미트리 이바노프스키Dmitri Ivanovsky였다. 그는 1892년, 담배 식물에 생기는 병의 감염원이 너무 작아서 (박테리아 같은 더 큰 미생물은 잡아내는) 필터를 통과하는 물질이라는 사실을 알아냈다. 1898년 네덜란드의 미생물학자 마르티뉘스 베이에린크Martinus Beijernick가 이처럼 걸러지지 않는 감염원에 바이러스라는 이름을 지어 주었다.

1931년, 빛 대신 전자 빔을 사용하는 전자현미경이 발명되었다. (광학현미경은 최대 2000배까지 확대되는 반면, 전자현미경은 1000만 배까지 확대 가능하다.) 그리고 1939년 전자현미경을 이용해 바이러스(담배 모자이크 바이러스tobacco mosaic virus)가 최초로 발견되었다.

놀랍게도 '병원균'이라고 불리는, 질병을 유발하는 유형의 미생물은 그 수가 매우 적다. 예를 들어 수천만 종이 존재한다고 추정되는 박테리아 가운데 인간에게 질병을 일으키는 것은 불과 1400종이다. 수백만 가지의 단일세포 고세균류 종 가운데 지금까지 인간의 감염에 원인을 제공한다고 확인된 것은 단 1가지뿐이다. 그리고 바이러스가 많은 비난을 받긴 하지만, 대다수의 바이러스는 우리의 적이 아니다. 박테리오파지bacteriophage라고 불리는 바이러스 집단은 인간에게 엄청난 도움을 준다. 박테리오파지는 박테리아 병원균을 사정없이 파괴하는, 우리 적의 적이다.

박테리오파지는 특히 해수海水에 많다. 그곳에서 박테리오파지는 다른 모든 생물학적 개체를 수적으로 압도한다. 예를 들어 해양 지표수 1리터에는 일반적으로 최소 100억 개 이상의 박테리아와 1000억 개 이상의 바이러스가 들어 있다. 그중 대부분은 식별되지 않는다. 금세기 이전까지 거의 간과되었던 박테리오파지는 이제 탄소, 질소, 황, 산소 등의 전반적인 생물지구화학 순환의 조종자로 간주되고 있다. 박테리오파지는 단세포 진핵생물(플랑크톤과 조류藻類)과 함께 기권氣圈을 형성하고 해양 먹이망을 유지하는 데 크나큰 역할을 하고 있다. 또한 이 바이러스는 대기에서 연간 약 30억 톤의 이산화탄소를 감소시켜 지구 온난화를 억제하는 데 간접적으로 기여한다.

우리는 박테리아의 크기를 상상해 볼 수 있다. 일반적인 핀의 머리에는 1000에서 10만 정도의 박테리아가 올라간다. 하지만 바이러스의 경우에는 이야기가 달라진다. 바이러스는 종류에 따라 100만 이상의 바이러스 입자가 핀의 머리에 올라갈 수 있다. 티스푼 하나만큼의 바닷물에는 약 500만의 박테리아가 산다. (죽은 식물과 조류를 분해하는 이러한 박테리아가 없다면 생명 자체가 존재할 수 없었을 것이다.) 하지만 바이러스는 똑같은 양의 바닷물에 약 10배 더 많은 수가 존재한다.

바닷물에서만 그런 것은 아니다. 일반적인 흙 한 스푼에는 약 2억4000만의 박테리아와 6억의 바이러스가 있다. (북아메리카대륙 전체에 사는 사람의 수는 6억을 넘지 않는다.)

흙에서 유기물을 분해하고 인간의 생명에 필요한 탄소나 질소 같은 화학 원소의 순환을 책임지는 것은 주로 박테리아다. 식물은 살아가는 데 필요한 질소 분자를 자체적으로 만들어 내지 못하기 때문에, 흙에 있는 박테리아는 대기 중의 질소를 식물이 생존하는 데 필요한 형태의 질소로 바꾸는 과정에서 필수적인 역할을 담당한다. (박테리아와 곰팡이, 바이러스 등이 지구의 생태적 지위에 기여하는 필수적인 역할에 관해서는 5장에서 논의할 것이다.)

지구상의 모든 식물과 동물의 무게를 모두 합한 추정치(생물량 biomass)는 유기적으로 결합된 탄소 5600억 톤이다. 최근 《미국 국립과학원회보》에 발표된 연구에 따르면, 이스라엘의 바이츠만연구소와 캘리포니아공과대학의 연구진은 지구 생물량의 약 80퍼센트를 식물이 차지하고 있다는 사실을 알아냈다.[2] 그리고 지구 생물량을 구성하는 두 번째 요소는 박테리아(약 10^{30})이며, 전체 생물량의 약 15퍼센트를 차지한다. 곰팡이와 고세균류의 생물량은 인간보다 컸으며, 더 놀라운 사실은 바이러스의 생물량이 인간보다 크다는 사실이다.

이러한 계산에 근거한다면, 미생물은 말 그대로 '중대한' 물질이다.

미생물의 발자취

미생물이 얼마나 유익한지 제대로 이해하려면 우리는 생태계를 들여다봐야 한다.

생태계ecosystem라는 용어는 1930년 로이 채프먼Roy Chapman이 영국의 식물학자 아서 탄슬리Arthur Tansley의 요청에 응해 만들어졌는데, 그 후 탄슬리는 생태학의 창시자로 알려지게 되었다. 탄슬리는 생물 (식물, 동물, 미생물) 공동체들이 공기, 물, 무기질 토양과 같은 환경 을 구성하는 비생물 구성 요소와 상호작용하는 것으로 생태계의 개 념을 발전시켰다.

생태계의 핵심 개념은 원래 모든 것은 연결되어 있다는 것이다 이 개념은 천재적인 독일의 자연주의자 알렉산더 폰 훔볼트Alexander von Humboldt가 1800년대 초에 만들었으며, 수십 년 뒤 환경 철학자 존 뮤어John Muir를 비롯한 선각자들이 발전시켰다. 존 뮤어는 이렇게 말한다. "동떨어져 있는 것을 고르려고 해도, 이 세상에서 다른 것 과 연결되지 않은 존재는 없다."

인간의 건강이 우리가 사는 환경의 수많은 생물 및 비생물 구성 요소와 밀접하게 연결되어 있다는 깨달음은 훨씬 최근에 얻은 통찰 이다.

지구에 발생한 최초 생물 종은 고대 미생물의 선조인 극한미생 물extremophiles(라틴어에서 extremus는 '극한'을 뜻하고, 그리스어에서 philia는 '좋아한다'는 의미이다)로서, 극한의 더위와 추위가 있고 산 도와 염도가 극도로 높은 적대적인 환경에서 번식했다.

극한미생물은 오늘날까지도 우리 행성에 살고 있다. 이들은 차갑 고 어두운 곳이나 북극의 얼음 수백 미터 아래에 묻혀 있는 호수, 지 구에서 가장 깊은 지점인 태평양 마리아나 해구의 가장 밑바닥, 해 저 최대 570미터 바위의 내부, 대양의 2500미터 아래에서 살고 있 다. 최근 1000명이 넘는 과학자로 구성된 국제단체 '심부탄소관측

팀Deep Carbon Observatory'은 지구의 박테리아와 고세균류의 70퍼센트
(150억에서 300억 톤)가 지구 표면 아래에 존재한다는 연구 결과를
발표했다.[3]

지구가 생긴 지 얼마 지나지 않았을 때, 지구의 생명체는 물이 끓
는점보다 높은 무시무시한 기온과 독성 기체로 구성된 대기 속에서
지옥과도 같은 경험을 하고 있었다. 수십억 년 전 지구 대기에는 산
소가 없었고, 오늘날에도 살아 있는 고세균과 같은 초기 미생물은
산소 없이 번창했다. (이러한 생물을 혐기성생물anaerobe이라고 한다.)
운 좋게도 약 23억 년 전 남세균이 지구 대기에 산소를 더하기 시작
하면서(산소대폭발Great Oxygenation Event), 인간을 포함해 산소가 필요한
유기체(호기성생물)를 위한 장이 마련되었다. 그렇지만 약 5억5000
만 년 전 바다에서 동물이 나타나기 전까지, 습도 높은 지구 생태계
는 놀랄 정도로 많은 미생물(박테리아, 고세균류, 곰팡이류, 원생생물,
바이러스)의 서식처였다.

미생물의 사회생활

미생물은 일반적으로 단일세포로 이루어진 독립적인 개체로는 존재
하지 않는다. 실제로 미생물 중에는 공동체를 이루며 살아가는 매우
사회적인 종이 많은데, 이들은 대개 여러 유형의 미생물로 구성된 다
균성 공동체다. 공동체 내부에 사는 개별적인 박테리아가 서로 협력
을 한다는 사실에 놀랄 수도 있다. 하지만 미국의 생물학자 E. O. 윌
슨E. O. Wilson이 지적한 것처럼 "앞선 세대의 과학자들은 상상도 못 할
정도로 박테리아가 사회적이라는 사실"이 밝혀졌다.[4]

신경과학자 안토니오 다마지오^Antonio Damasio는 자신의 2018년 저서 《느낌의 진화: 생명과 문화를 만든 놀라운 순서》[5]에서 인간의 마음과 문화의 기원을 추적하다 생명 자체의 기원(거의 40억 년 전의 박테리아)에까지 이른다. 그는 책의 제목(원제는 《The Strange Order of Things: Life Feeling, and the Making of Culture》이다—옮긴이)을 다시 고민하면서 "놀라운^strange"이라는 표현이 이러한 원시적인 관계를 묘사하기에는 지나치게 밋밋하다며 이렇게 말한다.

박테리아는 매우 지적인 생명체다. 박테리아에게 감정이나 목적, 관점이 있다는 뜻은 아니지만, 달리 표현할 방법이 없다. 박테리아는 그들을 둘러싼 환경의 상태를 감지하여 자신의 생명을 이어가는 데 유리한 방식으로 반응한다. 그러한 반응에는 정교한 사회적 행동도 포함되어 있다. 박테리아는 서로 의사소통을 할 수 있다. (……) 이들 단세포 생물에는 신경계도 없고, 우리가 생각하는 의미의 정신도 없다. 그러나 박테리아는 다양한 인지, 기억, 소통, 사회적 지배 방식을 가지고 있다.

세균 세포는 쿼럼센싱^quorum sensing이라는 과정을 통해 화학 신호를 방출하며 의사소통을 한다. 그리고 여기에는 또 하나 특이한 점이 있다. 쿼럼센싱을 발견한 프린스턴대학교 실험실의 연구 대학원생 저스틴 실프는^Justin Silpe는, 최근 박테리오파지(박테리아를 감염시키는 바이러스)가 박테리아의 소통 내용을 엿들어 알아낸 정보를 이용하여 박테리아에 해를 끼친다는 사실을 알아냈다.

미생물과 마찬가지로, 대다수의 인간 역시 다른 호모 사피엔스에게 무해하거나 도움을 준다. 소수의 인간만이 남의 행복에 위협을 가할 뿐이다.[6] 하지만 인간들 역시 소통을 할 때, 마치 박테리오파지가 쿼럼 신호를 엿듣는 것처럼 약탈자들이 엿듣고 있지는 않은지 경계해야만 할 것이다.

미생물도 다른 유기체들처럼 끊임없이 생존경쟁을 한다. 하지만 그것이 늘 미생물끼리 먹고 먹히는 방식으로 이루어지지는 않는다. 일부 미생물 사회는 자신이 생산하지는 못하지만 필요로 하는 화합물을 서로 합성해 주는 영양공생metabolic cross-feeding 방식으로 협력하는 것으로 보인다.

이러한 협력에는 여러 유형이 가능하다. 인간과 마찬가지로 좋거나, 나쁘거나, 중립의 협력이 존재한다. 두 종이 함께 친밀한 관계를 유지하며 사는 경우, 그들은 공생 관계를 맺고 있다고 할 수 있다. 공생 관계는 점진적인 혁신의 주요 원천이다. 양쪽에 모두 이로운 공생 관계는 상리공생相利共生이라고 한다. 린 마굴리스가 처음 설명한, 진핵세포 내부에 사는 박테리아에서 유래한 미토콘드리아의 관계는 내공생endosymbiosis이라고 불린다. 한쪽에만 이롭고, 상대방은 얻는 것도 잃는 것도 없는 경우는 편리공생便利共生이라고 한다. 한쪽에게는 이롭지만 다른 쪽은 어떤 식으로든 대가를 치른다면, 그 관계는 기생寄生이다.

일부 미생물은 광합성을 해서 마치 식물처럼 햇볕에서 자신이 먹을 식량을 만들고, 어떤 미생물은 자신이 사는 물질에서 먹이를 흡수한다. (우리의 내장 안에 사는 미생물은 우리가 먹은 음식이 소화된 것에서 영양분을 흡수한다.) 그리고 물과 바위 사이의 화학 반응에서 나오는 에너지를 흡수해서 살아가는 미생물도 있다.

대부분의 박테리아는 먼저 유전물질(DNA)을 복제한 다음, 새로운 유기체가 복제된 DNA를 받아 둘로 나누어지는 이분법 과정을 통해 번식한다. 이분법은 더할 나위 없이 효율적이다. 상황만 적합하면, 하나의 미생물은 10시간 후에 10억 마리 자손으로 불어난다.

미생물은 또한 경쟁자에게서 스스로를 방어하기 위해 정교한 전략을 발전시켜 왔다. 구체적으로 말하자면 이들은 우리 인간이 항생물질을 만드는 분자를 생산하는 방법을 사용한다. 예를 들어 매우다양한 유형의 해로운 박테리아를 죽이는 페니실린penicillin은 페니실륨Penicillium이라는 곰팡이에서 추출된다. 최근 연구는 박테리아 또한독소로 불리는 항균 펩타이드를 생산한다는 사실을 말해 주고 있다. 그리고 항균 펩타이드는 항생물질처럼 치료제로서의 가능성도 가지고 있는 것으로 보인다.

하지만 페니실린을 얻었던 때와 동일한 점진적 전략은 또한 미생물의 항생물질에 대한 내성을 진화시켰다. (이 부분에 대해서는 15장에서 상세하게 다룰 것이다.)

미생물은 어떻게 이동하는가

유럽 탐험가들이 15세기와 16세기에 처음 아메리카대륙에 발을 들여놓았을 때 천연두와 홍역, 인플루엔자, 전염병을 일으키는 박테리아 등 매우 전염성이 높은 미생물도 함께 대륙으로 들어왔다. 아메리카 원주민의 인구가 크게 줄어든 데는 총기나 다른 무기보다도 이러한 감염원이 훨씬 큰 영향을 미쳤다. (매독을 일으키는 박테리아인 매독균*Treponema pallidum*은 반대 방향, 즉 아메리카 신세계에서 유럽으로 돌아가는 탐험가에 의해 유럽으로 유입된 것으로 보인다.)

미생물은 이제까지 다양한 이동 방법을 개발해 왔다. 주된 방법 중 하나는 바로 인간 대 인간 전염이다. 비행기가 매일 수만 번의 이착륙을 반복하기 시작하며, 여행객의 몸은 하나의 세계에서 다른 대륙으로 미생물을 이동시키는 매우 손쉬운 수단이 되었다.

병을 일으키는 미생물을 몸에 지니고 다니는 사람들을 보균자라고 부르는데, 이들은 병에 걸릴 수도 있고 아닐 수도 있다. 하지만 보균자는 손이나 호흡기, 위장, 생식관 등에 병균을 숨겨 준다. 병원에서 의료인들의 손이나 청진기, 수술복 같은 무생물의 표면을 통한 병균 이동은 병원 관련 감염에서 큰 역할을 한다.

인간과 인간을 통한 병균 확산은 기침이나 재채기를 통해 일어나는 경우가 가장 흔하다. 홍역이나 결핵, 인플루엔자 등이 보통 이런 식으로 전파된다. 성적 접촉도 확산 수단 중 하나이다. HIV, 클라미디아*chlamydia*, 헤르페스, 임질, 매독 등이 성적 접촉을 통해 인간과 인간 사이를 돌아다닌다.

미생물의 또 다른 이동 방법은 바로 우리의 음식과 물을 오염시키는 것이다. 어떤 사람의 손이 오염되었다면 수백 명의 사람에게 전파되는 것은 식은 죽 먹기다. 우리의 손을 통해 운반되는 박테리아는 무생물의 표면으로 옮겨져 지하철, 배, 비행기 등에 올라탈 수 있다.

생물학적 세계에서 유전자는 보통 수직적으로 이동한다. 이른바 부모세포에서 딸세포로 이동하는 것이다. 하지만 박테리아의 세계에서 유전자는 수평적 유전자 이동horizontal gene transfer(HGT)방법으로 서로 무관한 종의 세포 사이를 이동할 수 있다. 이것은 박테리오파지나, 플라스미드라는 작은 물질에 싸인 유전물질(DNA)의 전달에 의해 이루어진다. 수평적 유전자 이동 덕분에 박테리아는 빠른 속도로 진화하게 되는데, 앞서 말한 것처럼 박테리아가 항생물질에 대한 내성을 형성하는 데 이것이 핵심적인 역할을 한다. 여기에 대해서는 15장에서 살펴볼 것이다.

마지막으로 어떤 미생물은 동물이나 곤충의 몸에 올라타 여기저기 돌아다니며, 심지어 숙주를 장악하기도 한다. 상세한 내용은 앞으로 찬찬히 살펴보도록 하자.

3

인간 마이크로바이옴

———

"인간은 박테리아와 친밀한 유대 관계를 맺으며 살아간다.
박테리아가 없으면 살아갈 수 없다."
보니 바슬러Bonnie Bassler

"우리는 어디를 가든 손을 대는 모든 것에 흔적을 남긴다."
루이스 토머스Lewis Thomas

나는 일을 시작한 초기 시절부터 대다수의 미생물이 인간의 건강에 무해하거나 유익하다는 사실을 알고 있었다. 하지만 그 당시 일리노이대학교 칼 워즈 연구 팀의 획기적인 연구에 대해서는 전혀 알지 못했다. 1장에서 언급한 것처럼 이 연구 팀은 1977년 완전히 새로운 미생물 영역인 고세균을 제시했다.[1] 그들이 이 미생물(그리고 실험실에서 성장—과학자들은 배양이라고 부른다—하지 못하는 그와 비슷한 다른 미생물)을 발견하기 위해 사용한 기술은 군유전체학metagenomics이라고 불린다. 이 기술은 지구상의 모든 곳을 비롯하여 외계까지도 구석구석 탐사하는 데 사용할 수 있으며, 여러 의학 분야에서 혁신을 일으켰다.

마이크로바이옴microbiome이라는 용어를 만든 사람은 일반적으로 분자생물학자인 조슈아 레더버그Joshua Lederberg라고 여겨지는데, 2001년 그는 마이크로바이옴을 말 그대로 '우리의 인체를 공유하는 공생 미생물, 병원성 미생물 등이 모여 있는 생태 공동체'라고 정의했다.[2] 간단히 말해 인간 마이크로바이옴은 인간의 몸에 사는 미생물을 가리킨다. 인간 마이크로바이옴의 무게는 뇌와 비슷하게 약 1.5킬로그램 정도다.

2008년 미국 국립보건원National Institutes of Health은 매우 성공적인 5개년 인간 마이크로바이옴 프로젝트Human Microbiome Project, HMP에 착수했다. 80여 곳의 연구소에서 모인 과학자 200여 명이 참여한 이 대규모 프로젝트의 목표는 인간 마이크로바이옴과 건강, 질병 사이의 연관성을 밝혀내는 것이었다. 젊고 건강한 성인 242명이 프로젝트를 위해 모집되었다. 이들 자원자를 대상으로 과학자들은 미생물에게 생태계 역할을 하는 내장, 피부, 입, 호흡기(폐와 비강), 여성의 성기 등 인체 다섯 부위의 미생물을 연구했다.

연구 결과는 놀라웠다. 그중에서도 가장 주목할 만한 주장은, 호모 사피엔스는 미생물을 수송하는 정교한 시스템으로 진화했다는 내용이었다. 미국 기자 마이클 스펙터에 따르면 "미생물이 곧 인간"인 셈이다.[3]

몇 가지 수치를 살펴보자. 인체에는 37조2000억 개의 세포가 있지만, 대다수의 마이크로바이옴이 사는 대장에는 39조 개의 박테리아 세포가 살 수 있는 것으로 추정된다. 그리고 인간의 유전체에는 2만3000개의 유전자밖에 존재하지 않지만, 우리의 마이크로바이옴에는 200만에서 800만 개 사이의 고유한 유전자가 존재할 수 있는 것으로 추정된다. 따라서 인간 마이크로바이옴의 유전자 종류는 인간 유전체보다 100배 이상 많다. 실제로 인간의 몸은 99퍼센트가 미생물이다. 그리고 인간의 지문이나 유전자처럼 모든 개인의 마이크로바이옴은 고유하다.

사실 많은 연구원들이 마이크로바이옴을 새로이 발견된 인체의 필수 조직이라 여긴다.[4] 하지만 다른 조직과 달리 마이크로바이옴은 산모의 산도産道(제왕절개의 경우에는 피부)를 빠져나온 후에 성장하기 시작한다.[5] 이 짧은 여정에서 인간은 아주 다양한 미생물과 만나게 된다. 미생물은 재빨리 자신의 자리를 차지한 다음 곧바로 인간이 호흡한 공기, 인간이 마신 우유와 물을 비롯한 수많은 접촉물을 통해 인체 안으로 들어온 다른 미생물들과 합류한다. 세 살이 되면 내 몸에 사는 미생물의 수는 성인이 되었을 때의 미생물 수와 비슷해진다.

유전체와는 달리, 마이크로바이옴은 보통 환경에 근거하여 시간이 흐르면서 변화한다. 하지만 이러한 변화는 양방향 관계를 이룬다. 미생물은 인간의 몸에서 생활 공간으로, 그리고 그 반대로도 이동한다. 믿기 어려울 정도로 빠른 속도로 말이다. 2014년 시카고대학교의 미생물 생태학자이자 새로이 설립된 마이크로바이옴 센터의 임원 잭 길버트Jack Gilbert는 젊은 커플이 호텔 방으로 들어갔을 때, 24시간 안에 그 방은 미생물학적으로 그들이 사는 집과 동일해진다고 보고했다.[6]

나와 나의 마이크로바이옴

인간 마이크로바이옴 프로젝트는 이전에는 미생물 때문이라 여겨지지 않았던 질병과 미생물 사이의 아주 다양한 상관관계를 밝혀냈다. 이중 가장 주목할 만한 상관관계들은 비만, 제2형 당뇨병, 염증창자질환(크론병과 궤양성대장염), 과민성대장증후군, 순환기질환, 결장암, 천식, 알레르기, 다발성경화증이나 전신홍반루푸스 같은 자가면역질환과 관련되어 있다.

　물론 상관관계가 인과관계를 의미하지는 않는다. 하지만 미생물이 이러한 질병 중 일부에 원인을 제공할 가능성이 있는 것으로 보인다. 다수의 연구진이 마이크로바이옴의 구성 요소와, 전부는 아닐지라도 대부분의 질병들 간의 인과관계를 연구하고 있다. 마이크로바이옴과 우리가 생각할 수 있는 거의 모든 질병 사이의 관계를 설명하는 출판물도 엄청난 속도로 쏟아져 나오고 있다. 내가 일을 시작한 이래 마이크로바이옴 이전 단계에서는 감염병이나 미생물학 분야에서 이런 경우를 본 적이 없었다. (분야의 현재 위치에 대한 평가는 잭 길버트 팀이 2018년 발표한 훌륭한 리뷰를 참조하라.)[7]

마이크로바이옴의 복잡성을 고려하면, 수천 가지의 미생물 가운데 어떤 종이 건강이나 병에 원인을 제공하는지 알아내기는 매우 어렵다. 하지만 어려움에 굴하지 않고 다수의 과학자가 첨단 기술을 이용하여 이 엄청난 임무를 수행하고 있다.

마틴 블레이저Martin Blaser(인간 마이크로바이옴 헨리 럿거스 의장이자 럿거스대학교 첨단생명공학 및 의학센터 소장)의 헬리코박터 파일로리에 관한 연구는 또 다른 수준의 복잡성을 밝혀냈다. 이 박테리아의 일부는 위궤양과 위암 같은 병을 일으킨다. 하지만 또 다른 일부는 상호 공생의 길을 가려는 듯하다. 이들은 천식이나 건초열, 알레르기, 위 식도 역류질환 등에 걸리지 않도록 우리 몸을 보호한다. 헬리코박터 파일로리가 어디에 유익한지 아직 확실하지 않은 상황에서, 이러한 연구 결과는 장 마이크로바이옴에서 특정 박테리아를 제거하려고 한다면 불이익이 생길 수도 있다는 점을 시사한다.

사람의 건강이나 질병에 마이크로바이옴이 중요한 역할을 한다는 인식이 빠르게 확산되면서, 마이크로바이옴의 구성 요소를 바꾸는 것이면 무엇이든 우려를 낳는다. 마틴 블레이저(그리고 다른 많은 과학자와 의료 전문가)를 걱정에 빠지게 한 것은 항생제 오남용이 인간 마이크로바이옴에 미치는 영향이다. 항생제는 바이러스 감염을 치료하기 위해 종종 처방되지만, 사실 전혀 효과가 없다. (하지만 박테리아 감염에는 꽤 잘 듣는다.) 미국 아동은 일반적으로 생후 첫 2년 동안 3차례의 항생제 치료를 받는다. 그리고 다음 8년 동안 8차례의 항생제 치료를 추가적으로 받는다.

하지만 짧은 기간 동안 항생제 치료를 받았다 할지라도 마이크로바이옴에서는 장기적인 변화가 나타난다. 어느 연구에서는 6개월이 되기 전에 항생제 치료를 받은 아이들이 일곱 살이 되면 과체중이 될 가능성이 높다는 점을 발견했다. 또 다른 연구에서는 어린 시절 7회 이상 항생제 치료를 처방받은 15세 청소년들의 체중이 약 1.5킬로그램 더 무거웠다. 그리고 최근 네덜란드의 연구원들이 수행한 32차례의 관측 연구에서는 생후 첫 2년 동안 항생제를 사용하면 어린 시절 건초열과 습진에 걸릴 위험이 상당히 높아진다는 사실이 드러났다.

항생제가 마이크로바이옴을 혼란시키는 유일한 방법은 아니다. 2018년 리사 마이어Lisa Maier 연구 팀이 《네이처》에 발표한 한 보고서에 따르면, 시판된 약물 1000가지를 테스트한 결과 약 25퍼센트의 약물이 장 마이크로바이옴 내부에서 최소 1가지 박테리아 균주의 성장을 억제했다. (항정신병약은 특히 강한 영향력을 보였다.)[8] 한 연구는 제왕절개 시 산도보다는 산모의 피부가 아기의 장에 있는 미생물의 성장을 촉진한다고 주장한다. 그리고 미생물 군집에서 이러한 변화는 유아의 신진대사에 영향을 미칠 수 있다. 최근 16만3796건의 출산을 검토한 결과, 제왕절개를 통해 탄생한 아이들이 자연분만으로 태어난 아이들보다 성인이 되었을 때 과체중이나 비만이 될 가능성이 48퍼센트 높다고 보고됐다. 제왕절개를 통한 분만 비율은 최근 크게 치솟아 미국의 경우 30퍼센트를 훌쩍 뛰어넘었고, 브라질이나 이집트, 도미니카공화국 등에서는 50퍼센트가 넘었다.

(미국의 경우 1970년에는 5.5퍼센트, 1980년에는 16.5퍼센트였다.)

출산 이후 마이크로바이옴이 어디에서 발생하는지 정확히 이해하는 일은 여전히 걸음마 단계다. 베일러대학교 연구진은 2017년 《네이처 메디신》에 자연분만이나 제왕절개를 통해 태어난 아이의 장 마이크로바이옴에는 차이가 없었다고 보고했다. 마찬가지로 지금까지의 연구에서는 출산 시나 유아기, 그리고 시간의 흐름에 따른 건강 변화에 아기의 마이크로바이옴이 어떤 역할을 하는지 입증하지 못했다.

분명한 것은 손 씻기, 살균, 위생 관리 등 음식물과 물에 병균이 들어가지 않도록 하는 것으로 수십억 까지는 아니더라도 수백만의 목숨을 구했다는 사실이다. 하지만 일부 과학자들은 현재 우리가 위생을 지나치게 중시한다고 믿는다. 이러한 견해를 지지하는 사람들은 어린 시절 미생물에 노출되지 않으면 정상적인 면역 기능이 발달하는 데 방해가 되어 훗날 알레르기가 생기기 쉽다고 주장한다. 어린 시절 미생물에 노출되면 면역계가 정상적으로 성장하고, 면역계 질환인 알레르기와 천식을 야기하는 물질에 과잉 반응하지 않는데 도움을 준다는 이른바 '위생 가설'에 힘을 실어 주는 단서가 늘어나고 있다.[9]

2016년 《뉴잉글랜드 의학저널》에 보고된 유명한 연구에서 미셸 스타인Michelle Stein 연구 팀은 소규모 단독 농장에서 성장 중인 아미시파 아이들의 면역 특성과, 유전적으로는 유사하지만 산업화된 대규모 농장에서 성장한 후터파 아이들을 비교했다. 농가 마당의 먼지로 가득한(그리고 미생물이 많은) 환경에서 사는 아미시파 아이들은 천식이 있는 경우가 상당히 적었다. 먼지 속에 들어 있는 물질이 아미시파 아이들의 면역세포를 재설정하여 천식으로부터 아이들을 보호해 주는 것처럼 보였다.[10]

같은 맥락에서, 2017년 보고된 한 연구에서 앨버타대학교의 소아전염병학자 아니타 코지르스키[Anita Kozyrskyj]는 반려동물(주로 개)을 기르는 가정에서 자란 아기들의 마이크로바이옴에는 알레르기 관련 질병과 비만이 생길 위험이 적은 2가지 유형의 미생물이 포함되어 있다는 사실을 입증했다.[11] 어린아이를 키우는 사람들에게는 개(그리고 그 외의 털 달린 동물들)가 가장 좋은 친구가 될 수 있다는 근거가 또 하나 더해질 수 있을 것 같다.

하지만 연구가 거듭될수록 마이크로바이옴의 긍정적인 역할과 부정적인 역할에 관하여 이해하는 일은 점점 복잡해지고 있다. 우리는 이제 막 장내 미생물 사이의 건강한 균형인 유바이오시스 eubiosis와 불균형인 디스바이오시스dysbiosis에 대해 알아 가고 있다.

지금까지 인간 마이크로바이옴에 대한 연구는 대부분 박테리아에 초점을 맞추었고, 우리는 생명의 나무에서 그 분야에 대해 상당한 지식을 쌓았다. 하지만 우리의 몸에 어마어마한 수가 살고 있는 고세균에 대해서는 상대적으로 알려진 바가 거의 없다. 우리는 박테리아와 고세균(또는 서로 다른 박테리아의 종) 사이의 건강하고 조화로운 관계를 형성하게 해 주는 것이 무엇인지 아직은 알지 못한다.

바이러스 또한 잊지 말아야 한다. 건강한 인간의 장에 자연적으로 존재하는 바이러스(장 바이롬virome)의 수는 박테리아와 고세균을 합친 수보다 훨씬 많다. 박테리오파지라고 불리는 일부 바이러스는 박테리아의 내부에서 박테리아를 해치운다. 예를 들어 크라스파지^{crAssphage}라는, 귀에 잘 들어오지 않는 이름이 붙은 한 바이러스는 비만과 당뇨와 관련이 있는 박테리아의 성장을 억제하는 것으로 보인다.[12]

그 외에도 많이 있다. 인간의 장 마이크로바이옴에는 100여 가지 이상의 곰팡이 균으로 이루어진 마이코바이옴^{mycobiome}이 포함되어 있다. 하지만 마이코바이옴이 건강과 질병에 미치는 영향에 관한 연구는 여전히 걸음마 단계에 있다.

우리 몸의 생태계

사람은 평균적으로 평생 약 30톤의 음식과 5만 리터의 물을 마신다. 그러는 동안 얼마나 많은 미생물을 삼킬까? 분명히 1000조는 될 것이다. 아니, 더 많을지도 모르겠다.

매년 미국인 6명 가운데 1명이 음식으로 인한 감염으로 병에 걸리기는 하지만, 우리가 삼킨 미생물은 대부분 한쪽으로 들어갔다가 다른 쪽으로 나온다.

하지만 인간의 내부에서 생애를 살아가는 미생물도 많다. 실제로 인간의 장에 서식하는 2000가지가 넘는 박테리아 종 가운데 다수가 수십 년 동안 인간의 몸 안에 머문다. 이들 중 다수는 반려견과 같은 다른 동물의 장에도 존재한다.

과학자들은 이제 식단이 장 마이크로바이옴에 미치는 영향을 집중적으로 연구하고 있다. 초기 연구들은 방부제가 마이크로바이옴에 영향을 미쳐 체중 증가와 포도당과민증(2형 당뇨병의 증상)이 나타날 수도 있다는 의견을 제시하고 있다. 위장병 전문의 로빈 추칸Robynne Chutkan은 자신의 저서 《마이크로바이옴 솔루션: 내부로부터 몸을 치유하는 완전히 새로운 방법》에서 '더럽게 생활하고 깨끗하게 먹기'에 대해 설명한다. 추칸은 섭식 심리와 영양학 전문가인 엘리스 무셀스Elise Museles와 팀을 구성하여 건강한 마이크로바이옴을 만들 수 있는 조리법을 제공하고 있다.[13]

나이에 따라 마이크로바이옴도 변화한다. 일반적으로 나이가 들수록 젊은 사람에 비하여 마이크로바이옴의 다양성이 줄어드는 양상을 보인다. 하지만 100세 이상의 사람들은 그들보다 젊은 노인들보다 다양한 마이크로바이옴을 가진다. 중국 연구 팀이 수행한 대규모 단면조사 연구에서는 건강한 노년의 마이크로바이옴은 젊고 건강한 사람들과 비슷하다는 의견을 내놓았다.[14] (마이크로바이옴이 수명에 미치는 잠재적인 영향에 관해서는 17장에서 상세히 다룰 것이다.)

쌍둥이에 관한 연구는 유전적 요소 또한 장 마이크로바이옴에 영향을 미치며, 그에 따라 우리 건강의 다른 측면도 영향을 받는다는 것을 보여 준다. 실제로 최근 한 연구에서는 장에 살고 있는 박테리아의 유형이 체중에 영향을 미칠 수도 있다고 주장한다. 워싱턴대학교의 연구 팀은 비만인 쌍둥이에게서 나온 미생물을 무균 생쥐 집단에 이식하고, 날씬한 쌍둥이에게서 나온 미생물을 두 번째 무균 생쥐 집단에 이식했다. 비만 쌍둥이에게서 미생물을 받은 생쥐들은 날씬한 쌍둥이에게서 미생물을 받은 생쥐들보다 많이 먹지 않았음에도 불구하고 체중이 더 늘어났다.[15]

2017년 《네이처 메디신》에 발표된 중국의 한 연구에서는 비만인 실험 대상자의 대변 샘플에서 박테로이데스 테타이오타오미크론 *Bacteroides thetaiotaomicron* 박테리아를 거의 발견하지 못했다. 그리고 생쥐에게 이 미생물을 주자, 이 미생물은 음식으로 인한 비만을 예방했다. 또한 비만을 치료하기 위해 수술을 받았던 환자는 박테로이데스 테타이오타오미크론이 다시 풍부해졌다.[16] 하지만 미생물을 이식하면 결과적으로 사람들이 날씬해질 수 있을까? 그런 치료가 제공된다면 과체중인 20억의 사람들(전체 인구의 44퍼센트 이상) 가운데 대다수가 기꺼이 치료를 받으려고 할 것이다.

최근 장 마이크로바이옴에 관한 가장 흥미로운 연구 분야는 종양학이다. 장 마이크로바이옴의 성분과 결장암 사이의 연관성에 관한 연구가 점점 늘고 있으며 장 마이크로바이옴과 간암, 췌장암, 소아 백혈병 사이에 관련이 있다는 보고도 있다.

또한 장 마이크로바이옴을 잘 다루면 전망이 밝은 일부 면역요법의 효과를 향상시킬 가능성이 있을 것으로 보인다. 미국과 프랑스의 연구원들은 장 마이크로바이옴의 성분이 '면역관문억제제immune checkpoint inhibitor'에 대한 개인의 반응을 향상시킬 수 있다는 사실을 발견했다. 면역관문억제제는 면역 체계가 암에 활성화될 수 있도록 제동장치, 즉 관문을 해체한다.[17] 면역요법이 악성종양을 치료할 가능성이 높아 보이기 때문에 면역관문억제제는 획기적인 계기가 될 수 있다.

피부의 마이크로바이옴은 집중적으로 연구되고 있는 두 번째 생태계다. 피부는 인체에서 가장 큰 기관이다. 평균 체형의 성인 피부는 무게가 9킬로그램 정도에 표면적은 1.9제곱미터에 달한다. (하지만 두께는 0.2밀리미터에 불과하다.) 피부는 물이 스며들지 않게 막고, 병균을 없애거나 막아 주는 다양한 항균성 물질을 배출하며, 비타민 D 신진대사의 핵심 역할을 한다.

인간 마이크로바이옴 프로젝트 덕분에 우리는 이제 피부가 너무 나도 풍부한 생태계라는 사실을 알고 있다. 장보다 박테리아의 수가 훨씬 적긴 하지만, 피부에는 수백 종의 곰팡이류는 물론 약 1000종의 박테리아가 살고 있다. (발뒤꿈치에는 80여 종의 가장 다양한 곰팡이가 살고 있으며, 그중 60여 종은 엄지 발톱에서도 찾아볼 수 있다.)

인간의 피부에는 장만큼 미생물이 많지는 않다. 1조 마리 정도의 미생물이 살고 있을 뿐이다. 장에서와 마찬가지로 피부에 사는 미생물은 거의 모두 무해하거나 유익하며, 모든 사람의 마이크로바이옴이 고유하다. 최근 워털루대학교 연구 팀은 성생활이 활발한 커플 10쌍의 몸 17군데에서 채취한 피부 표본을 연구한 결과, 모든 사람이 연인의 피부에 있는 미생물 집단에 상당한 영향을 미쳤다는 사실을 보여 주었다.

우리는 이제야 피부에 사는 미생물의 다양성이 여드름, 아토피 습진, 건선, 빨간 코, 피부암 등 피부 질환에 어떤 의미인지 이해하기 시작했을 뿐이다. (우리의 장 마이크로바이옴 또한 이러한 많은 질병에서 어떤 역할을 할지도 모른다.) 로스앤젤레스에 위치한 게펜의 과대학의 에마 바너드Emma Barnard 연구 팀은 건강한 피부가 되는지, 아니면 여드름이 생기는지는 피부 마이크로바이옴에서 미생물의 전체적인 균형에 달려 있다는 의견을 제시하고 있다.[18] 이러한 연구에서 얻어지는 통찰을 통해 프로바이오틱스와 박테리오파지를 이용하여 피부 질환을 더 효과적으로 치료할 수도 있을지 모른다. (세균을 기반으로 한 치료 요법에 관해서는 17장과 18장에서 상세히 다룰 것이다.)

캘리포니아대학교 샌디에이고 캠퍼스의 크리스 캘로워트^{Chris} Callewaert의 인간 겨드랑이 연구에서는 불쾌한 암내를 풍기게 하는 박테리아를 찾으려고 했다.[19] 캘로워트가 조사한 결과를 기반으로 '겨드랑이 마이크로바이옴 이식'이라는 새로운 치료 요법이 초기 개발 단계에 있다. (훨씬 앞선 형태의 마이크로바이옴 이식인 대변 마이크로바이옴 이식은 16장에서 다룰 주제다.)

세 번째 미생물 생태계인 입에는 박테리아, 고세균, 바이러스, 균류, 원생생물 등 광범위한 종류의 마이크로바이옴이 살고 있다. 지금까지 연구원들은 인간의 입에 약 1000가지의 박테리아 종이 있다는 사실을 확인했다. 오랜 기간 거주하는 미생물들은 치아, 잇몸, 입천장, 입 뒤쪽 등 다양한 영역에 자리를 잡고 있다. 이들 미생물은 주로 입의 표면에 단단히 고정된 생물막^{biofilm}에 산다. 수백만의 아주 작은 생명체가 이러한 영역에서 잠재적인 침입자의 공격을 막아주는 보호막 아래에 모여 살고 있다.

입에 생기는 대표적인 박테리아 감염 2가지에 대해서는 모두 잘 알고 있을 것이다. 바로 치아 주변 조직이 감염되는 충치와 치주염이다. 하지만 입에 있는 미생물이 심장혈관질환이나 췌장암, 결장암, 류머티즘 관절염 등은 물론이고 머리와 목 부위의 암과 연관되어 있다는 사실은 잘 알지 못한다. 연구원들은 현재 입에 서식하는 박테리아가 어떻게, 그리고 왜 그토록 몸 전체에 걸쳐 광범위한 영향력을 가지는지를 알아내기 위해 연구 중이다.

또한 놀라운 결과가 네 번째 마이크로바이옴 생태계인 폐와 부비강 연구에서 나오고 있다. 우리의 폐는 '섬모cilia'라는 수백만 개의 작은 머리칼 같은 구조를 통해 청결함을 유지한다. 섬모는 호흡기관에 많이 존재하는데, 이들은 호흡기관에 있는 입자들을 들어 올려 호흡기관 밖으로, 즉 입이나 세상 밖으로 내보낸다.

내가 의대에 다니던 시절에는 섬모가 폐의 대부분을 살균한다고 배웠다. 하지만 과학자들은 최근 우리의 폐가 전혀 살균된 상태가 아니라는 사실을 발견했다. 폐에는 입이나 장보다 미생물이 훨씬 적지만, 병에 걸리지 않은 폐에는 박테리아뿐만 아니라 고세균, 바이러스(일부 바이러스는 유익하다), 진핵생물(일부 곰팡이류 포함) 등이 산다. 또한 건강한 폐에는 항생물질인 페니실린을 생산하는 곰팡이류인 페니실륨이 서식한다.

장 마이크로바이옴과 폐의 관계가 폐 건강과 질병에 영향을 미친다는 로버트 딕슨Robert Dickson 연구 팀의 최근 연구 결과는 인간 마이크로바이옴의 경이로움뿐 아니라 복잡성에도 감탄을 자아내게 했다. 이른바 '장-폐 연결축gut-lung axis' 개념에 근거하여, 장의 박테리아를 조종하여 폐 건강에 영향을 미칠 수 있는지 살펴보는 임상 시험이 진행되고 있다.[20]

여성 성기의 마이크로바이옴은 인간 마이크로바이옴 프로젝트에서 특정한 다섯 번째 생태계다. 자연분만으로 태어난 사람들에게 산도는 미생물 세계와 처음 만나게 되는 곳이다. 이 과정에서 함께한 많은 미생물은 나머지 생애를 건강하게 살아가도록 도와준다.

최근 질 마이크로바이옴에 대한 과학계의 관심이 유산균^{Lactobacillus}
이라는 박테리아에 집중되고 있다. 요구르트에서 볼 수 있는 종류를
포함하여 80종 이상이 존재하는 유산균은 젖산균과 과산화수소를
생산하는데, 둘 다 해로운 미생물에게 유독하기 때문에 특히 유익
한 미생물이다.

　미국 여성의 3분의 1가량이 세균성 질염$^{bacterial\ vaginosis,\ BV}$에 감염
되어 있다. 세균성 질염은 HIV, 임질, 클라미디아, 골반염증질환, 유
아 사망의 주요 원인인 조산 발생 가능성의 증가와 관련이 있다.

　질 마이크로바이옴에 영향을 미치는 요인은 흡연, 스트레스, 다
이어트, 비만, 성적 파트너의 수 등 많다. 질의 생태계를 변화시키는
가장 직접적인 방법은 질 세척이다. 많은 여성이 질 세척은 위생적
인 행동이라고 여기지만, 질 마이크로바이옴에 악영향을 미치기 때
문에 하지 말기를 강력히 권하는 전문가가 많다.

장—뇌 관계

진화적인 관점에서 볼 때, 장 마이크로바이옴과 뇌가 소통하는 것은
당연한 일처럼 보인다. 미생물은 호모 사피엔스 등의 포유류가 자리
를 차지하기 전부터 수십억 년 동안 지구에 존재해 왔으며, 모든 생
물은 먹어야 살기 때문이다.

　장에 사는 미생물은 내가 먹은 음식에서 영양분을 흡수한다. 그
리고 동물 연구들은 장 박테리아가 실제로 음식 선택에 영향을 미
칠 가능성이 있다고 말한다. 뇌 자체가 미생물로부터 독특한 방식으
로 보호되고 있으며 마이크로바이옴과는 아무런 관련이 없는 것처

럼 보이지만, 2018년 뉴로사이언스 연례 회의에서 보고된 예비 연구는 고해상도 현미경으로 건강한 뇌세포에 서식하는 박테리아의 모습을 관찰해 그 증거를 제출했다.

　나의 신경면역 실험실에서 수행하는 연구는 20년 넘도록 뇌의 방어 시스템에 집중되어 있다. 만약 건강한 뇌에 서식하는 박테리아의 존재가 확인된다면, 나를 비롯한 신경과학자들을 놀라게 할 뿐만 아니라 현재까지 원인이 알려지지 않은 뇌 질환 연구에 획기적인 장이 열릴 것이다.

　하지만 현재 우리가 아는 바는 장과 뇌 사이에 자율신경계를 통한 직통 라인이 있다는 것이다. 예를 들어 장과 연결된 신경에서 방출된 신경화학물질 신호가 기분에 영향을 미쳐 더 행복하게 하거나 덜 행복하게 하거나, 편안하게 하거나 불안하게 하거나, 졸리게 하거나 정신을 집중하게 하거나, 배가 고프게 하거나 부르게 할 수 있다. 기분을 좋아지게 하는 천연 물질인 도파민과 세로토닌은 50퍼센트 이상이 장에서 생산된다. 이러한 소통은 늘 자율적이고 무의식적으로 일어난다.

　미생물은 인간의 신경 발달과 행동, 뇌질환 형성에 얼마나 영향을 미칠까? 과학은 이제야 이 중요한 질문의 답을 찾기 시작했다. 예를 들면 우리의 장 마이크로바이옴은 인간의 인식, 수면, 기분, 섭식 장애, 기분 장애, 그리고 만성피로증후군chronic fatigue syndrome(전신성 활동불내성 질환systemic exertion intolerance disease이라고도 한다)과 자폐 스펙트럼 장애처럼 크게 오해받고 있는 발달 장애에서 어떤 역할을 하는 걸까? (자폐 스펙트럼 장애를 가진 사람들은 다른 사람보다 장에 문제가 있는 경우가 훨씬 많다.) 이뿐만 아니라 2016년 캘리포니아공과대학의 과학자 티머시 샘슨Timothy Sampson 연구 팀은 쥐를 이용하여 수행한 파킨슨병 연구에서 장 마이크로바이옴이 신경퇴행성 질병에 영향을 미칠지도 모른다는 의견을 제시했다.[21] 그들의 연구 결과는 뉴런의 파괴가 뇌에 있는 면역계 세포인 소교세포小膠細胞 활성화와 관련이 있다는 사실을 보여 주었다.

UCLA의 신경과학자이자 위장병학자인 에머런 메이어Emeran Mayer는 자신의 저서 《더 커넥션: 뇌와 장의 은밀한 대화》[22]에서 "인간의 장과 정신 사이의 관계는 심리학자만 관심을 가져야 할 문제가 아니다. 그 관계는 우리의 머릿속에만 있지 않다"라고 말한다.

장 박테리아가 감정에 영향을 미칠 수도 있다는 도발적인 단서가 우울증에 대한 쥐 연구에서 등장했다. 어느 연구에서는 일반적으로 요구르트에서 볼 수 있는 유산균 박테리아가 우울증과 연관된 신진대사를 조절하는 중요한 역할을 한다는 사실을 발견했다.[23] (17장에서 요구르트 같은 프로바이오틱스에 관해 상세하게 다룰 것이다.) 그러한 동물 연구는 인간의 우울증을 대변 미생물군 이식fecal microbiota transplant으로 치료하는 시도의 바탕이 된다(16장의 주제이다).[24]

현재 인간의 장 마이크로바이옴이 어떻게 신체적인 행복뿐만 아니라 감정적인 즐거움에도 영향을 미치는지에 관한 주장 대부분은 동물 연구를 통해 추론된다. 건강할 때나 진일보한 치료법이 절실하게 필요한 병을 앓을 때 인간 마이크로바이옴의 잠재적인 역할에 대한 인식이 증가하면서, 장 마이크로바이옴 프로파일링이 점차 대규모 사업이 되어 가고 있다. 하지만 수전 린치Susan Lynch와 올루프

페더슨Oluf Pedersen이 2016년 《뉴잉글랜드 의학저널》에 발표한 〈건강할 때나 병이 있을 때의 장 마이크로바이옴〉에서 역설한 것처럼, 인간을 대상으로 올바르게 통제된 연구에 의해 단서가 제공되기 전까지는 주의해야 한다.[25] 그럼에도 불구하고 마이크로바이옴을 신약 개발에 적용했을 때의 잠재력은 제약회사를 비롯하여 수많은 연구진의 관심을 사로잡고 있다.

고유한 유전체를 지닌 고유한 개인으로서의 환자에 초점을 맞춘 정밀 의학이나 개인화된 의학의 현재 과제는 마이크로바이옴의 유전체를 통합하여 치료 전략을 수립하는 것이다. 코넬대학교의 면역약리학 교수 로드니 디터트Rodney Dietert 교수는 미래를 가리키며 "초유기체superorganism를 다루는 정밀 의학은 인간을 생태계처럼 다룰 것입니다. 피부와 내장, 입, 코, 기도, 생식기에 사는 수천 종 모두 건강 관리에 포함되어야 합니다"라고 예측한다.[26] 그야말로 낙관적인 전망 아닐까?

혈액은행에 대해 들어 본 적이 있을 것이다. 하지만 대변 샘플을 저축하는 국제적인 활동에 대해서는 알지 못할 수도 있다. 전 세계 민족 집단이 대변을 맡겨 둔 이와 같은 '대변 은행'은 현대 생활에 크게 위협받고 있는 내장 마이크로바이옴의 생물 다양성을 보존하는 데 결정적인 역할을 할 수 있다. 이러한 대변 샘플은 수많은 질병에 관한 새로운 치료법을 발견함으로써 언젠가 보상을 받게 될 것이다.

우리 인간은 지나치게 인간 중심적이어서 주로 인간의 마이크로바이옴에 초점을 맞추고 있지만, 수많은 연구 집단은 다른 동물과 식물의 마이크로바이옴뿐만 아니라 인간의 집, 그 밖의 건물, 지하철, 비행기 등 일상에서 상호작용하는 무생물 환경도 조사하고 있다. (마이크로바이옴 연구가 다루는 전체 범위는 롭 던^{Rob Dunn}의 훌륭한 저서 《야생의 몸, 벌거벗은 인간: 우리의 몸을 만든 포식자, 기생자, 동반자》에서 다루고 있다.[27])

4

신체 방위부

"전쟁에서 최상의 기술은 싸우지 않고 적을 굴복시키는 것이다."

손자孫子

우리는 시대를 초월한 가장 뛰어난 생물학적 발견에 대해 말할 때, 어느 가족의 시실리 메시나 휴가 여행에 감사해야 할지도 모른다. 1882년 우크라이나의 동물학자 엘리 메치니코프^{Elie Metchinikoff}는 가족들이 서커스 구경을 하러 간 사이 감귤나무의 가시를 투명한 불가사리 유생(애벌레나 올챙이 같은 동물의 어린 것—옮긴이)에 집어넣었다. 다음 날 그는 세포들이 가시 주변을 에워싸고 있는 모습을 현미경으로 관찰했다.

메치니코프가 목격한 것은 부러진 곳에 몰려온 유생의 면역계 세포였다. 가시나 조각에 피부를 찔리면 염증(피부가 빨개지거나 붓고, 열이 나고, 통증을 느낌)이 생기는 현상을 많이 보았을 것이다.

휴가 기간 동안 메치니코프의 머리에 떠오른 생각은 이 세포(나중에 포식세포^{phagocyte}라는 이름이 붙었다. 그리스어로 phago는 '먹는다', cytes는 '세포'를 뜻한다)들이 외부 침입자, 특히 박테리아에 맞서는 데 중요한 역할을 할 수도 있다는 것이었다.

메치니코프의 관찰은 로베르트 코흐의 결핵균 발견과 같은 해에 이루어졌다. 메치니코프의 연구는 신체가 현재 세포 매개 면역이라고 불리는 것을 통하여 질병에 맞서서 어떻게 자신을 보호하는지 이해할 수 있게 해 주었다. (1908년 메치니코프는 면역에 대한 연구로 노벨생리의학상을 수상했다.)

1888년 메치니코프는 파리의 파스퇴르 연구소에서 연구를 시작했다. 그 당시 루이 파스퇴르는 이미 미생물이 질병을 일으킨다는 미생물 질병 원인설을 발전시키는 데 기여하고 있었다. 메치니코프를 비롯한 동시대 학자들과 함께 파스퇴르도 면역계를 이해하는 데 중심적인 역할을 했다.

　이 분야에서 파스퇴르가 가장 크게 기여한 사건은, 1885년 광견병에 걸린 개에게 수차례 물린 아홉 살 소년에게 약화된 광견병 바이러스 변종이 들어간 백신을 접종한 일이다. 백신은 소년이 오늘날에도 치명적으로 여겨지는 감염병인 광견병에 걸리지 않도록 예방했다. (거의 1세기 이전에 에드워드 제너가 13세 소년에게 우두 바이러스를 접종하여 천연두에 대한 면역을 보여 준 뒤 예방 접종의 놀라운 발전이 시작되었다.)

중대한 질문들

지난 1세기 반에 걸쳐 면역학에서 수많은 지성(그리고 몇 개의 노벨상)을 사로잡은 질문은 다음과 같은 것들이었다. 어떻게 면역계의 세포들은 자신의 신체 세포와 외부 세포를 구별하는가? 그리고 미생물은 어떻게 위험한 것과 유익한 것을 구별하는가? 그 해답은 정말 복잡한 것으로 드러나고 있다. 과학자들은 이러한 수수께끼의 일부를 해결했지만, 전부는 아직이다.

　또 다른 근본적인 질문은 이러하다. 면역계는 우리를 보호하면서도 동시에 해를 끼칠 수 있을까? 우리는 이제 그 답이 '그렇다'라는 것을 분명히 알고 있다.

　먼저 면역계란 무엇일까? 다른 신체 시스템과 마찬가지로 면역계는 외부의 침입자, 즉 미생물의 공격에 맞서서 우리 신체를 방어하기 위해 힘을 합쳐 노력하는 세포, 조직, 장기의 네트워크이다. 흥미로운 것은 면역계 세포들은 또한 더 이상 그곳에 속하지 않는 신체 세포(암세포)를 제거하는 데 중요한 역할을 한다는 점이다. 펠릭스 마이스너Felix Meissner 연구진은 최근 연구에서 다양한 유형의 면역세포가 사회관계망을 형성한다는 사실을 밝혔다.[1] 이는 우리가 많은 미생물 집단의 행동을 통해 배운 것과 매우 유사하다.

면역계의 주요 세포 유형(림프구, 대식세포, 호중구)은 자신의 표면에 있는 구성 요소를 이용하여 외부 세포(미생물이나 암세포)를 알아보는 매우 시이닌 능력을 끼시고 있니. 그것은 미치 과인과 채소를 먹기 전에 건강에 좋은 것과 상한 것을 골라내는 행위와 같다.

생존에 필수적인 면역계는 양날의 검이다. 우리가 병원균에 감염되었을 때, 우리를 병들게 하거나 목숨을 앗아 가는 것은 대부분 감염병 자체가 아니다. 우리 면역계의 세포들은 사이토카인cytokine이라는 단백질을 방출하여 응답하는데, 이들 단백질은 뇌로 이동하여 그곳에서 발열이나 식욕 부진, 피로, 몸살 같은 감염병 증상을 일으킨다. 그러한 증상은 어느 정도까지는 도움을 준다. 그 증상 때문에 우리가 어쩔 수 없이 속도를 늦추고 긴장을 푼 뒤 침대로 기어 들어가 잠에 빠져들기 때문이다. 하지만 면역계가 과민 반응을 한다면, 그 때문에 우리가 죽을 수도 있다. 1918년 유행성 독감 때 수천만 명이 사망했던 것처럼 말이다.

우리의 면역계는 또 다른 방법으로 우리에게 해를 끼칠 수 있다. 만일 면역계가 세포를 구별하는 능력을 잃고 무의식적으로 자신의 세포를 공격한다면, 이는 다발성경화증이나 류머티스 관절염, 루푸스 같은 자기면역질환의 원인이 된다.

병원균(질병을 일으키는 미생물)은 매우 영리해서 면역계의 탐지를 피하기 위해 빠르게 진화한다. 이에 대응하여 동물의 면역계는 병원균을 인지해 무력화시키기 위해서 다수의 방어 메커니즘을 발전시켰다.[2]

적응면역계라고 불리는 한 메커니즘에서 특정 세포들(B와 T림프구)은 이전에 마주했던 위험한 미생물을 기억하는 주목할 만한 능력을 지니고 있다. 이 세포들은 친숙하고 위험한 박테리아, 바이러스, 곰팡이, 기생충을 인지하자마자 신속하게 적들을 제거한다. 면역(백신 접종)은 적응면역계를 자극함으로써 작동한다.

면역학의 가장 재미있는 분야 중 하나는 앞장에서 읽었던 장 마이크로바이옴과 관련이 있다. 최근의 단서에 따르면 장 내부에 있는 미생물은 적응면역계의 성장에 영향을 미칠 수 있다(심지어 통제도 할 수 있다). 우리의 장 마이크로바이옴(박테리아, 바이러스, 곰팡이, 그리고 기타 생명체의 조합)은 면역계에게 친구와 적을 구별하는 방법을 가르치며 면역계를 교육한다.

림프구가 중심이 되는 적응면역계는 약 500만 년 전 척추동물에서 신경계가 진화했던 때와 같은 시기에 등장했다. 적응면역계(림프구의 훈련)에는 성장할 시간이 필요하다. 처음 본 순간부터 감염병과 싸우기 위해서 우리의 신체는 선천면역이라는 더 오래된 메커니즘을 사용한다. 선천면역계의 3가지 세포 유형(호중구, 대식세포, 자연살해Natural Killer세포)은 어떠한 잠재적 병원균이라도 즉시 감지하여 공격하는데, 이러한 반격이 염증을 일으킨다.

다음은 인간의 면역계에 관해 기억해 둬야 할 가장 중요한 3가지다.

a. 인간의 면역계는 우리의 제1 방어선(피부, 장의 내벽 등)을 깨뜨리는 미생물에 맞서 우리를 보호하기 위해 진화했다.

b. 인간의 면역계는 고도로 전문화된 세포인 호중구, B림프구, 대식세포, T림프구의 네 종류로 구성되어 있다. 이 책 뒷부분에서 우리는 이 세포들이 우리를 지키는 방법에 대해 더 자세히 살펴볼 것이다.

c. 이러한 유형의 세포 중에 결함(면역결핍이라고 한다)이 발생한다면, 가장 큰 위협을 가하는 미생물은 보통 우리의 신체 방어 시스템의 일부에 의해 통제되거나 파괴되는 것들이 될 터이다. 일반적인 유형의 면역결핍은 면역계 세포의 기능을 손상시키는 약물을 복용하는 사람들에게 발생한다. 그러한 약물에는 항암제(일부 항암제는 골수에 있는 면역세포를 제거한다), 장기이식 후에 나타나는 거부반응을 막는 약물, 자가면역질환과 관련된 염증을 약화하는 약물 등이 있다. 또한 너무 나이가 어리거나 많은 경우 면역결핍이 나타날 수 있다. 유아들에게는 적응면역이 발달할 시간이 충분하지 않고, 노인들의 면역계 기능은 다른 신체와 마찬가지로 쇠퇴할 수 있다.

최근에 와서야 우리는 인간의 마이크로바이옴이 실제로 어떻게 면역계를 훈련시키는지 이해하고 그 가치를 깨닫기 시작했다. 하지만 또한 마이크로바이옴의 덜 긍정적인 측면 역시 인지하기 시작했다. 예를 들어 2017년에 보고된 이스라엘 바이츠만연구소의 연구에 따르면, 마이크로바이옴의 일부 박테리아에는 암을 치료하는 데 사용되는 일반적인 약물의 치유력을 차단하는 효소가 포함되어 있다.[3] 면역계에 관한 토론을 할 때면 의대생들에게 우리가 모르는 사이에

제1부 · 친한 친구들

이들 단세포 부대의 지칠 줄 모르는 노력이 밤낮으로 이어진다고 상기시켜 준다. 그리고 매일 밤 잠들기 전 잠시 호중구와 B림프구, T림프구, 대식세포에 감사해야 한다고 말한다.

우리 신체에는 마치 중국의 만리장성처럼 침입자들이 들어오지 못하도록 설계된 또 다른 보호물이 있다. 피부와 위장관(혀끝에서 항문 끝까지), 기도(코와 부비강에서 폐의 깊은 곳까지), 비뇨생식관(방광과 생식기를 잇는 관)의 표면은 모두 상피세포epithelial cell라고 불리는 장벽세포barrier cell로 둘러싸여 있으며, 장의 내벽에만 40조의 박테리아가 신체의 나머지 부분과 분리되어 자리 잡고 있다. 결장을 감싸고 있는 상피세포들은 미생물에게 물리적인 장벽을 제공하는 것 이상의 많은 일을 하는 것으로 밝혀졌다.

대부분의 경우, 상피세포는 혈류로 들어오는 미생물을 막는 데 매우 효과적이다. 하지만 자연은 완벽하지 않아서 아주 교활한 병원균이 이 장벽을 통과할 때가 있다. 그래서 면역계가 존재하는 것이다.

5

모두 연결되어 있다
인간과 동물, 그리고 지구의 건강

―――――

"모든 생명체가 하나라는 사실은 아무리 강조해도 지나침이 없다.
그것이 이 세상에서 가장 심오한 진리이고, 앞으로 그런 사실이
입증될 것이라고 믿는다."

빌 브라이슨

잠시 80여 년 전에 아서 조지 탄슬리 경이 규정한 생태계의 원래 개념을 떠올려 보자. 생태계란 생물(식물과 동물, 그리고 미생물)이 공기, 물, 무기질 토양 등 환경을 구성하는 무생물 구성 요소와 상호작용하는 공동체이다.

이러한 정의는 21세기에 '원헬스One Health'라는 관점으로 진화했다.[1] 원헬스(인간의 생존과 행복을 위한 목표이자 지키고 요구되어야 할 모든 사항)는 일반적으로 인간과 동물, 식물, 환경 모두가 최적의 건강을 이룰 수 있는 여러 원칙을 지키기 위한 지역적, 국가적, 세계적 공동 협력으로 정의된다.

탄슬리가 인지한 것처럼 건강한 생태계(환경)는 엄청나게 다양한 미생물과 함께, 다른 생물을 비롯해 물과 공기 같은 필수적인 무생물 구성 요소를 포함한다. 3장에서 언급한 것처럼 인간 마이크로바이옴(우리의 장, 피부, 입, 호흡기, 질)에 대한 연구는 우리의 몸에 엄청난 수의 유익한 미생물이 살고 있다는 것을 보여 주었다. 우리가 이들의 가치를 인지하지 않고, 이들의 노고를 지지하지 않고, 이들을 존중하지도 않는다면 우리는 인간이라는 종과 우리가 사는 세상을 위험에 빠트릴지도 모른다.

이는 우리 몸 안에 사는 미생물에만 해당하는 이야기는 아니다. 인간의 생활에 매우 유익한 외부 미생물도 많이 존재한다. 한 가지 예로 피우스 플로리스Pius Floris가 스페인에서 진행한 연구를 살펴보자.[2] 플로리스의 회사는 유익한 미생물(이 경우에는 곰팡이류의 한 종)을 카스티야와 레온 지역의 불모지에 적용했고, 이 곰팡이는 토양을 생산적인 상태로 돌려놓기 시작했다. 플로리스는 이렇게 설명

제1부 · 친한 친구들

한다. "농부들은 수십 년 동안 이들 공생생물에 대해 알지 못했다. 우리는 공생생물을 다시 활용하고 있다."

유사한 방식으로 인간은 현재 식물의 뿌리에 있는 리조바이옴 rhizobiome이라는 유익한 세균을 이용하는 기술을 활용하고 있다. 환경독물학자 에밀리 모노슨Emily Monosson은 리조바이옴을 식물의 장내 마이크로바이옴으로 보고 있다. 저서 《자연의 방어: 벌레와 미생물의 도움으로 우리의 식량과 건강을 보호하기》[3]에서 모노슨은 "박테리아가 농장에 있든 인간의 몸에 있든, 이들을 박멸시키는 일은 매우 심각한 파괴 행위가 될 수 있다"고 경고한다.

진화 분야와 함께 환경과학도 지난 수십 년 동안 눈에 띄게 성장했다. 인간의 마이크로바이옴이 과학자와 대중의 관심을 사로잡는 동안, 여러 유사 연구에서는 많은 동물과 식물, 토양, 물의 마이크로바이옴의 특성을 찾고 있다. 사례 중 하나로 예일대학교의 낸시 모런Nancy Moran 연구 팀은 최신 보고서에서 최근 몇 년 사이의 꿀벌집 파괴가, 꿀벌의 장내 마이크로바이옴에 존재하는 항생제에 내성이 있는 유해 박테리아를 선택하는 항생물질이 농업에서 남용된 사실과 부분적으로 관련이 있다고 주장한다.[4] (이러한 결과는 3장에서 언급했던, 인간에게 항생물질을 남용하는 것에 대한 우려를 불러일으킨 마틴 블레이저 연구 팀의 결과를 떠올리게 한다.)

또한 지난 수십 년 동안 토양과 해수에 관한 다수의 연구에서 질소 고정, 영양소 재활용, 생물분해, 산소 생산, 대기에서 이산화탄소 제거 등과 같은 생명 활동에서 유익한 박테리아, 바이러스, 곰팡이류가 믿기 어려울 정도로 중요한 역할을 하고 있다는 사실을 밝혀냈다.

미생물이 인간과 동물, 식물, 지구의 건강에서 핵심적인 역할을 하고 있다는 점을 고려할 때, 이들은 앞으로 10년 안에 원헬스의 정의에 포함될 것이라고 예측된다.

원헬스 운동의 가장 특별한 측면은 여러 분야에 걸쳐 있다는 것이다. 내가 40년 동안 교직에 몸담았던 미네소타대학교에서 한 가지 좋은 사례를 세상한다. 미네소타내학교의 원헬스 프로그램(원메디신One Medicine, 원사이언스One Science라고도 불린다)에는 수의학과대학, 공중보건대학, 의과대학, 식량농업 및 천연자원과학대학, 간호대학, 동물건강 및 식품안전센터, 국제보건 및 사회적책임센터, 과학 및 공업대학, 환경연구소 등이 참여하고 있다. 프로그램의 모든 참여자는 인간, 동물, 식물, 미생물, 환경 중 어느 한 측면이라도 무너진다면 건강 전체가 무너질 수 있다는 사실을 인지하고 있다.

국제적인 원헬스 계획의 다층적 접근은 미국 질병통제예방센터 Centers for Disease Control and Prevention(CDC), 야생동물보호협회, 미국 식량농업기구, 세계은행, 유니세프 등 재정 지원을 받는 기관의 다양한 면모를 통해서도 분명해진다.

스트레스와 진화, 그리고 원헬스

"당신이 장수에 가장 중요한 것 한 가지가 무엇인지 묻는다면 걱정과 스트레스, 그리고 긴장을 멀리하는 것이라고 답할 겁니다. 그 질문을 하지 않아도 나는 그 말을 꼭 해야겠습니다."

조지 번스George Burns

———

내분비학자 한스 셀리에^{Hans Selye}는 1936년 생물학 교과서에 '스트레스'라는 용어를 처음 사용했다. 수백 년 동안 이 용어는 물리학에서 어떤 물질이 외부의 힘에 의해 압축되거나 이완되었을 때 원래 형태를 회복하는 능력을 뜻했다. 셀리에는 어떠한 요구나 변화에 대한 불특정 반응을 생물학적 스트레스라고 정의했다.

진화의 관점에서 볼 때 스트레스가 많은 환경은 생명의 기원 이후 적합한 종의 선택과 적응의 주요 동인이었다. (지옥 같은 환경에서 생존해야 했던 고세균류를 비롯한 미생물들을 생각해 보자. 그리고 인간 마이크로바이옴을 비롯한 다른 마이크로바이옴의 구성원들은 대부분, 약 40조의 세균이 사는 인간의 내장처럼 끔찍한 환경에 적응한 친구들로 구성되어 있다.)

1980년대 초 정신신경면역학 분야(뇌와 면역계, 내분비계 사이의 상호작용을 집중적으로 연구하는 여러 학문이 관련된 분야)가 싹트기 시작했다.[5] 이 분야의 초기 연구에서는 스트레스가 인간과 다른 동물의 면역계에 부정적인 영향을 미친다는 뚜렷한 단서를 제공했다. 실험실 연구에서 동물들은 다양한 스트레스(추위, 신체적인 구속, 시끄러운 소음, 미약한 전기 충격 등)의 대상이 되었다. 이러한 스트레스에 노출된 동물들은 미생물의 공격을 받을 때 더 심한 감염을 일으켰다. 중대한 스트레스에 노출된 인간(기말고사를 치르는 학생이나 알츠하이머병 환자를 돌보는 사람)을 대상으로 한 유사 연구에서는 면역계에서와 유사한 억압이 나타났다.

주목할 만한 것은 도마뱀에서 금붕어, 표범, 인간에 이르기까지 모든 척추동물은 동일하거나 유사한 호르몬을 분비하는 방식으로 스트레스에 반응한다는 점이다. 이들 호르몬과 유사한 펩타이드 peptide는 뱀이나 심지어 곤충, 연체동물, 해양벌레 등의 무척추동물에서도 발견된다.

원헬스의 관점에서 보면, 어떤 생물이라도 그 존재를 위협하는 스트레스 요인은 모두에게 위협이 된다. 여기서 '위협'은 지구에서 영원히 종을 없애 버릴 수 있다는 것을 의미한다. 20장에서 알게 되겠지만, 지구상에 존재한 360억 종 가운데 99퍼센트는 현재 멸종된 상태다. 어떤 이유이든 그 종들은 말 그대로 스트레스를 받았던 것이다. 또한 20장에서는 이러한 다수의 종을 전멸시키고 다시 모든 생물 종을 위협하고 있는 거대한 스트레스, 바로 기후변화에 관한 내용을 다룰 것이다.

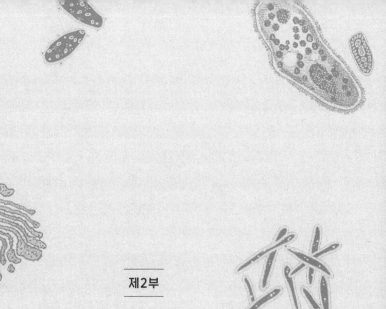

제2부

인간의
적

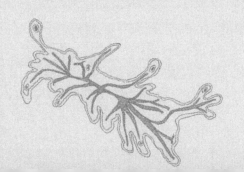

6

우리를 괴롭힌 적들

"인류에게는 3가지 큰 적이 있다. 열병, 기아, 전쟁이 그것이다.
지금까지 이 중에서 가장 무서운 것은 열병이다."

윌리엄 오슬러 William Osler **경**, 존스홉킨스 병원 창립 교수

감염의 세상

감염이란 무엇일까? 그리고 감염은 감염병과 같은 것일까?

감염병 전문가들이 아직까지 이 질문들에 답하지 못했다는 사실에 놀랄지도 모르겠다. 감염병 전문가들은 이 주제에 대하여 다양한 견해를 가지고 (많은 논의를 하고) 있다.

그렇기는 하지만 몇 가지 인정받은, 내가 가장 유용하다고 신뢰해 이 책에서 사용할 정의가 있다.

감염이란 미생물과 숙주 사이의 확립된 관계이다. 따라서 우리는 언제나 말 그대로 머리부터 발끝까지, 혀끝에서 위장까지 감염된(점령당했다고 말하기도 한다) 상태이다. 무해한 미생물에 감염되는 경우, 99퍼센트 이상 어떠한 문제도 일어나지 않는다.

하지만 감염 때문에 병에 걸린다면, 병을 일으킨 것은 병균(해로운 미생물)이다. 그런 경우 감염병에 걸렸다고 말한다. 단순히 몸의 표면에 대량 서식하는 미생물과는 반대로 세균성 병원균은 발병 인자를 생산한다. 발병 인자는 이를테면 숙주의 세포를 해치거나 파괴하고, 평소에는 드나들지 못하는 세포조직에 침입하게 해주는 독소 같은 것이다.

지난 수십 년 동안 신문을 집어 들면 새로운 유행성 감염병에 관한 기사가 수시로 등장했다. 몇 가지 예를 들면 레지오넬라병, 라임병, HIV/AIDS, 사스, '살 파먹는 박테리아flesh-eating bacteria', C형 간염, 웨스트나일 바이러스 뇌염, 조류鳥類독감, 에볼라와 지카 바이러스 감염 등이다. 이들 새로운 질병은 신생 감염병으로 알려져 있다. 사실 머리글에서 소개했던 것처럼 1992년 미국 의학연구소가 〈새로운

감염병: 미국의 건강을 위협하는 미생물〉이라는 기념비적인 보고서를 발간한 것은 미국 의회가 조치를 취하게끔 경종을 울리려는 의도에서였다.[1]

신생 감염병에 대한 미국 의학연구소의 정의는 오늘날에도 사용된다. 미국 의학연구소는 신생 감염병을 특정 모집단에 새롭게 등장한 감염병, 또는 어느 정도 알려진 상태지만 영향력이나 지리적 범위가 빠르게 증가하는 감염병이라고 정의하고 있다.

1990년대 초 새롭게 나타난, 또는 다시 등장한 감염병의 맹공은 엄청났다. 의사와 감염 통제 활동에 참여하고 있는 간호사들, 공중보건 종사자들이 새로운 발전에 뒤처지지 않도록 마이크 오스터홈과 나는 1992년 미네소타주 보건부와 미네소타대학교의 공동 후원을 받아서 '임상 실무와 공중보건에서의 신생 감염'이라는 연간 교육과정을 개설했다. 현재 25주년이 되었는데, 매년 300명 이상이 참가하고 있다.

대체 무슨 일이 있었기에 20세기의 마지막 사반세기에 그토록 많은(그리고 치명적인) 신생 감염병이 나타났던 것일까? 누구 또는 무엇 때문에 우리의 적에게 유리하도록 상황이 바뀌었을까?

대답은 당연히 호모 사피엔스일 것이다. 새로운 감염 대부분의 근본적인 주된 요인은 인간의 행동, 즉 잘못된 행동이다.

아마도 가장 큰 원인은 항공기로 사람과 식량을 급속도로 빠르게 운송하게 되었기 때문일 것이다. 미생물을 이보다 더 멀리, 폭넓게, 신속하게 퍼뜨릴 수 있는 방법은 없을 테니까. 새로운 감염병이 등장한 데에는 안전하지 못한 성관계, 도시화, 삼림 파괴, 물과 공기의 오염, 정치적 혼란 같은 인간의 행동이 한몫했다.

140여 가지 인간 감염병의 60퍼센트 이상이 동물에게서 인간으로 전파된다. 이는 의사와 수의사가 함께 연구해야 한다는 뜻으로, 다행히도 그들이 함께하는 연구가 늘어나고 있다.

앞으로 우리는 인간을 가장 크게 위협하는 신생 감염병 사례를 자세히 살펴볼 것이다. 또한 이러한 감염을 피하고, 억제하며, 치유하는 사뭇 희망적인(그리고 대개는 놀라운) 방법을 살펴볼 것이다.

하지만 우리가 새로운 감염병을 조사하기 전에, 20세기 이전에 발생한 가장 주목해야 할 유행병의 역사를 살펴보자.

제2차 세계대전이 발발하기 전에는 무기보다 감염병으로 죽는 병사가 더 많았다. 그리고 20세기 말까지 전 세계적으로 유행성 감염병으로 사망한 사람이 심장질환과 암으로 사망한 사람의 수를 합친 것보다 많았다. 대학살이라는 측면에서만 본다면 유행병은 인류의 최악이자 최대의 적이다.

그런데 유행병(때로는 전염병이라고도 불린다)이란 정확히 무엇일까?

유행병epidemic에서 dem은 고대 그리스어 demos에서 유래한 말로, '사람' 또는 '영역'을 의미한다. 어떤 감염병 때문에 넓은 지역에 사는 많은 사람이 아프고 사망하는 경우, 이 병을 유행성 감염병이라고 한다.

유행성 감염병이 한정된 지역의 특정 집단에만 국한되어 있다면, 그것은 풍토병endemic이라고 한다. 그리고 국경을 넘어가면, 이런 상황은 전 세계적 유행병pandemic이라고 불린다.

현대에는 에피데믹과 팬데믹이라는 용어가 비만이나 심장마비, 제2형 당뇨병, 고혈압, 암, 약물 남용, 폭력 등 많은 비전염성 질병과 유해한 행동까지 포함하도록 의미가 확장되었다.

전염병plague라는 단어는 '역병'이라는 의미의 라틴어 plaga에서 유래했다. 중세 영어인 plague는 14세기에 영국에서 가래톳 페스트로 많은 사람이 사망했을 때 생겨났다.

초기에 전염병이라는 용어는 이후 페스트균에 의한 것으로 밝혀진 하나의 구체적인 유행병을 설명하기 위해 사용되었다. 하지만 결국 전염병은 넓은 지역에 퍼지는(그리고 대개는 치명적인) 유행병을 비롯하여 매우 파괴적인 힘을 나타내는 말로 사용되었다. ('메뚜기 떼로 인한 피해a plague of locusts', 또는 전염병처럼 피해야 하는 매우 귀찮은 사람 등의 표현을 떠올려 보라.)

유행병은 수천 년 동안 인류 역사의 흐름을 극적으로 형성해 왔다. 페스트, 천연두, 인플루엔자, 홍역, 살모넬라 위장병 등을 일으키는 (유럽의 탐험가들이 신세계에 지니고 들어간) 미생물은 유럽인들이 아메리카 원주민을 상대로 순식간에 승리를 거둔 원동력이었다. 하지만 유럽인들 역시 수세기에 걸쳐 수십 가지 전염병을 겪으며 수백만이 사망했다.

541년에서 542년 사이에 발생한 페스트 유행을 일컫는 '유스티니아누스 페스트Plague of Justinian' 동안, 가래톳 페스트는 전체 유럽인 가운데 약 40퍼센트를 죽음으로 몰았다. 그 후 적어도 186회의 다른 전염병 유행이 있었음을 기록이 증명하고 있다. 이 가운데 가래톳 페스트는 26회, 천연두는 21회를 차지한다. 또한 콜레라(34), 황열병(15), 인플루엔자(13) 등이 상위권을 차지하고 있다. (물론 인간은 20세기 말까지 이러한 감염병의 원인을 알지 못하기 때문에, 병의 유형은 문서에 나온 설명으로 추측한 것이다.)

지난 반세기 동안 새롭게 인정받은 바이러스에 의한 유행병이 세계적으로 크게 주목받았다. 여기에는 새로운 변종 인플루엔자 바이러스 몇 가지가 있다. 웨스트나일 바이러스, 뎅기열 바이러스, 치쿤구니아 바이러스, 에볼라 바이러스, 지카 바이러스, 그리고 가장 악명 높은 HIV 등이다. 앞으로 나올 장에서 이들 질병에 대해 모두 살펴볼 것이다.

인류를 짓밟아 버릴 뻔한 전염병

"한 사람의 죽음은 비극이지만, 100만 명의 죽음은 숫자에 불과하다."

이오시프 스탈린Joseph Stalin

———

반점투성이 괴물: 천연두

천연두는 기원전 1만 년 경에 나타난 것으로 보이며, 천연두 유행은 고대 내내 기록에 등장한다. 천연두의 단서는 람세스 5세의 미라를 비롯해 3000년 전에 만들어진 이집트 미라에서 발견되었다.

서구 유럽에서 최초로 천연두를 분명하게 기술한 때는 581년으로, 투르의 주교 그레고리우스Bishop Gregory of Tours가 특징적인 증상과 발진에 대해 정확히 설명했다. 유럽은 이후에 탐험가를 통해서 천연두가 세계의 다른 곳으로 전파하는 중심지가 되었다.

다행히도 천연두는 지구상에서 자취를 감춘 것으로 보인다. 인간에게 전염되는 다른 질병에서는 없는 경우이다. 천연두로 인한 마지막 사망자는 1977년 소말리아에서 보고되었다.

천연두가 얼마나 파괴적인지 상상하기는 쉽지 않다. 천연두 환자는 고열과 두통 및 몸살에 시달리며, 때로는 구토를 하기도 한다. 이러한 증상들에 이어 천연두의 특징이라 할 수 있는 보기 흉한 발진이 나타난다. '천연두smallpox'에서 pox는 얼룩무늬라는 의미를 지닌 라틴어에서 유래한 말이며, 사람의 얼굴과 몸에 돋아나는 반점을 일컫는다. 흔히 '반점투성이 괴물'이라고 불리는 천연두의 사망률은 20에서 60퍼센트였다.

천연두는 바리올라 마요르variola major 바이러스에 의해 발병하며, 직접적인 접촉 또는 꽤나 장기적인 대면 접촉을 통해 전파된다. 19세기 말에 와서야 병원균이 병의 원인이라는 것이 알려졌지만(그리고 1906년에 바리올라 마요르 바이러스의 정체가 알려졌다), 중세 사람들은 천연두가 전염된다는 사실을 알고 있었다. 천연두가 나타나면 많은 사람이 마을을 떠났지만, 동정심을 지닌 사람들(그중에는 가족이나 성직자, 의사 등이 있었다)은 자리를 떠나지 않고 병에 걸릴 위험을 무릅쓰며 아픈 사람들을 돌보았다.

18세기에는 유럽인 중 40만 명이 매년 천연두로 사망했고, 여기에는 5명의 군주도 포함되었다. 20세기에는 천연두 때문에 전 세계에서 3억에서 5억 명이 사망했을 것으로 추정한다. 추정컨대 천연두는 모든 전쟁을 합친 것보다 많은 사람의 목숨을 앗아 갔다. 그리고 인플루엔자, 결핵, 후천성면역결핍증, 말라리아를 모두 합친 것보다 천연두로 사망한 사람이 더 많다. 이러한 통계치로 볼 때, 천연두 퇴치는 의학 역사를 통틀어 가장 중요한 성취로도 기록될 수 있다.

이러한 성취에 기여한 수많은 개인과 단체 중에서 가장 눈에 띄는 이름은 18세기 영국에서 효과적인 백신을 발견한 시골 의사 에드워드 제너Edward Jenner와, 1966년에서 1980년까지 수행된 세계보건기구의 천연두 퇴치 프로그램이다.

제너가 백신을 발견하기 이전에 사람들은 단순한 관찰을 통해 천연두를 앓고 회복한 사람에게 병에 대한 내성이 있다는 사실을 알고 있었다. 중국에서는 이미 15세기에(유럽에서도 산발적으로는) 천연두에서 나온 물질(보통 상처에 생긴 딱지)을 사람들의 피부 아래에 삽입하는 '인두법variolation'이라는 방법을 이용하여 치명적인 질병에 대한 면역성을 키웠다. 인두법은 대체로 효과가 있는 것 같았지만, 때로는 실제로 천연두에 걸리는 결과가 나타나기도 했다.

1700년대 초 코튼 매더Cotton Mather 목사는 인두법을 강력하게 지지하였다. 당시 인두법은 논란의 여지가 많은 주제였기에 그에게는 많은 적이 생겼다. 인두법에 반대하는 광신도가 고약한 냄새를 풍기는 폭탄에 불경한 내용이 담긴 쪽지를 붙여 그의 집 창문으로 던진 적도 있다.

18세기 말에 접어들면서 모든 것이 갈수록 과학적으로 바뀌었다. 1796년 5월 14일 의학 역사에서 가장 고전적인 실험 가운데 하나인 실험에서 제너는 우두cowpox를 앓는 우유 짜는 여자의 상처에서 나온 물질을 사용하여 여덟 살짜리 소년 제임스 핍스를 접종했다. 제너는 우두를 일으키는 것이 무엇이든 천연두와 비슷하지만 독성은 훨씬 적어 천연두를 예방할 것이라고 가정했다. 두 달 뒤, 천연두 상처에 노출된 제임스는 병에 걸리지 않았다. 우두를 이용한 백신 접종이 효과가 있었던 것이다.

또한 제너는 '소'를 의미하는 라틴어 vacca에서 유래한 '백신vaccine'이라는 용어를 최초로 사용한 사람이다. 그렇게 제너는 백신의 아버지가 되었다. (하지만 아서 보일턴Arthur Boylton은 2018년 《뉴잉글랜드 의학저널》에 게재한 논문 〈우유 짜는 여자의 신화〉에서 우두가 천연두 감염을 예방할 수 있다는 발상은, 실제로는 1768년 또 다른 시골 의사인 존 퓨스터John Fewster의 생각에서 나온 개념이라고 설득력 있게 주장하고 있다.[2] 전설적인 제너의 명성에 오점을 더하는 또 다른 주장이 2017년 한 국제적인 연구 집단에 의해 제기됐다. 이들은 제너의 백신이 우두 바이러스가 아니라 마두horsepox, 즉 말에서 유래했을지도 모른다고 이번에도 《뉴잉글랜드 의학저널》에 보고했다.[3])

하지만 천연두에 관해 주의해야 할 점이 있다. 천연두는 퇴치되었다고 여겨지지만, 멸종되지는 않았다. 정의에 따르자면 퇴치는 의학적인 지원 없이도 전 세계의 발생 건수가 계속해서 0에 수렴하는 것이고, 멸종은 자연이나 실험실에 구체적인 감염원이 더 이상 존재하지 않는다는 뜻이다.

바리올라 마요르 바이러스의 표본은 현재 애틀랜타와 러시아의 극도로 안전한 실험실에 보관되어 있다. 2001년 탄저균을 이용한 생물학적 테러(2장 참조)가 일어난 후, 이라크가 숨겨 둔 대량 살상 무기 가운데 하나가 바이러스라는 소문이 퍼지며 천연두 테러의 가능성이 구체화되었다. 그 결과 2002년 혹시나 있을 생물학적 공격에 대비하여, 나를 포함한 많은 의료 서비스 종사자들은 천연두 백신을 추가 접종 받았다.

미국 알레르기 및 감염병 연구소는 아직까지도 바리올라 마요르를 A형 병원체로 분류한다. A형 병원체는 국가 안보와 공중보건에 가장 높은 수준의 위협이 되는 생물을 뜻한다.

지금까지 인류는 이 외에도 6가지 전염병을 근절하려고 시도했다. 완전히 성공하지는 못했지만 많은 경우에 결과는 훌륭했다. 가장 성공이 밝은 질병 중 하나는 흔히 소아마비로 불리는 회색질 척수염이다. 세계보건기구, UN아동기금, 로터리인터내셔널 등이 20세기 말에 시작한 백신 접종 공동 캠페인 덕분에 연간 소아마비 환자의 수는 99.9퍼센트 이상 급감했다. 2017년에는 국제적으로 불과 22건이 보고되었지만, 2018년 소아마비 근절의 진행이 멈추었다. 2018년 11월 말까지 27건이 발생한 것이다. 그리고 안타깝게도 2019년 4월 백신 접종 팀을 경호하던 경찰 2명과 의료노동자 1명이 무장 세력에게 살해당한 뒤, 파키스탄 보건 관료는 전국적인 항소아마비 캠페인을 연기했다. 그럼에도 많은 전문가들은 소아마비가 지구상에서 사라질 수 있을 것이라고 여전히 희망적으로 예측하고 있다.

검은 죽음: 가래톳 페스트

천연두의 파괴력과 비할 만한 것은 전체 환자의 50에서 60퍼센트가 사망하는 가래톳 페스트뿐이다. 가래톳 페스트bubonic plague라는 이름은 확대된 림프선 때문에 사타구니에 생긴 혹을 일컫는 고대 그리스어 boubon에서 유래했다. 이것은 이 병으로 인해 나타나는 가장 분명한 증상 중 하나이다. 다른 일반적인 증상으로는 고열, 오한, 설사, 출혈 등이 있으며 일반적으로 입이나 코, 직장, 피부 밑에서 나타난다. 혈류를 따라 감염이 퍼지면 팔과 다리의 조직이 검게 변하면서 죽어 간다(괴사라고 알려져 있다).

바이러스로 전염되는 천연두와는 달리 페스트는 박테리아를 통해 감염되며, 일반적으로 동물에 의해 전파된다.

가래톳 페스트를 일으키는 세균인 페스트균$^{Yersinia pestis}$은 1894년 루이 파스퇴르와 로베르트 코흐의 제자였던 알렉상드르 예르생$^{Alexandre Yersin}$이 발견했다. 예르생은 쥐에서 이 박테리아를 발견했다. 우리는 이제 생쥐에서 프레리도그까지 다양한 설치류 동물이 이 병을 옮긴다고 알고 있지만, 쥐가 가장 흔한 보균자이다.

그러나 가래톳 페스트는 쥐에서 인간에게로 직접 전파되지는 않고, 벼룩이 중개자 역할을 한다. 먼저 쥐가 감염되고, 쥐의 몸에 사는 벼룩이 쥐를 물어 벼룩도 감염된 다음, 벼룩이 쥐의 몸에서 인간에게 뛰어들어 인간을 물면서 감염이 일어난다.

약 5000년 전 청동기시대에 죽은 사람의 뼈를 최근 조사한 결과 가래톳 페스트의 DNA가 발견되었다. 수세기 동안 중국을 드나드는 무역로를 따라 인간과 쥐가 가득한 배를 타고 항구와 항구를 오가는 여행은 수많은 페스트 감염병의 기원이었다.

페스트에는 3가지 유형이 있다. 가장 흔한 유형은 앞서 설명한 가래톳 페스트이다. 두 번째 유형은 폐에 아주 치명적인 감염을 일으키는 폐 페스트^{肺pest}이며, 기침으로 전파된다. 세 번째는 패혈성 페스트로, 전염병 박테리아가 혈류에 침입할 때 일어나며 사형선고와 다를 바가 없다. 패혈성 페스트로 죽어 가는 사람들은 피부가 아주 검게 변하는데, 여기서 흑사병이라는 이름이 유래했다.

아테네 대역병(기원전 430 - 427), 동로마제국에서 2500만에서 5000만 명의 목숨을 앗아 간 유스티니아누스 페스트(541 - 542), 전체 유럽 인구의 30~60퍼센트를 휩쓸어 버린 흑사병(1346 - 1353), 일곱 달 동안 런던 인구의 20퍼센트인 10만 명이 죽어 간 런던 대역병(1665)을 포함해 인류 역사에는 28건의 가래톳 페스트 유행이 기록되어 있다.

런던 대역병은 자세히 들여다볼 필요가 있다. 대다수 의료 종사자들의 대응은 도시를 떠나는 것이었고, 극소수만이 런던에 남았다. 도심지에 남아 있던 새뮤얼 피프스^Samuel Pepys는 그의 일기에 끔찍한 재난의 풍경을 생생하게 묘사했다. 소설가 대니얼 디포^Daniel Defoe도 자신의 저서 《페스트, 1665년 런던을 휩쓸다》에서 런던의 모습을 글로 남겼다. 다음은 일부 발췌한 내용이다.

> 런던 전체가 눈물에 잠겼다고 말해도 과장이 아니었다. (……) 죽은 이를 애도하는 소리만이 거리를 맴돌았다. 거리를 지나다 보면 여자와 아이 들의 비명이, 아마도 죽어 가고 있거나 방금 세상을 떠난 사랑하는 가족과 함께 살았던 집의 창문과 문을 통해 자주 들려와 아무리 튼튼한 심장이라도 꿰뚫을 것만 같았다. (……) 죽음은 늘 눈앞에 있었다. 전우들이 죽어 가도, 다음에는 자신들이 불려 나간다는 생각에 신경 쓸 정신이 없었다.

한편 종교 지도자들은 오늘날 일부 텔레비전 전도사들이 떠들듯, 전염병이 사람들의 죄에 대한 신의 형벌이라고 매도했다.

하지만 다른 일도 일어났다. 처음으로 유럽 정부들이 의료 문제에 진지하게 참여했다. 정부들은 공중보건위원회를 결성해 환자들을 위해 격리 병원을 건립하고, 격리 조치를 엄격하게 시행했다.

물론 당시에는 미생물에 대해 아는 사람이 없었고, 전염은 다양한 '오염'의 원천에서 나온 독성 가스로 전파된다고 여겨졌다. 즉 빈곤층과 빈곤층이 사는 환경이 병의 원천으로 비난받았다.

페스트로 인한 사망은 오늘날에도 일어나고 있다. 2017년 마다가스카르에서 페스트가 발생해 급속도로 퍼졌다. 12월 세계보건기구가 억제되었다고 선언하기 전까지 시민 2000명 이상이 병에 걸렸고, 165명이 사망했다.

하지만 항생제가 도입되면서 미국에서 페스트로 인한 사망률은 20세기 초 66퍼센트 이상에서 1세기 뒤에는 11퍼센트로 하락했다. 요즘 페스트 발생을 촉진하는 것은 빈곤이나 전쟁보다는 항공기 여행이다.

1994년 인도에서 가래톳 페스트가 발생하여 세계의 이목을 끌었다. 병이 유행하는 동안 인도에서 출발하는 비행기 승무원들은 보건 공무원들에게 비행기 탑승자 중 아픈 사람이 있는지 고지해야 했고, 환자가 있을 경우에는 착륙과 동시에 보건 공무원에 의해 즉시 격리되었다.

1세기 전 가래톳 페스트가 처음 미국 서부에 나타났을 때, 페스트균은 프레리도그 등의 야생설치류에 자리를 잡았다. 그 결과 미국에서는 서부 지역에서만 연간 약 8건의 가래톳 페스트가 발생하는 것으로 보고되고 있다.

2015년 콜로라도주에서 소규모의 폐 페스트 유행이 발생했다. 4건이 보고되었고, 모두 감염된 개와 접촉하면서 나타난 것으로 보였다. 하지만 일반적으로 미국에서 폐 페스트는 매우 드물게 발생한다. 1900년과 2012년 사이에 불과 74건이 보고되었고, 2017년에는 뉴멕시코주 산타페카운티에서 3건이 보고되었다. 이 경우는 개가 아니라 프레리도그와의 접촉이 원인이었다.[4]

페스트 백신은 없기 때문에 미국 서부 지역의 국립공원을 방문하는 사람들은 디에틸톨루아미드(DEET)가 함유된 방충제를 이용하여 벌레를 막아야 하며, 다람쥐 등의 설치류에게 먹이를 주어서는 안 된다.

현재 진행형인 전염병

백색 페스트: 폐결핵

폐결핵을 일으키는 결핵균*Mycobacterium tuberculosis*(tubercle bacillus라고도 한다)은 매우 특이한 박테리아다. 결핵균은 기침이나 재채기를 통해서 인간 대 인간으로만 전파되고, 일단 감염되면 폐에서 사실상 모든 장기로 퍼진다.

하지만 (흔히 TB라고 불리는) 폐결핵 증상은 매우 드물게 나타난다고 할 수 있다. 결핵균에 감염되면 약 2주 후에 면역계가 작동하기 시작하는데, 결과적으로 감염된 사람 중 5퍼센트에게서만 증상이 발현되고 나머지 95퍼센트에서는 결핵균이 휴면 상태로 들어간다. 이것을 잠재 감염latent infection이라고 한다.

잠재적으로 결핵에 감염된 사람은, 자신이 결핵에 감염되어 있다는 사실을 모를 수 있다. 실제로 지구상의 3명 중 1명은 결핵균에 잠재 감염되어 있다.

이들 중 대다수는 어떠한 결핵 증상도 보이지 않는다. 하지만 (HIV에 감염되거나 특정 유형의 약물 치료, 노화 등으로) 면역계에 문제가 생기면 결핵균이 깨어나 활동을 재개할 수 있다. 결핵균은 기본적으로 좀비 균이다. 결핵은 어느 장기에 잠복해 있는지에 따라 다양한 합병증을 일으킬 수 있다. 예를 들어 결핵균이 뇌에 있을 때는 두통과 목 경직 증상이 나타나며, 배 속에서 활동을 재개하면 주로 복통을 일으킨다. 허리 통증은 척추에 결핵균이 있는 환자에게서 흔히 나타난다.

천연두와 페스트처럼 결핵균이 인류 역사에 미친 타격은 엄청났다. 19세기와 20세기 초 사이에 결핵은 백색 페스트the Great White Plague라고 불렸다. '백색'은 결핵으로 인한 빈혈 때문에 창백해진 모습에서 유래했으며, 이전에 나타났던 흑사병이 그랬듯 다른 어떤 질병보다도 산업화된 국가에서 더 많은 사망자를 발생시켰기에 '페스트'가 붙었다.

빈곤이나 차별, 과밀 인구 같은 사회적 요인은 결핵에 걸리는 사람들의 특성을 결정하는 데 큰 역할을 한다. 20세기부터 사회적 여건들이 개선되면서 결핵 발생률이 점차 감소하기 시작했고, 1940년대와 1950년대에 항결핵 항생제가 상용화되면서 판도가 완전히 바뀌었다. 때로는 몇 년씩이나 요양원에 격리되던 환자들은 하루아침에 그럴 필요가 없어졌고, 대부분 외래 치료를 받았다. 1960년대 말 미국 전역에서 수백 곳의 요양원이 하룻밤 사이에 문을 닫았다.

아프리카와 페루에서 발견된 인간의 뼈에서 복원된 결핵균 유전 물질에 관한 최근 연구에 따르면, 인류는 약 5000년 전 아프리카에서 결핵에 최초 감염되었다. 우리 조상들은 염소나 소와 같은 가축에게 결핵을 퍼뜨렸고(이런 식으로 전파되는 것을 인간유래 인수공통 감염증anthroponosis, 반대로 동물에서 인간으로 이동하는 경우에는 인수공통감염증zoonosis이라고 한다), 이후 아프리카의 바다사자와 물개가 결핵균을 남아메리카로 전파한 것으로 보인다. 하지만 신세계에 결핵을 퍼뜨린 주범은 유럽의 탐험가들인 것으로 추측된다.

오늘날 전 세계 1000만 명이 넘는 사람들이 매년 결핵 증상을 보이며, 180만 명이 사망한다. 사망자는 대부분 개발도상국에서 발생한다. 실제로 결핵은 현재 세계 최고의 감염 사망원이고, 대부분은 항생제 사용으로 예방할 수 있는 죽음이다. 단지 감염된 환자들이 결핵 환자들을 치료하고 관리하는 인프라가 없는 나라에 살고 있을 뿐이다.

최근 사실상 모든 항생제에 내성이 있는 변종 결핵균이 등장해 우려를 낳고 있다. (이 미생물에 관한 자세한 내용은 15장에서 다룰 것이다.) 세계보건기구는 이러한 치명적인 인류의 적을 억제하는 연구 지원기금을 마련했다.

현재 제약업계와 정부, 자선단체 등은 모두 새로운 백신과 치료제 개발에 매달려 있다. 하지만 결핵은 아직까지 퇴치되지 않았다. 부분적인 이유는, 안타깝게도 결핵에 걸리는 사람들이 대부분 빈곤

국가에 살기 때문에 항결핵 약품을 판매해 많은 돈을 벌 수 없기 때문이다. 그럼에도 불구하고 의학저널 《랜싯》은 최근 결핵을 진단하고, 치료하고, 예방하기 위해 투자를 늘려야 한다는 보고서를 발표했다. 이러한 투자는 2045년까지 결핵을 종식시키는 데 도움이 될 것이다.[5]

나쁜 공기: 말라리아

지금까지 위험한 병원균에 관한 논의에서는 주로 전염성이 강한 원핵생물인 페스트균과 결핵균을 다루었다. 두 가지 모두 생명의 나무에서 박테리아 영역에 포함된다.

말라리아를 일으키는 미생물인 열원충*Plasmodium*은 전혀 다르다. 열원충은 생명의 나무 진핵생물류 영역의 단일세포 구성원이다. 하지만 열원충이 박테리아나 바이러스보다 인간과 더 가깝다는 사실에 속아서는 안 된다. 현재 말라리아는 인류의 건강에 가장 큰 위협으로 남아 있다. 말라리아의 주요 증상은 고열, 오한, 두통, 구토, 설사, 심한 불쾌감이다. 말라리아는 때로 치명적이다.

말라리아*malaria*는 이탈리아어로 '나쁘다'를 뜻하는 mal과 공기를 뜻하는 aria에서 유래했다. 고대 로마인들은 말라리아가 나타나는 원인이 늪지대의 공기 때문이라고 생각했다. 거의 정답에 가까웠다. 말라리아는 감염된 말라리아모기*Anopheles*에 물려 전파되는데, 말라리아모기는 늪을 비롯한 고인 물에서 번식하기 때문이다.

이 병원균은 인류 역사 내내 어마어마한 혼란을 일으켰다. 말라리아는 고대 중국, 이집트, 그리스의 역사 문헌에서 볼 수 있으며 로마제국이 패망하는 데 중요한 역할을 했다.

또한 말라리아는 여러 전쟁에서 승패에 결정적인 영향을 미쳤다. 예를 들어 미국남북전쟁 때 북군 가운데 100만 명 이상이 말라리아에 걸렸고, 대략 3만 명이 사망했다. 제2차 세계대전 당시 태평양 전역에서 말라리아는 미군에게 가장 흔했던 건강상의 위협으로, 약 50만 명이 감염되었다.

말라리아가 만연했던(많은 경우 지금도 그러하다) 열대 지역 나라에서 말라리아는 인간의 발전을 방해했다. 이를테면 파나마에서는 말라리아가 황열병 바이러스와 함께 1860년대에 운하를 건설하려는 프랑스를 좌절시켰다. 훗날 미국이 성공적으로 운하를 건설할 수 있던 이유는 미국 엔지니어들의 공이 아니라 월터 리드^{Walter Reed}와 윌리엄 고거스^{William Gorgas}가 개발하여 실시한 공중보건조치 덕분이었다. (월터 리드는 미군 병리학자이자 박테리아학자로, 황열병이 모기에 물려서 전파된다는 사실을 증명하는 데 도움을 주었다. 워싱턴 D.C.의 월터 리드 병원은 그를 기리는 뜻에서 병원 이름에 그의 이름을 붙였다. 윌리엄 고거스는 미군의 외과의사로 황열병과 말라리아를 예방하기 위한 모기통제조치를 처음으로 선보였다.)

말라리아는 오늘날에도 여전히 심각한 문제로 남아 있다. 2017년에는 전 세계적으로 2억1900만 건의 말라리아가 발생했다. 그나마 공중보건지도자들은 그해 사망자 수가 '겨우' 43만5000명이라는 사실에 안도할 수 있었다. 대부분 아프리카 아이들이었다.

말라리아의 기원을 알아내는 데 새로운 지평을 열었다는 이유로 노벨생리의학상 2개가 수여되었다. 1902년 스코틀랜드 의사 로

널드 로스Ronald Ross는 모기 기생충의 전체 생명 주기를 발견하여 수상의 영예를 누렸다. 그는 또한 말라리아가 암컷 말라리아모기에 물리는 것과 관계가 있다는 사실을 발견했다. (암컷 모기만 피를 빨고, 수컷 모기는 식물의 꿀을 먹으며 말라리아를 옮기지 않는다.) 그리고 1907년 프랑스 의사 샤를 루이 알퐁스 라브랑Charles Louis Alphonse Laveran은 감염된 사람의 적혈구 안에 모기 기생충이 산다는 사실을 발견해 그 공을 인정받았다.

현재 세계적으로 3000가지 이상의 서로 다른 모기 종이 존재한다. 말라리아모기는 430종이 존재하며 그중 30에서 40종(의 암컷)만이 말라리아를 전파한다.

또한 열원충은 약 200종이 존재한다. (그중 5종이 인간에게 말라리아를 일으킨다.) 가장 치명적인 종인 열대열원충P. falciparum은 악성 삼일열말라리아malignant tertian malaria라는 질병을 일으킨다. 다른 열원충 종은 조류, 설치류, 파충류를 비롯하여 유인원이나 침팬지 같은 비인간 영장류를 감염시킨다.

다행히도 몇 가지 효과적인 치료법이 존재한다. 퀴닌quinine은 가장 효과적인 항말라리아제였다. 남아메리카 원주민들이 키나나무의 나무껍질에서 얻어 내는 퀴닌은 스페인 정복자들의 가장 중요한 발견이었다. 1633년 예수회 신부들은 말라리아를 치료하는 '페루의 나무껍질'의 효능을 문서에 기록했다. 퀴닌은 말라리아가 유행하던 로마에서도 사용되었다. 오늘날에도 퀴닌은 여전히 말라리아를 치료하는 데 쓰이지만, 독성이 있을 수 있어 중국 전통의학에서 사용하는 약초에서 추출한 아르테미시닌artemisinin을 더 많이 사용한다.

2015년 중국전통의학아카데미 회원 투유유屠呦呦 박사는 아르테미시 닌을 발견한 공로로 노벨생리의학상을 수상했다.

최근 살충제 뿌리기, 고인 물 없애기, 살충제 처리된 침대망 사용 등의 예방 조치가 큰 효과를 보여 2000년 이후 말라리아 감염률은 전 세계적으로 60퍼센트나 급감했다. 세계보건기구의 전임 사무총 장 마거릿 챈Margaret Chan은 이를 밀레니엄 보건 분야의 최고 성공 스 토리 중 하나라고 칭송했다.

실제로 말라리아는 현재 111개국에서 소멸되었고, 34개국에서는 소멸을 향해 가고 있다. (소멸은 "정해진 지역에 질병이 존재하지 않는 것"으로 정의된다. 근절은 전 세계적인 소멸을 의미한다.)

세계 최고 과학자들이 (정부와 자선단체, 기업 등에서 자금 지원을 받아 가면서) 효과적인 말라리아 백신을 개발하기 위해 노력해 왔 음에도 아직까지 성공하지 못했지만, 유의미한 발전이 이루어지고 있다. 실제로 100퍼센트까지 예방할 수 있는 말라리아 백신에 대한 임상 시험이 2020년 초 아프리카 적도기니의 섬 비오코에서 시행되 었다.

푸른 죽음: 콜레라

콜레라는 콜레라균Vibrio cholerae이라는 박테리아에 의해 소장이 감염 되는 병이다. 이 병의 특징은 양이 많은 묽은 설사를 한다는 것인데, 여기서 '양이 많다'는 하루에 10~20리터 정도를 말한다.

당연한 말이지만 콜레라에 걸린 사람이 치료를 받지 않으면 금세 심각한 탈수 증상이 나타난다. 그 결과로 눈이 움푹 들어가고 손 과

발의 피부에 주름이 생길 수 있는데, 피부가 푸른색을 띤다고 하여 '푸른 죽음the Blue Death'이라는 별명이 붙었다.

대부분의 경우 콜레라는 경구수액요법(전해질과 다량의 물을 보충)을 적절하게 사용하여 치료할 수 있다. 돈이 적게 들고 관리하기가 용이한(마시기만 하면 된다) 이 요법은 최근 몇 년 사이에 말 그대로 수백만 명의 목숨을 구했다. 그럼에도 불구하고 매년 전 세계적으로 300만에서 500만 명이 콜레라에 걸려 5만5000에서 13만 명이 사망한다.

콜레라는 인간의 배설물로 오염된 물(민물이든 바닷물이든)을 아주 좋아한다. 우리는 콜레라균이 감염시키는 유일한 고등동물이지만, 콜레라균은 동물플랑크톤이라는 단순하고 미세한 동물의 형태로 물에서 살 수 있다. (특히 동남아시아 해안 지역에서) 동물플랑크톤의 증가는 일반적으로 콜레라 발생과 관련이 있다.

콜레라균을 포함하는 물은 동물플랑크톤을 먹는 굴과 조개에 의해 흡수된다. 이런 이유로 조리하지 않은 조개류가 감염의 원천일 가능성이 있다. (수온이 높은 5월에서 8월까지 조개류가 활발하게 활동하기 때문에, 북반구에서 생굴과 조개를 안전하게 먹으려면 철자에 R이 하나 포함되는 달인 9월에서 4월 사이에 먹는 것이 좋다는 사람들의 통념에는 어느 정도 타당성이 있다.)

바이러스는 콜레라라는 퍼즐의 또 하나의 조각이다. 일반적인 박테리오파지(박테리아를 감염시키는 바이러스)는 자신과 콜레라 박테리아를 통합시킨다. 일단 그렇게 되면 박테리오파지는 박테리아를 납치해서 독소를 생산하도록 지시하는데, 이 독소야말로 감염되었을 때 소장에서 물이 유출되는 진짜 원인이다.

콜레라는 기원전 400년경 힌두교 의사들에 의해 산스크리트어로 처음 기술되었다. 하지만 콜레라cholera라는 말은 그리스어로 '담즙'을 뜻하는 khole에서 유래한다. 고대 그리스의 의사였던 히포크라테스는 자신의 저술에 콜레라를 언급한 최초의 서구인이었다.

콜레라의 전파 감염 경로는 1854년 전염병학의 아버지 존 스노John Snow가 콜레라가 발생했을 때 콜레라와 런던 식수 사이의 관계를 발견하면서부터 제대로 이해되기 시작했다. 스노는 콜레라가 인체에서 번식하며 오염된 물을 통해 퍼진다고 가정했고, 그의 가정은 옳았다.

같은 해에 이탈리아의 해부학자 필리포 파치니Filippo Pacini는 현미경을 통해 희생자의 소장에서 분리해 낸 쉼표 모양의 박테리아를 최초로 관찰했다. 파치니가 연구 결과를 명확하게 설명했음에도, 로베르트 코흐가 1883년 콜레라균을 처음 발견했다고 잘못 알려진 경우가 많다.

콜레라의 발생과 유행은 수천 년에 걸쳐 기록되어 왔으며, 전 세계적인 유행이 7차례 발생한 19세기와 20세기에 피해가 가장 컸다. 19세기에만 콜레라로 인한 사망자가 수천만 명에 이르렀다.

대부분의 선진국에서 콜레라는 정수 처리와 위생 관리로 인해 더 이상 큰 위협이 되지 않는다. 미국에서 마지막으로 콜레라가 유행했던 때는 1910년에서 1911년이었다.

하지만 콜레라는 여전히 큰 문제다. 2010년 10월, 최근 몇 년 중 최악의 사태가 플로리다 해안에서 약 1000킬로미터도 떨어지지 않은 아이티에서 발생했다. 2017년 여름까지 이 사태로 인하여 100만 명이 병에 걸렸고, 1만 명이 목숨을 잃었다. 인도주의적인 도움을 비롯하여 의학적, 기술적, 공중보건적인 차원에서의 지원(2016년 시작한 콜레라 백신 캠페인 등)에도 불구하고 아이티 국민들은 계속해서 병에 걸렸다. 그리고 비극적이게도 2016년 10월 허리케인 매튜가 지나가자 콜레라가 대규모로 다시 발생했다.

2016년과 2017년, 세계보건기구는 빈곤에 시달리는 아프리카 북동부(수단, 소말리아, 예멘)에 발생한 대규모 콜레라와 싸우기 위해 콜레라 백신을 보냈다. 2017년 7월 중순까지 이 지역에서 30만 명 이상이 콜레라에 감염됐고 1700명이 사망했다. 그해 말까지 예멘에서는 100만 명이 넘는 환자가 발생했다. 최근 들어 가장 대규모로 콜레라가 발생한 사례였다. 당시 일부 전문가들은 이러한 사태를 세계 최악의 인도주의적 위기라고 보았다. 비극적이게도 이 글을 쓰는 2019년 초 예멘에서는 콜레라 감염병이 계속되고 있고, 매우 끔찍한 전쟁에서 하나의 무기 역할을 하고 있다. 그리고 2019년 모잠비크에서는 사이클론(인도양에서 발생하는 열대성 저기압으로 해일을 일으켜 큰 피해를 준다—옮긴이) 이다이의 여파로 콜레라 백신 접종이 시작되었다.

콜레라 예방은 아주 간단해 보인다. 사람들에게 깨끗한 식수를 제공하면 된다. 하지만 이는 말처럼 쉬운 일이 아니다. 지구상에서 약 7억 5000명의 사람들은 안전한 식수를 구하지 못하고, 약 25억 명은 기본적인 위생 시설, 즉 제대로 기능하는 화장실과 배설물을 처리할 방법을 갖추지 못한 것으로 추산된다.

좋은 콜레라 백신이 도움을 주겠지만, 진정한 변화는 가난에 대한 백신에서 나올 것이다.

현대의 감염병

21세기에는 개발도상국들이 점점 선진국에 진입하는 듯이 보인다. 이는 좋은 소식인 동시에 나쁜 소식이다.

좋은 소식은 전 세계적으로 감염병이 더 이상 죽음의 주된 원인이 아니라는 것이고, 나쁜 소식은 산업화된 나라에서 많은 성인의 목숨을 앗아 간 만성 질병(심장병, 뇌졸중, 만성호흡기질병, 암, 당뇨병 등)이 이제는 개발도상국의 사망 원인에서도 단연 상위권을 차지하고 있다는 것이다. 만성 질병은 이제 전 세계 사망 원인의 70퍼센트 이상을 차지한다. 게다가 만성 질병으로 사망한 사람의 80퍼센트는 저소득 또는 중간소득 국가에 속한다. 이 같은 만성 질병 유행은 보기보다 빈곤에 많은 영향을 미쳐, 국가의 경제 발전에 심각한 장애를 초래한다.

최근 수십 년 동안 만성 질병이 눈에 띄게 증가한 이유는 명확하지 않다. 개발도상국의 위생 환경 개선과 백신 캠페인이 사망 원인으로서 감염병의 비율 감소에 영향을 미쳤을 가능성이 있다. 마틴 블레이저는 건강에 도움이 되는 미생물의 감소로 인해 만성 질병이 증가한다는 흥미로운 가설을 제안했다. 3장의 내용을 기억할지 모르겠지만, 어린 시절에 항생제로 장내 마이크로바이옴에서 박테리아를 제거하면 비만이나 제2형 당뇨병, 알레르기 등의 만성 질병에 시달릴 가능성이 있다. 2017년《네이처 리뷰 면역학》에 실린 글에서 블레이저는 우리 선조 미생물군의 특정 박테리아 종이 없어지면 어린 시절 면역력, 신진대사, 인지력의 성장에 영향을 미쳐 성인이 되었을 때 만성 질병에 시달리는 결과가 나타난다는 학설을 제시했다.[6]

만성 질병은 현재 성인 조기 사망의 주요 원인이지만, 아이들의 경우는 그렇지 않다. 흔히 일어나는 2가지 감염(설사와 폐렴)이 여전히 전 세계 아동 사망의 주요 원인이다. 다섯 살 이하 어린이들 가운데 매년 폐렴으로 사망하는 아이들은 130만 명이고, 설사의 경우는 70만 명이다.

증거에 따르면 심한 설사로 사망하는 아이들의 3분의 1 가까이와 폐렴으로 사망하는 아이들의 3분의 2가 백신 사용으로 예방될 수 있었다. 이러한 불필요한 죽음은 여전히 진행 중인 비극이다.

만성 질병이 현재 전 세계의 주요 사망 원인이기는 하지만, 새로운 유행성 감염병도 계속해서 등장하고 있다. 이들 감염병은 인간의 적에 취약한 우리의 모습을 상기시킨다. 새로운 유형의 인플루엔자와 같은, 최고의 의학적 보호막을 능가하는 무언가가 나타나 우리를 20세기 초로 되돌려 놓을 수도 있다.

'인간의 적'에 관한 2부의 나머지 장에서는 1975년 이후에 등장한 140가지가 넘는 감염병 중 일부에 대해 상세하게 살펴볼 것이다. 이들 감염병은 대부분 동물에서 인간으로 (직접 또는 곤충을 거쳐서) 전파된다. 그들 모두는 우리에게 매우 중요한 교훈을 전달한다.

7

킬러 바이러스

"무능력한 바이러스는 숙주를 죽이지만, 영리한 바이러스는 숙주
와 함께 산다."

제임스 러브록 James Lovelock, 영국의 과학자

6장에서 우리는 인류가 무릎을 꿇을 뻔했던 몇 가지 역사적인 유행병에 대해 알아보았다. 그러한 유행병을 일으킨 치명적인 인류의 적 가운데 바리올라 마요르 바이러스는 단연 최악이었다. 바리올라 마요르 바이러스로 인해 발생했던 천연두가 근절된 것에 감사할 따름이다.

이 장에서는 현대에 등장한 바이러스인 HIV와 에볼라 바이러스에 관해 이야기하려고 한다. 이 인간의 적들은 계속해서 유행병학자들의 관심을 끌고 있다.

제임스 러브록의 정의에 따르면 이 2가지 바이러스는 모두 매우 비효율적이다. 이 바이러스들을 처리하지 않으면 이들은 희생자를 모두 죽이거나(HIV) 대부분 죽인다(에볼라). 하지만 영리하다고 볼 수도 있다. 대부분의 경우 HIV는 희생자와 함께 10년을 산 뒤에야 자신의 모습과 함께 질병의 증상을 드러낸다. 그러면 아무리 강력한 항바이러스 치료를 받더라도 HIV는 근절되지 않는다. 게다가 두 바이러스 모두 우리의 면역계보다 영리하여 우리를 죽이는 데 매우 능숙하다.

후천성면역결핍증

"섹스: 가장 적은 시간으로 가장 많은 문제를 일으키는 것."

존 배리모어John Barrymore

후천성면역결핍증 대유행

1981년 후천성면역결핍증acquired immunodeficiency syndrome(AIDS)으로 알

려진 첫 사례가 보고되었을 때 나는 막 감염병 전문의로서 일을 시작하고 있었다. 순식간에 이 새로운 질병이 모든 점에서 놀라운 놈이라는 것이 분명해졌다. 때로는 이 이야기가 그 전에 소설로 나왔더라면 아무도 믿지 않았을 거라고 생각한다. 너무 황당하기 때문이다.

덴마크의 물리학자이자 노벨상 수상자인 닐스 보어Niels Bohr는 "예측은 아주 어렵다. 특히 미래에 관한 예측이라면 말이다"라고 말했다. 후천성면역결핍증의 경우 그 말은 확실히 사실이다. 미국에서 첫해에는 모든 사례가 캘리포니아와 뉴욕에 몰려 있었고, 당시의 수많은 예측 중 3가지만 들어맞았다.

1. 위험군(성생활이 활발한 남성 동성애자, 정맥주사를 통해 주입하는 약물 사용자, 수혈을 받은 혈우병 환자)에 근거하여, 질병의 원인은 모두 성적 접촉이나 혈액 접촉을 통해서 전파된다.
2. 가장 흔한 병원균이 기회감염곰팡이opportunistic fungus인 것으로 보아, (훗날 후천성면역결핍증이라고 불리는) 질병을 일으키는 물질은 세포매개면역을 근본적으로 억제하는 것으로 보인다.
3. 후천성면역결핍증의 원인을 발견한다면 노벨생리의학상을 받을 것이다. 2008년 바이러스학자 뤼크 몽타니에Luc Montagnier와 프랑수아즈 바레시누시Francoise Barre-Sinoussi는 1983년 에이즈의 원인인 인간면역결핍바이러스human immunodeficiency virus(HIV)를 발견하여 노벨상을 공동 수상했다.

1981년 미국에서만 발생하는 유행병으로 보이던 것이 폭발적인 대유행병이 되어 2013년까지 3900만 명(추정치)이 사망한다거나, 2013년 기준 HIV 감염자 3500만 명 중 70퍼센트가 아프리카에 산다고 예측한 사람은 없었다. 누구도 HIV가 미국을 비롯한 세계 곳곳의 남성 동성애자와 예술가 사회를 심각하게 황폐화시킬 것이라고 예측하지 못했다. 그리고 시간이 흐르면 여성과 남성 모두 동일하게 그 영향을 받게 되며 사회에서 가장 취약하고, 소외되고, 차별받는 사람들이 가장 큰 고통을 받는 집단이 되리라고는 그 누구도 예상하지 못했다.

적, 적이 노리는 것, 그리고 여파

이미 급성장하고 있는 분야인 분자바이러스학 덕분에 HIV가 발견되었고, 이는 획기적인 발견의 연속으로 이어졌다.

1장에서 바이러스가 매우 단순한 미생물이라고 했던 것을 기억할 것이다. 바이러스는 단백질로 둘러싸인 유전자의 집합(DNA 또는 RNA)에 불과하다. HIV의 경우에는 RNA의 집합체이다. HIV 역시 다른 모든 바이러스와 마찬가지로 자신을 복제하기 위해 세포를 감염시켜 빼앗는다. 하지만 레트로바이러스가 자신의 유전체를 숙주의 유전체에 삽입한다는 점에서 대부분의 바이러스와 다르다.

HIV는 세포에 들어갈 수 있게 되자마자 역전사효소라는 효소를 이용하여 세포의 DNA(단백질 생성의 청사진)에 자신의 RNA를 역전사逆轉寫한다. (일반적으로는 DNA가 RNA로 전사되므로 '역'전사라고 한다.)

바이러스라는 점을 감안하더라도, HIV는 매우 단순하다. HIV는 유전자가 9개뿐이다. 하지만 DNA가 숙주세포의 유전체에 통합되기 때문에 면역계가 HIV를 제거하기는 어렵다. 그리고 HIV의 유전자들은 매우 빠르게 돌연변이를 생성해 면역계와 항바이러스 약물에 내성이 있는 변종이 나타난다.

HIV 레트로바이러스는 어디서 온 것일까? 유전 연구 결과에 의하면 HIV는 실제로 19세기 말이나 20세기 초에 아프리카 중서부에서 탄생했으며, 새롭게 나타난 병원균 대부분과 마찬가지로 동물과 관련되어 있다. 대다수의 단서는 아프리카 영장류에서 발견된, 서로 다르지만 밀접한 관계가 있는 이종 간 전염에 의해서 HIV가 발생했다고 말한다. (영장류에는 고릴라, 유인원, 비비, 침팬지, 원숭이, 여우원숭이, 인간 등이 있다.)

후천성면역결핍증 대유행 초기에는 사실상 2가지 유형의 HIV가 있는 것으로 인정하고 있었다. 세계적으로 가장 흔히 볼 수 있는 HIV-1과 주로 서아프리카에서 나타나는 HIV-2가 그것이다.

HIV-1에는 최소 4가지 유형이 존재한다. 그중 2종은 1908년 카메룬 남서부의 침팬지에서 탄생했고, 나머지 2종은 같은 지역의 고릴라에서 생성된 것으로 보인다.

HIV-2는 HIV-1 생성으로부터 얼마 뒤 수티망가베이라는 원숭이에서 탄생했다. 일부 아프리카 지역 사람들은 영장류의 고기를 먹는다. (지역에서는 야생동물고기bushmeat로 알려진) 감염된 고기의 혈액과 접촉하면서 동족의 레트로바이러스가 인간에게 옮겨졌을 가능성이 있다.

1959년 콩고민주공화국 킨샤사의 남성에게서 최초의 HIV-1 감염 사례가 확인되었다. HIV 바이러스는 1970년경 카리브해에서 미국 뉴욕시로 들어온 것으로 추정된다. 어떻게 그곳까지 갔는지는 알려지지 않았다.

1980년대 후반에 항바이러스 치료법이 나타나기 전까지 HIV에 감염되는 사람은 모두 사망했다. 극소수의 인간 병원균에게서나 공통적으로 나타나는 특징이었다. 어떻게 유전자가 9개밖에 없는 단순한 생명체가 대략 2000개의 유전자가 있으며, 그 어느 종보다 강력한 두뇌를 가진 호모 사피엔스를 일방적으로 죽일 수 있을까?

그 해답은 면역 전문가인 CD4 림프구를 표적으로 삼아 CD4 림프구 안에 들어가 성장하는 HIV의 고유한 능력이다(대담함이라고도 할 수 있겠다). CD4 림프구는 백혈구의 한 유형이다. 몸 전체에 분포하기는 하지만 주로 림프절에 존재하는데, 일단 HIV가 CD4 림프구 안으로 들어가게 되면 미친 듯이 복제하기 시작한다. 그런 다음 세포를 죽인다.

일부 HIV 감염자들은 감염 초기에 독감과 유사한 병에 걸리기도 하지만, 대부분은 처음 10년 동안 아무런 증상을 보이지 않는다. 하지만 그 사이에 CD4 림프구가 점점 고갈되어 가면서 면역계가 손상되는 단계에 도달한다.

CD4 림프구 수가 세제곱밀리미터당 300개보다 적으면(정상적인 수는 세제곱밀리미터당 500에서 1500개) 심각한 면역결핍이 발생하기 시작한다. 그렇게 되면 (에이즈 유행병 초기의 주요 병원균인 주폐포자충Pneumocystis jirovecii, 현재 HIV에 감염된 아프리카인의 주요 사망 원인인 크립토콕쿠스 네오포르만스Cryptococcus neoformans 같은) 곰팡이, (결핵의 원인인 결핵균 같은) 박테리아, (포진herpes 집단의 주요 구성원인) 바이러스, (과거 에이즈 환자에게 나타나는 뇌 종괴의 가장 흔한 원인인 톡

소포자충 같은) 기생충을 포함한 모든 종류의 기회감염균이 들어올 수 있다. 카포시육종이나 림프종 같은 악성종양도 심각한 면역결핍이 발생하면 나타날 수 있다.

HIV 자체도 알츠하이머병 같은 신경퇴행성 질병을 일으킬 수 있다. 알츠하이머병에 걸리면 기억을 상실하고, 말이 없어지며, 허공을 응시한다. HIV/AIDS 유행 초기에 알츠하이머병의 비극적인 단계까지 병세가 악화된 환자를 돌보면서 마음 깊은 곳에서 느꼈던 슬픔이 기억난다.

치료와 예방

미국에서 최초의 HIV 사례가 나타난 뒤 6년 동안 이 병에 걸린 사람은 거의 모두 사망했다.[1] 하지만 이처럼 너무나도 비극적인 상황이 무너지기 시작한 것은 1987년 최초의 항바이러스 약물인 지도부딘zidobudine(레트로비르Retrovir)이 미국 식품의약국Food and Drug Administration(FDA)에서 승인되면서였다. 이름에서 알 수 있듯이 레트로비르는 HIV의 역전사효소 활동을 억제한다. 얼마 지나지 않아 (칭찬받아 마땅한) 제약회사 몇 곳에서 유사한 효과가 있는 여러 약품을 개발했다. 그리고 더 좋은 항레트로바이러스 약품을 개발하기 위한 제약회사들의 경쟁이 벌어졌다.

진정한 판도 변화는 1996년 다수의 연구에서 항바이러스 약물을 조합하는 고활성 항레트로바이러스요법Highly Active Anti-Retroviral Therapy(HAART)이 극적인 효과를 보이는 것으로 드러나면서 시작됐다. HAART 치료법을 사용하면 에이즈 환자들은 말 그대로 죽다가도 살아나서 정상적인 생활을 할 수 있었다. 이전까지 HIV/AIDS의 치료는 너무 복잡해져서 감염병 의사들이 에이즈 환자만 전문적으로 관리하는 경우가 많았다. 1990년대 중반에는 에이즈 환자들을 돌보는 데 자신의 삶을 바쳤던 동료들의 기쁨을 생생하게 느낄 수 있었다.

현재 FDA의 승인을 받은 HIV 감염 치료제에는 27가지가 있다. 이 약품들 중 3가지 혹은 4가지를 조합하면 혈액 내 HIV의 양(비이러스 수치viral load)이 눈에 띄게 감소한다. 이 항바이러스 효과는 CD4 림프구 수의 증가와 면역력 회복과 관련이 있다.

지금까지 말한 것은 좋은 소식이다. 나쁜 소식은 HAART가 HIV 바이러스를 완전히 근절하지는 못한다는 것이다. 바이러스가 숨어 버리기 때문에 치료는 평생 지속된다.

HAART 치료법이 세계 곳곳에서 매우 성공적이었기 때문에 HIV는 치명적인 질병보다는 만성 질병이 되었다. 현재 성공적으로 치료를 받은 사람들의 주요 사망 원인은 감염되지 않은 사람들과 같은 심혈관질환과 암이다.

HAART 초기에는 언제 치료를 시작해야 하는지 결정하기 위해 많은 연구가 수행되었다. 연구 결과 HIV에 감염되었다는 진단을 받는 즉시 치료를 시작해야 한다는 사실이 분명해졌다.

최근 몇 년 전부터는 서너 가지 약을 하나의 알약으로 만들어 매일 복용하는 일이 가능해졌다. 최신 연구에 따르면 장기적인 효과를 보이는 2가지 약물 처방을 8주마다 1번 주사하면 1일 3회 알약을 복용하는 것과 같은 효과를 낸다. 만일 이 연구 결과가 다른 연구를 통해 확인된다면 HIV 치료에 커다란 변화가 일어날 것이다.

HIV/AIDS 대유행의 또 다른 주목할 만한 성과는 이런 재앙에 대한 전 세계의 반응이었다. HIV가 저항력을 갖추는 것을 예방하기 위해서는 모든 환자가 항레트로바이러스 복합약을 복용해야 한다. 그렇게 하려면 비용이 많이 들기 때문에 처음에는 선진국에서만 치료가 가능했다. 하지만 놀랍게도 최근 몇 년 동안 (유명인과 환자 지지 단체는 물론이고) 의료계, 공중보건, 제약업계, 정부, 민간 조직 등의 조력으로 이러한 불평등이 크게 감소했다. 복합약물 치료가 인명을 구할 수 있다는 증거가 늘면서 2002년 에이즈, 결핵, 말라리아와 싸우는 국제펀드와 2003년 에이즈를 없애기 위한 미국 대통령 비상계획U.S. President's Emergency Plan for AIDS Relief(PEPFAR)이라는 두 가지 특별한 파트너십이 탄생했다. 인도주의적 관심에서 조지 W. 부시 대통령에 의해 시작된 PEPFAR는 (유례없는 초당파적 지원으로) 가난에 시달리는 아프리카의 모든 나라에 항바이러스 치료를 지원했다. PEPFAR와 비영리 민간 단체에서 제공하는 자금 덕분에 2016년 중반기까지 아프리카의 HIV 감염자 1820만 명이 복합 항바이러스 치료를 받았고, 결과적으로 에이즈 관련 사망자 수가 2005년 대비 거의 50퍼센트까지 떨어졌다. 2013년 존 케리는 치료를 받은 HIV 양성 임신부에게서 HIV에 감염되지 않은 100만 번째 아기가 태어났다고 발표했다. 이 모든 것이 PEPFAR 덕분에 가능했다.

HIV 예방 전략 또한 강화되었다. 초기에는 HIV 선별 검사를 개발하여 혈액 공급원에서 오염된 혈액제제를 제거했다. 모자간 HIV 전염은 감염된 어머니를 치료함으로써 거의 제거되었다.

최근 연구에 따르면 항바이러스제를 혼합한 알약을 매일 복용하면 남성과 성관계를 가진 비감염자 남성이 HIV에 감염될 위험이 크게 감소한다. 노출 전 예방Pre-Exposure Prophylaxis(PrEP) 접근법은 현재 남성과 성관계를 할 때 감염될 위험이 높은 HIV 음성 남성 모두에게 추천되고 있다. (PrEP가 많은 사람을 기쁘게 했지만, 많은 남성이 감염을 예방하기 위한 콘돔을 사용하지 않을지도 모른다는 우려가 제기되었다. 더 문제가 되는 것은 실제로 PrEP를 사용하는 사람이 매우 적다는 점이다. FDA가 PrEP를 승인하고서 거의 6년 뒤인 2018년 보스턴에서 열린 레트로바이러스와 기회감염에 관한 학술 회의에서, 혜택을 볼 수 있는 남성 중 아주 낮은 비율만이 실제로 PrEP를 이용하고 있다고 보고되었다.)

HIV/AIDS 유행병은 감염된 남성과 여성이 모두 안전하지 않은 성관계를 하지 않고, 약물 사용자들이 주삿바늘을 공유하지만 않는다면 최후를 맞이할 수 있을 것이다. 물론 2가지 모두 말은 쉽지만 실천하기가 어렵다.

미래를 위한 교훈

"HIV에 대한 방어적 면역 반응의 본질은 여전히 불투명하다. 왜냐하면 HIV 바이러스는 사실상 우리가 아는 모든 미생물과 달리 매우 독특한 방식으로 진화해 왔기 때문이다. 면역계가 HIV 바이러스를 처리하는 일은 불가능하지는 않지만 아주 어렵다."

앤서니 파우치 Anthony Fauci, 미국 알레르기 및 감염병 연구소 소장

———

치료법이 크게 발전했음에도 불구하고, 2014년 HIV 감염자 3690만 명 중 54퍼센트는 치료를 받지 못했다. 같은 해에 새로운 HIV 감염자가 200만 명 발생했고, 그중 5만 명은 미국에 거주했다. 감염이 되더라도 일반적으로 10년 동안 아무런 증상이 나타나지 않기 때문에 대다수의 HIV 감염자들은 자신이 감염되었는지조차 알지 못한다. 그럼에도 불구하고 2017년 7월 유엔 에이즈기구는 전 세계적으로 에이즈가 유행하는 상황에서 처음으로 HIV 감염자 중 절반 이상이 항바이러스 치료를 받고 있다고 발표했다.

치료 요법이 성공하자 사람들은 현 상태에 안주하며 HIV/AIDS가 통제되고 있다고 믿기 시작했다. 하지만 수백만 명의 HIV/AIDS 환자들에게는 그렇지 않았다. 환자들은 값비싼 약물로 평생 치료를 받아야 하고, 안전한 성관계를 맺는 데 지속적으로 주의를 기울여야 한다. 하지만 반가운 소식은 제약업계에서 유전체에 HIV DNA가 포함된 세포의 잠재적인 저장소를 근절할 수 있는 신약을 연구 중이라는 것이다.

쉽지 않은 도전임에도 불구하고 미국 국립보건원, 질병통제예방센터, 세계보건기구를 이끌고 있는 사람들은 낙관적이다. 그들은 2030년까지 대유행을 멈출 수 있는 복합 항레트로바이러스 치료법을 전 세계적으로 선보이겠다고 말하고 있다. 2019년 국정연설에서 HIV/AIDS를 종식시키기를 바라는 트럼프 대통령의 기대치 않았던 발표가 미국에서 이 목표를 성취할 수 있는 장을 마련했다.[2] 반면 개발도상국에서 발견된 약물 내성이 높은 변종 HIV와 PEPFAR의 지속적인 자금 지원에 대한 우려가 이 목표를 이루는 데 방해가 될 수도 있다.

HIV 백신 개발은 1983년 바이러스가 발견된 이래 최우선 순위에 있었다. HIV 백신 개발은 세계에서 가장 뛰어난 바이러스학자들과 면역학자들의 공통된 목표였다. 하지만 CD4 림프구의 유전체(인간 면역계의 핵심적인 세포)에 자신을 통합시키고 면역계에 대한 내성을 진화시키는 HIV의 고유 능력 때문에, 100여 가지의 백신이 시험 됐지만 성공하지 못했다. 하지만 2015년 서구적인 HIV/AIDS 학자 로버트 갤로Robert Gallo가 개발한 독특한 백신에 대한 임상 시험이 미국에서 시작되었다.[3] 그리고 2016년 남아프리카 요하네스버그에서 새로운 HIV 백신에 대한 시험도 시작되었다. 이들 시험은 HIV 근절이라는 목표가 언젠가 이루어질 날이 오리라는 희망을 주고 있다. 1976년 천연두 때처럼 말이다.

에볼라

"폭동이 일어나고 있다. 격리 센터가 제압당한 상태다. 일선의 보
건 노동자들이 감염되고, 엄청난 수의 사람들이 죽어 가고 있다."
조안 류Joanne Liu, 국경없는의사회 회장

에볼라 유행

최근 등장한 140가지가 넘는 감염병 중 에볼라 바이러스병(에볼라 출혈열 또는 간단히 에볼라라고도 부른다)은 인간을 공포와 충격에 휩싸이게 할 가공할 능력을 지니고 있다.

HIV와 마찬가지로, 에볼라 바이러스Ebola virus는 아프리카에서 처

음 나타났다. 에볼라 바이러스 역시 감염된 동물과의 접촉으로 인간에게 흘러 들어간 것으로 보인다. 그러나 위험하지만 통제가 가능한 HIV와는 달리 에볼라 바이러스는 신속하고 끔찍하게 희생자의 목숨을 앗아 간다(50퍼센트 이상).

초기 노출 이후 4일에서 9일 사이의 잠복기를 거친 후 일반적으로 갑작스러운 고열과 오한에 이어 감기와 유사한 증상(근육통, 콧물, 기침)과 소화기계 증상(설사, 메스꺼움, 구토, 복통)이 뒤따르고, 심한 경우에는 (눈, 귀, 입 등에서) 내부 및 외부 출혈이 나타난다. 말기 단계(7일에서 10일째)에서는 정신착란이 시작된다. 환자는 혼수상태에 빠지고, 설사와 구토로 인한 탈수와 출혈로 쇼크가 발생한다.

에볼라 바이러스는 면역계를 피하는 데 매우 능숙하다. 사실 이 바이러스는 실제로 면역세포를 감염시킨 다음 그들을 이용하여 간, 신장, 비장, 뇌 등을 돌아다닌다.

에볼라는 1976년 자이레(현 콩고민주공화국)와 수단에서 동시에 유행이 일어나면서 처음 인지되었다. 그때 이후 21회 더 유행이 발생했고, 대부분 적도아프리카 국가에서였다.

2013년 12월에 시작된 유행은 단연 가장 규모가 크고 끔찍했다. 먼저 서아프리카 국가들(주로 기니, 라이베리아, 시에라리온)이 타격을 받았다. 자이레에서 최초로 분리된 에볼라 바이러스(EBOV라고 부른다)가 범인이었다. 서아프리카까지 온 경로는 알려지지 않았다(과학자들은 큰박쥐fruit bats가 보균자가 아닐까 의심하고 있다). 전문가들은 큰박쥐가 적도아프리카에서 서아프리카로 에볼라를 옮긴 다음, 감염된 동물(큰박쥐, 침팬지, 고릴라, 원숭이, 영양, 호저)의 혈액이나 분비물, 장기를 비롯한 기타 체액과 긴밀하게 접촉한 인간에게 옮겨 갔을 것으로 생각한다. 서아프리카인들은 이러한 동물을 많이 먹는다. 따라서 사냥이나 식사 준비를 하는 인간을 통해 에볼라가 퍼졌을 가능성이 있다.

에볼라 유행은 기니의 한 살짜리 남자 아기에게서 시작해 라이베리아와 시에라리온으로 퍼졌다. 주변 아프리카 국가에서도 소규모 유행이 일어나 고립되는 사례가 발생했다. 아프리카 외부에서는 영국과 이탈리아의 사르데냐로 에볼라가 유입되었고, 스페인과 미국에서는 유입된 감염으로 인한 의료 노동자의 2차 감염이 이어졌다. 이는 커다란 공포를 야기했지만 다행히도 그 이상 전파되지는 않았다. 에볼라 감염은 주로 감염된 사람의 피부나 체액을 통해서 일어난다. 따라서 많은 경우 에볼라 환자들을 직접 돌보는 사람, 일반적으로 가족 구성원과 의료 전문가 사이에서 발생한다. (약 4분의 1이 의료 노동자들에게서 일어난다.) 가족 구성원이 감염된 시신을 매장할 준비를 하는 전통 장례식에서도 병이 전파된다.

에볼라 바이러스를 견디고 이겨 내는 사람들 대다수는 더디고 고통스러운 회복 과정을 거친다. 여기에는 피로, 식욕 상실, 탈모, 눈병 등이 포함된다. 에볼라 바이러스는 증상이 사라진 뒤에도 수개월 동안 모유와 정액에 남아 있을 수 있다. (최근 연구에서는 회복 후 만 1년이 지난 남성 생존자 1~2퍼센트와 감염된 지 565일이 지난 한 남성의 정액에서 에볼라 바이러스를 발견했다.) 이 기간 동안 에볼라 바이러스는 성관계 또는 영아 수유를 통해 전파될 수 있다.

에볼라가 돌연변이를 일으켜 공기 중으로 전파되지는 않을까 하는 우려가 있긴 했지만, 다행히도 그런 일은 일어나지 않았다.

기니에서 첫 사례가 보고된 뒤로 2년 넘게 지난 2016년 4월까지 총 2만8616건이 발견되었고, 1만1325명이 사망한 것으로 기록되었다. 세계보건기구는 실제 사망자 수는 훨씬 많을 것이라고 믿고 있다. 최근 추산에 의하면 에볼라 유행병으로 서아프리카가 치른 희생의 대가는, 직접적인 경제적 부담과 간접적인 사회적 타격을 더해 530억 달러에 이른다. 정말 어마어마한 액수가 아닐 수 없다.

라이베리아, 기니, 시에라리온은 모두 가난한 나라들이라서 파괴적인 질병에 대처하는 보건 체계가 준비되어 있지 않아 질병에 압도되고 말았다. 고통받는 가족 구성원과 마을 사람들은 공포에 시달렸고, 현지 의료진은 두려움에 떨었다. 길바닥에 시체가 며칠씩 방치되는 경우가 빈번했다. 때로 에볼라에 의한 파괴는 350년 전에 일어났던 런던 대역병을 떠올리게 했다.

적, 적이 노리는 것, 그리고 그 여파

에볼라는 필로바이러스Filoviridae과科의 에볼라 바이러스속屬에 속하는 5가지 종 가운데 4종에 의해 발생하며, 모두 RNA 바이러스이다. 필로바이러스라는 명칭은 라틴어에서 '실과 비슷한'이라는 의미의 filo에서 유래한다. 필로바이러스는 워낙 치명적이고 감염이 매우 잘 일어나는 특성 때문에 연구하기가 어려워 알려진 바가 거의 없다. 이제까지 우리가 알아낸 것은 다음과 같다.

이들 5가지 바이러스 중 2가지가 1976년 질병통제예방센터의 연구 팀과 현재 런던위생열대의학대학원의 학장인 벨기에 출신 미생물학자 페터 피오트Peter Piot에 의해 먼저 발견되었다. 자이레에서 일하는 벨기에 출신 수녀에게서 채취한 혈액 샘플을 조사하던 연구원들은 전자현미경으로 드러난 '거대한 벌레처럼 생긴 구조(바이러스 기준에서 거대하다는 뜻이다)'를 보고 깜짝 놀랐다. 이들은 바이러스의 이름을 자이레의 얌부쿠 마을 가까운 곳을 흐르는 에볼라강에서 따왔다. 연구 팀은 초기 단계부터 에볼라 바이러스 질병에 관한 많은 것을 정확히 설명했다. 그들은 유행병을 통제하기 위해 시체를 안전하게 처리할 것과 감염된 사람들을 격리할 것을 강조했다.

2015년, 연구원들은 78명의 환자들로부터 에볼라 바이러스의 99가지 유전체 배열 순서를 밝혀냈다. 그들은 2013년에서 2015년 사이의 발병 이면에 있는 변종과 그 이전 발병의 변종을 구별하는 341가지의 서로 다른 유전자 변화를 찾아냈다. (이제 에볼라가 얼마나 위험한지 알아보자. 연구 결과를 발표하기도 전에 연구 팀 중 5명이 최대한의 예방 조치를 취했음에도 불구하고 에볼라에 걸려 사망했다.)

치료와 예방

일반적으로 어느 질병이나 가능한 한 빠르게 치료를 시작하는 편이 좋다. (HIV 감염에서처럼) 가급적이면 증상이 나타나기 전부터 시작하는 것이 좋다. 하지만 에볼라의 초기 증상(고열, 오한, 호흡기 문제, 위장 증상)은 다른 질병에서도 흔히 나타나기 때문에 초기 진단을 내리기가 어렵다. 특히 개발도상국을 비롯하여 에볼라 유행병과 멀리 떨어진 지역에서는 더욱 그렇다.

2014년 라이베리아에서 미국으로 온 에볼라 감염 방문객이 텍사스의 응급실에 나타났다. 그 남성은 발열 증상이 없었기 때문에 집으로 보내졌다. 당시는 에볼라 환자의 18퍼센트에게서는 발열이 나타나지 않는다는 사실이 명확하게 밝혀지지 않았을 때였다. 한편 2014년에서 2015년 사이, 라이베리아 이민자들이 다수 거주하는 미네소타에서는 라이베리아에서 온 방문객들이 발열 증상과 함께 응급실에 나타났을 때 에볼라에 대한 극심한 공포가 뒤따르기도 했다. (감염병 연구를 하는 동료들과 나는 바짝 긴장했지만, 실제로 에볼라 바이러스는 미네소타까지 미치지 못했다. 몸이 아팠던 라이베리아인 방문객은 말라리아와 쉽게 치료할 수 있는 병에 걸린 환자였다.)

현재 에볼라에 대한 치료제는 없다. 에볼라 바이러스 질병 치료는 대개 증상 완화와 필수적인 신체 기능 유지를 목표로 한다. 설사는 너무 많은 양이 나올 수 있어 탈수와 정맥이 잡히지 않는 원인이 될 수 있으므로, 체액을 이용한 소생술과 혈액전해질 모니터링이 가장 중요하다.

서아프리카에서 에볼라가 유행하는 동안 몇 가지 실험적인 약물과 면역학적 치료가 사례별로 시도되었다. 이들 중 일부 약제는 원숭이를 이용한 테스트에서 특히 기대를 불러 모았다. ZMapp(에볼라 바이러스를 타깃으로 한 3가지 항생제의 조합)은 소규모 무작위 임상 시험에서 사망률이 줄어드는 단서를 보여 주었다. 하지만 이러한 새 치료법을 사용할 수 있게 되면서 에볼라 유행병이 약화되기 시작했기 때문에, 대규모 통제 시험을 하기에는 환자 수가 부족했다. 유행병이 되살아나거나 새로운 에볼라가 발생한다면, 가장 가능성이 높은 치료법이 적절하게 테스트될 것이라는 의견이 제시되었다. (실제로 2018년 콩고민주공화국에서 열 번째 에볼라가 발생하자 2가지 단일클론항체에 대한 임상 시험이 시작되었다. 그리고 2019년 2가지 모두 유망한 초기 결과를 보여 주었다.)

40년 전 처음으로 에볼라 유행병이 발생했을 때 경험을 통해 습득된 에볼라 전파 예방법들은, 서아프리카에서 에볼라 유행이 다시 발생했을 때 재학습되었다. 환자와 바이러스에 노출된 여행자, 감염된 국가에서 입국한 의료 종사자들은 정해진 격리 지침을 따라야 한다. 이는 매우 중요하다. 환자를 돌보는 병원 노동자들은 반드시 특수 방어 장비를 착용하고, 환자와 접촉할 때마다 장비를 착용하고, 벗고, 살균하고, 파기하는 데 각별한 주의를 기울여야 한다.

2015년 기니에서 시행된 임상 시험 결과에서 아주 좋은 소식이 들려왔다. 시험을 거친 알약 하나만 먹으면 면역이 생겨 에볼라 바이러스 감염이 100퍼센트 예방된다는 것이다. 추가적인 연구가 필요하지만, 전임 세계보건기구 사무총장 마거릿 챈은 이 백신을 "현재와 미래의 에볼라 바이러스 발생에 대비한 (……) 매우 희망적인 개발"이라고 평했다. 2017년 에볼라 바이러스에 대한 몇 차례의 성공적인 (주로 안전성을 판단하기 위한) 1상 임상 시험 결과가 보고되었다. 그리하여 에볼라가 만일('언젠가'라고 말하는 사람들도 있다) 다시 한 번 그 모습을 드러낸다면, 훨씬 대처가 잘될 것으로 보인다.

실제로 2017년 4월 콩고민주공화국에서 에볼라 유행이 소규모로 발생하자, 독일의 제약회사 머크가 제조하여 미국에서 저장하고 있는 백신을 보낼 준비를 했다. (에볼라 바이러스는 콩고민주공화

제2부 · 인간의 적

국에서는 풍토병으로 여겨진다. 그곳에서는 1976년 이후 10건의 에볼라 바이러스 유행이 발생했다.) 다행히도 세계보건기구는 해당 유행이 2017년 7월에 4명의 목숨을 앗은 후 종식되었다고 선언했으며, 백신은 필요 없었다.

하지만 아니나 다를까, 2018년 7월 에볼라는 콩고민주공화국에 다시 등장했다. 에볼라가 발생한 곳이 전쟁 지역이어서 일이 더욱 복잡해졌다. 12월 중순까지 505건의 에볼라 사례가 확인되었으며 사망자 수는 298명이었다. 그리고 2019년 4월 말까지 이 새로운 에볼라 바이러스 유행은 1400명에 가까운 사람들을 감염시켰고 900명의 목숨을 앗아 갔다. 특히 기운이 빠지는 부분은 강력한 백신이 존재했음에도 이처럼 급속도로 진화된 유행병이 발생했다는 점이다.[4]

하지만 좋은 소식은 서아프리카에서 발생한 에볼라 유행에 대처할 때와는 다르게 국제보건기구들이 에볼라와 싸울 전문가와 자원의 규모를 빠르게 확장했다는 것이다. ZMapp 등의 단일클론항체 시험용 약들이 투약되고 있으며, 개별 환기 시스템을 갖춘 격리 병상이 환자 치료에 사용되고 백신 프로그램 역시 진행 중이다.

미래를 위한 교훈

"기니와 시에라리온, 라이베리아의 비극적인 에볼라 유행병 소식에서 유일한 희소식은 아마도 그것으로 인해 사람들이 정신을 차렸을 수도 있다는 것이다. 우리는 에볼라보다 훨씬 효과적으로 확산될 수 있는 미래의 유행병에 대비해야 한다."

빌 게이츠 Bill Gates

2014년 8월, 기니와 라이베리아에서 에볼라 감염 사례가 처음 보고되고 5개월 뒤, 세계보건기구는 국제적으로 우려할 만한 공중보건 비상사태가 발생했다고 선언했다. 에볼라 바이러스는 기니와 라이베리아, 시에라리온에서 수천 명의 환자와 의료 노동자의 목숨을 앗아갔고, 전면적인 공황 상태가 찾아왔다. 이들 국가의 보건 서비스 영역에 얼마나 인력과 자금이 부족한지를 고려한다면, 2년 안에 유행병을 종식시킨 것은 공중보건의 주요 성과였다. 공중보건계, 인도주의 단체, 과학계의 지원은 엄청났다. 세계보건기구, 질병통제예방센터, 국경없는의사회, 미국 국립보건원, 빌 앤드 멀린다 게이츠 재단 등 수많은 조직이 여기에 참여했다.

그렇지만 충분한 국제적인 관심을 가지고 도와주었다면 훨씬 이른 시간에 유행병이 멈추었을지도, 그래서 수천 명의 목숨을 구할 수 있었을지도 모른다. 유행병이 시작된 곳이 개발도상국이 아니라 선진국이었다면 그러한 활동이 훨씬 빠르게 증가하지 않았을까 하는 의구심이 강하게 든다. 특히 세계보건기구는 실질적인 감독 역할을 하지 못해 혹평을 받았다.

마음이 놓이는 부분은, 2015년 말 다수의 전문가 집단이 잘한 일과 잘못한 일을 놓고 고민했다는 점이다. 소 잃고 외양간 고치는 격이지만, 세계보건기구를 비롯한 여러 조직의 단점을 파악하여 미래의 감염병 발생에 대비해 관리 업무를 조정하기 위한 권고안이 작성되었다. 2016년 5월 에볼라에 관한 국제위원회가 권장하는 4개항이 《플로스 메디신》 저널에 발표됐다. 전문가들은 모두 동일한 실수를 반복하지 않도록 보장하기 위한 국제적인 윤리 의무가 존재한다는 데 동의했다.

세계보건기구에서 2016년 1월 14일 서아프리카 에볼라 유행의 종식을 선언하자마자, 시에라리온의 22세 학생에게서 에볼라 바이러스 양성 반응이 나왔다. 이 사례와 최근 콩고민주공화국에서 발생한 유행은 서아프리카와 동아프리카 모두 지속적으로 경계해야 한다는 사실을 강조한다. 현장에 있는 사람들은 모두 알겠지만 바이러스는 동물, 일반적으로 박쥐의 몸 안에 잠복해 있으며 다시 인간에게 퍼질 것이 거의 확실하다.

미국 같은 선진국에서는 공중보건 관료들과 병원 및 의료 종사자 사이에 한층 개선된 통신 네트워크가 구축됐다. 감염 통제를 위한 절차들이 강화되어 미래의 유행병이 발생했을 때 시민과 의료 전문가의 안전을 유지하는 데 도움을 주도록 되어 있다.

2015년 말 미국에서 에볼라 바이러스 질병은 단 4건만 파악되었다. 첫 번째 사례는 댈러스를 방문한 라이베리아 사람이었는데 사망하고 말았다. 두 번째는 기니에서 온 의사였고, 뉴욕에서 성공적으로 치료를 받았다. 나머지 두 사례는 텍사스에서 환자와 접촉한 의료 종사자들이었고, 두 사람 모두 살아남았다.

미국에서 에이즈 유행 초반기를 겪은 사람들은 에볼라에 대한 잠깐 동안의 국가적인 공황 상태를 보며 아주 기분 나쁜 기억이 떠올랐을 것이다. 당시에도 공황, 편집증, 차별이 만연했고 선정주의가 책임 있는 언론을 압도하는 경우가 많았다. 하지만 다행히도 두 사례 모두에서 사람들은 현명하게 행동했고, 공감하는 마음을 잃지 않았다. 그리고 시간이 흐르면서 과학에 기반을 둔 공중보건 조치들이 결국 두 유행병의 흐름을 바꾸어 놓았다.

내가 이 글을 쓰고 있는 2019년 8월, 서아프리카에서 발생한 에볼라에서 얻은 많은 교훈들이 콩고민주공화국에서 발생한 유행병과 싸우는 데 응용되고 있다. 에볼라 백신의 대규모 사용과 단일 클론항체를 이용한 치료 시험의 예비 결과는 매우 고무적이다. 그럼에도 언제 이 질병이 소멸할지 말하기에는 아직 이르다. 2019년 7월 17일 세계보건기구는 에볼라 발생이 국제적인 응급 사태라고 선언했다. 국경없는의사회의 의료 팀장 빈킴 응우옌Vinh-Kim Nguyen은 이번 싸움에서는 공동체의 말을 듣고 신뢰를 얻는 것이 중요하다고 강조했다. 결국 에볼라를 근절하려면 가난과 불평등 같은 문제를 제대로 인지하고 인정하는 일이 선행되어야 할 것이다.[5]

8

모기가 옮기는 감염에 관한 소문

———

"모기에게 영혼이 있다면, 그것은 악마에 가까울 것이다. 그래서 나는 모기를 죽여 고통에서 벗어나는 일에 그다지 양심의 가책을 느끼지 않는다. 개미에게는 약간의 존경심을 느낀다."

더글러스 호프스태터 Douglas Hofstadter, 인디애나대학교 인지과학 석좌교수

모기는 지구상에서 가장 치명적인 동물로, 매년 수백만의 인간과 동물을 죽인다. 모기가 그렇게 할 수 있는 이유는 병원균을 전달하기 때문이다. 특히 말라리아를 일으키는 기생충인 열원충과 아르보바이러스arbovirus라는 바이러스군이 모기를 통해 전파된다.

6장에서 살펴보았던 열원충은 전 세계 모기 3500종 가운데 학질모기Anopheles속의 구성원 약 40종에 의해 전달된다는 사실을 떠올려 보자. 이 장에서 다루는 3가지 아르보바이러스(뎅기열, 치쿤구니야, 지카)는 다른 종의 모기에 의해 전달되며, 이들은 숲모기Aedes속에 포함된다.

모든 모기에는 2가지 공통점이 있다. 첫째, 암컷만이 동물을 물고 피를 빤다. 알을 만드는 데 필요한 단백질이 혈액에 들어 있기 때문이다. 그리고 모든 모기는 물(알을 낳는다)과 따뜻한 기온에 의존한다.

이러한 이유 때문에 모기는 열대지방에서 더 많은 종들이 발견된다. 브라질에는 450종의 모기가 있지만 미국 본토에는 166가지 종이 있으며, 노르웨이는 불과 16종의 고향이다. 하지만 종의 수가 반드시 실제 곤충의 총수와 같지는 않다. 미네소타 주민이라면 누구나 이를 증명할 수 있다. (모기는 미네소타주의 상징 새다. 물론 농담이다.)

모기의 후각은 놀라울 정도다. 이 놀라운 후각 덕분에 모기는 먹이가 있는 곳을 곧바로 찾아간다. 모기는 (우리의 폐에서 나온) 이산화탄소와 피부에서 방출되는 화합물에 이끌린다.[1] 최근 연구에 따르면 우리의 피부 마이크로바이옴을 구성하는 1조 개의 박테리아 구성 요소들이 우리의 특정한 냄새가 모기에게 매력을 느끼게 하는지 결정한다. 만일 그런 요소를 가졌다면, 여러분은 모기가 매력적으로 느끼는 상위 20퍼센트에 해당된다고 할 수 있다.

다음은 모기에 관한 놀라운 사실 몇 가지다. 모기는 아이슬란드와 남극을 제외한 모든 나라에서 볼 수 있다. 모기가 지구상에 나타난 때는 호모 사피엔스가 나타나기 최소 2억 년 전이다. 그리고 모기는 많은 새와 박쥐, 물고기의 필수적인 먹이다. 실제로 모기가 없다면 전 세계의 많은 생태계가 붕괴할 것이다. 그러므로 이들 해충을 찰싹 내리치기 전에 모기 없이는 살 수 없는 다른 동물들에 대해 생각해 보기 바란다.

뎅기열

"우리는 에볼라를 통해 전 세계가 연결된 환경에서 감염병이 어떻게 이동하는지 보았다. 감염병이 일어나는 조건은 시간이 흐를수록 역동적으로 변하고 있다. 우리 사회와 환경이 빠른 속도로 변화하고 있다는 점을 고려할 때, 뎅기열과 같은 감염병의 전 세계적 분포 역시 변화할 것이다."

코린 슈스터월러스 Corrine Schuster-Wallace, 국제연합 물환경보건연구소 연구원

뎅기열 대유행

뎅기열Dengue은 아주 오랫동안 우리와 함께했다. 뎅기열일 것으로 추정되는 최초의 사례는 진 왕조(265-420) 때 쓰인 《중국의학백과사전》에 기록되어 있다.

서양에서는 벤저민 러시Benjamin Rush가 최초로 확인된 사례를 보고했다. 러시는 1789년 뎅기열과 관련된 심한 근육 · 뼈 · 관절 통증을 일컫는 '골절열'이라는 용어를 만들었다.

뎅기열 바이러스의 4가지 유형인 DENV 1, DENV 2, DENV 3, DENV 4는 플라비바이러스Flavivirus속의 구성원이다. 그 외의 플라비바이러스로는 지카 바이러스와 가장 고약한 황열병 바이러스가 있다. 황열병 바이러스는 플라비바이러스라는 이름이 유래한 바이러스이기도 하다(flavus는 라틴어로 '노란색'을 뜻한다). (현재 중앙아프리카에서 황열병이 심각할 정도로 다시 나타나고 있다. 2017년 브라질에서는 대규모 급증 사례가 나타나자 황열병 백신을 대량 주문했다.)

뎅기열 바이러스의 4가지 유형은 모두 2가지 모기의 종, 이집트숲모기Aedes aegypti와 흰줄숲모기Aedes albopictus(아시아호랑이모기라고도 한다)에 의해 전파된다. 오늘날 세계 인구의 35퍼센트인 약 25억 명이 이들 모기 종이 출몰하는 지역에서 살고 있는 탓에, 1970년대에 시작된 폭발적인 뎅기열 대유행의 장이 마련되고 말았다. (질병통제예방센터 소장 토머스 프리덴Thomas Frieden은 최근 이집트숲모기를 '바퀴벌레 같은 모기'라고 불렀다. 인간의 집 안이나 주변에 많이 살기 때문이다. 그뿐 아니라 이집트숲모기는 인간의 피를 좋아해서 바이러스의 번식률이 증가하는 것으로 알려져 있다. 또한 아주 교활해서 발목처럼 교묘한 곳을 공격한다.)

2018년 당시 뎅기열은 아시아, 태평양, 아프리카, 남북아메리카, 카리브해의 최소 120개국에서 문제를 일으켰다. 특히 스리랑카에서 타격이 컸는데, 2017년 중반까지 10만 건 이상의 사례가 발생했

제2부 · 인간의 적

고 296명이 사망했다. 베트남 역시 비슷한 사례 수(2016년 동일한 기간 대비 42퍼센트 증가)를 보고했다. 그리고 2019년 중앙아메리카는 수십 년 만에 최악인 뎅기열 문제를 해결하려고 애썼다.

세계보건기구는 연간 5000만 건에서 1억 건의 감염(가장 심각한 형태로 발병한 50만 건 포함)이 발생하며, 결과적으로 매년 2만2000명이 사망한다고 추정하고 있다. 일부 전문가들은 세계보건기구의 추정치보다 3배 이상 많을 것이라고 추정한다. 매년 50만 명이 뎅기열 때문에 입원하고, 미국에서만 뎅기열로 1년 평균 21억 달러의 비용이 발생한다.

지난 50년 동안의 엄청난 뎅기열 확산을 어떻게 설명하면 좋을까? 1가지 주원인은 계획에 없던 도시화로, 이는 부적절한 상·하수 및 쓰레기 관리로 이어졌다. 다른 1가지는 감염 지역으로의 해외 여행 증가다. 이집트숲모기와의 접촉이 드문 미국 본토에서 보고된 거의 모든 사례에는 다른 곳에서 질병에 감염된 여행자나 이민자들이 포함되어 있었다. (하지만 플로리다와 텍사스에서는 소규모 토종 뎅기열 발생이 보고되었다.)

나는 16년 동안 미네소타의대 국제의학교육 및 연구프로그램 소장으로 재직하면서, 임상 경험을 쌓기 위해 열대 국가에 다녀온 500명은 족히 넘는 의대생과 상담을 했다. 열대열원충*Plasmodium falciparum*이나 뎅기열 바이러스처럼 모기가 옮기는 병원균은 공식적으로 그 학생들의 삶을 위협하는 가장 큰 감염병이었지만, 실제로 그들을 가장 크게 위협한 사망 원인은 단연 교통사고였다.

적, 적이 노리는 것, 그리그 그 여파

뎅기열이 정확히 어디서 왔는지는 불분명하지만, 100년에서 800년 전 아프리카나 동남아시아의 원숭이에게서 4가지 뎅기열 바이러스가 탄생해 각각 독자적으로 인간에게 온 것으로 보인다.

1907년 미군 의무부대의 젊은 장교 P. M. 애시번P. M. Ashburn과 찰스 F. 크레이그Charles F. Craig는 뎅기열을 연구하기 위해서 필리핀으로 파견되었다. 그들은 뎅기열이 바이러스에 의해 발생한다는 사실을 최초로 입증했다. 하지만 1943년이 되어서야 뎅기열 바이러스(DENV 1)가 기무라 렌木村廉과 홋타 스스무堀田進에 의해 분리되었다. 몇 해 뒤 나머지 3가지 유형도 확인되었다.

뎅기열 바이러스 유전체는 단일가닥 RNA다. 4가지 유형은 밀접하게 연결되어 있지만(유전체의 약 65퍼센트를 공유한다), 각자 인간의 혈액에 있는 항체와 고유한 상호작용을 한다. 4가지 유형의 뎅기열은 동일한 증상을 보이는데, 4가지 유형의 뎅기열은 동일한 증상을 보이지만, 1가지 유형에 면역이 형성되어도 나머지 3가지 유형에는 취약할 수 있다(또는 2가지 유형에는 면역이 생기고, 나머지 2가지에 취약할 수도 있다).

뎅기열 바이러스에 의한 감염은 4일에서 8일 동안의 잠복기를 거친 후 다양한 증상을 야기한다. 좋은 소식은 감염된 사람의 80퍼센트는 증상을 전혀 경험하지 않는다는 것이다. 증상이 나타나는 경우에는 갑작스러운 고열(체온이 41도까지 오른다), 두통, 눈의 통증, 근육과 뼈와 관절의 심한 통증, 메스꺼움과 구토 등이 발현되고, 고열이 시작한 뒤 2일에서 5일까지 대부분 피부 발진이 나타난다.

다행히도 환자 대다수는 2일에서 7일 안에 회복된다. 하지만 뎅기열 환자 중 5퍼센트에게서는 생명을 위협할 정도로 극심한 뎅기출혈열dengue hemorrhagic fever이 나타난다. 이 소수의 운 없는 사람들에게서는 고열이 점점 사라지면서 출혈열이 치명적인 상태로 진행된다. 이 시기 동안 혈관에서 혈장이 누출되어 흉부와 복강에 축적될 수 있다. 이는 몸을 순환하는 체액을 고갈시켜 쇼크를 유발하고 중요 기관으로 공급되는 혈액을 감소시키는 경우가 많다. 위장관에서 심한 출혈이 발생하는 경우도 빈번하다.

1가지 유형의 뎅기열 바이러스에 사전 감염되었다고 해서 나머지 3가지 유형에 대한 면역이 생기지는 않을 뿐 아니라, 나머지 유형의 바이러스에 취약해진다. 이미 1가지 유형의 뎅기열에 감염된 상태에서 다른 뎅기열에 감염된다면, 조기에 감염될수록 심각한 증상이 나타날 위험이 높아진다.

최근 몇 년 사이에 중증 질환에 대한 경고 신호를 인지하는 향상된 진단 검사와 지침이 나와 바이러스와 싸우는 데 도움이 되었다. 심각한 뎅기열 증상을 보이는 환자는 신속하게 진단을 받아 중환자실로 이동될 수 있다. 하지만 중환자실을 늘 사용할 수 있는 것은 아니며, 신속하게 진단을 내릴 사람이 늘 대기하고 있지도 않다. 뎅기열은 주로 가난한 나라에서 발생하기 때문에 매년 2만 명 이상이 죽어 간다. 안타깝게도 대부분이 아이들이다.

치료와 예방

지금까지 미국 식품의약국에서 뎅기열에 관한 약품을 승인한 적은 없지만, 약을 개발하려는 노력은 계속되고 있다. 현재 치료는 증상 완화에 초점을 맞추고 있다. 증상이 심각한 경우에는 수혈을 하거나 체액을 교체하는 데 집중한다.

백신 개발에서 주목할 만한 발전이 나타나고 있다. 라틴아메리카에서 4가지 유형 모두를 대상으로 하는 백신이 시험돼 희망적인 결과가 나왔다. 프랑스의 거대 제약회사 사노피파스퇴르가 개발한 이 뎅기 백신 '뎅박시아Dengvaxia'는 20개국에서 허가를 받았지만, 2019년 초에는 10개국에서만 구할 수 있었다.

현재 이 백신에는 몇 가지 단점이 있다. 이 백신은 성인이 뎅기열에 걸릴 위험을 60퍼센트 가량 줄인 반면 아이들에게는 효과가 없었고, 심지어 여섯 살 아래의 아이들은 뎅기열에 걸릴 위험이 높아졌다. (그리고 비극적이게도 백신을 맞기 전에는 뎅기열에 걸린 적이 없는 사람들로부터 치명적인 뎅기열 사례가 보고되면서, 2017년 사노피 백신 사용이 급격히 감소했다.)[2]

이 분야에 종사하는 모든 사람의 주의를 끈 또 다른 백신 시험이 2015년에 실시되었다. 이 시험에서는 21명의 건강한 성인 자원봉사자에게 각각 살아 있지만 약화된 백신을 투약했고, 백신은 4가지 유형의 모든 뎅기열에 맞서 활발하게 반응했다. 자원봉사자들이 훗날 살아 있는 뎅기열 바이러스의 도전을 받았을 때, 100퍼센트가 이를 물리쳤다. 당연히 4가지 유형 모두에 대해서 말이다. 한편 위약 백신을 받았던 20명의 자원봉사자들은 모두 병에 걸렸다. 오랫동안 뎅기열을 연구한 두에인 구블러Duane Gubler에 따르면 "50년 만에 처음으로 백신이 개발되어 몇 년 후면 사용할 수 있게 되리라는 강한 확신이 든다". 이 연구는 또한 지카 같은 다른 아르보바이러스에 대한 백신 개발에 긍정적인 영향을 미치고 있다.

모기를 통제하는 혁신적인 접근법이 뎅기열 바이러스 전파를 억제하는 데 도움이 될 수 있다. 1가지 전략은 초파리에서 유래한 월바키아*Wolbachia*라는 공생 박테리아를 이용하는 것으로, 이집트숲모기가 사는 지역에 월바키아를 살포한다. 월바키아는 모기의 수명을 줄이는 동시에 알 수 없는 메커니즘으로 뎅기열 바이러스 전파를 차단한다.

생물공학 스타트업인 모스키토메이트는 최근 미국환경보호기구에 월바키아를 살충제로 사용하게 해 줄 것을 신청해서 승인받았다. 그리고 2017년 8월 《네이처 뉴스》 보고서에 따르면 월바키아에 감염된 모기를 이용하는 프로젝트가 남태평양 다수의 섬에 사는 모기를 멸종시킬 가능성을 보이고 있다. 오스트레일리아 타운스빌(인구 18만7000명)에 서식하는 월바키아 감염 모기에 관한 한 시험에서는 2018년 뎅기열 바이러스 발생률이 급감했음을 보고했다. (개인적으로 생각하기에 월바키아는 세상에서 가장 성공한 박테리아다. 월바키아는 곤충, 거미, 전갈 등 모든 절지동물종의 40퍼센트 이상을 감염시킨다. 그리고 숙주의 성생활을 조종하는 데 능숙하며, 수컷을 여성화시킨 다음 죽이기도 한다.)

하지만 효과가 큰 백신이 나오기 전까지는 뎅기열이 문제가 되는 100여 개국 이상의 국가에 여행을 갈 때 다음과 같은 점을 숙지해야 한다.

첫째, (DEET를 20~30퍼센트 함유한) 모기 방충제를 가져갈 것. 레몬 유칼립투스 오일이나 피카리딘도 괜찮다.

둘째, 긴팔 셔츠와 긴 바지를 입을 것(특히 숲모기가 먹이를 구하러 다니는 낮에는).

셋째, 모든 창과 문에 방충망을 설치할 것. 그리고 구멍이 나면 곧바로 수선할 것.

넷째가 가장 중요한데, 물을 담을 수 있는 용기는 (병뚜껑까지) 모두 없앤다. 모기가 그 안에 알을 낳을 수 있기 때문이다. 유리잔과 컵, 잔 받침, 쟁반 등은 문을 닫을 수 있는 찬장이나 캐비닛에 보관한다.

살충제 처리가 된 침대 망은 학질모기^{Anopheles}를 통제하는 데 매우 효과적이다. 하지만 이 모기는 밤에 먹이를 구하러 다닌다. 그리고 학질모기는 뎅기열 바이러스를 전파하지 않는다. 이집트숲모기(뎅기열 보균자)는 낮에 물기 때문에 침대 망은 그들과 싸우는 데 쓸모가 없다. 하지만 낮에 외출할 때 아기용 캐리어에 침대 망 같은 그물망을 사용하는 것은 좋은 아이디어이다.

미래를 위한 교훈

"(대부분 예방 가능한) 감염병은 매년 수백만 미국인의 삶을 무너뜨린다. 하지만 국가에서는 감염병 발생을 상당히 피할 수 있고, 수십억 달러의 불필요한 보건 비용을 절약할 수 있는 기본적인 예방에 충분히 투자하지 않는다."
미국보건재단 감염병정책보고서(2015)

———

제2부 · 인간의 적

이집트숲모기가 선호하는 지형적 위치 때문에 뎅기열과 치쿤구니야, 지카 같은 모기 매개 감염병을 치료할 능력이 부족한 사람들이 가장 큰 위험 부담을 지고 있다. 미국인과 유럽인이 감염병의 위험에 대해 무관심해지는 반면, 가난에 찌든 나라에 사는 사람들에게 이러한 감염병은 그저 모기가 물고 간 상처일 뿐이다.

헌신적인 연구원들과 제약회사, 정부, 비영리 단체는 모기가 전파하는 병의 피해를 줄이기 위해 많은 일을 해 왔다. 하지만 이러한 노력을 지속하기 위해서는 추가적인 자금이 절실하게 필요하다. 모기들(과 그들이 전파하는 질병)이 어디까지 이동하는지에는 기후변화도 어느 정도 영향을 미치기 때문에, 이집트숲모기가 북쪽 지역으로 이동할 것인지가 관건이라 하겠다. (이 주제에 대한 추가적인 내용은 20장에 나온다.)

치쿤구니야

"흰줄숲모기는 시원한 기후를 찾아 항공기에 몸을 싣는 사람들에게 마일리지 대신 치쿤구니야를 안겨 주었다. 치쿤구니야는 몇 년 지나지 않아 이탈리아와 프랑스에 나타났고, 흑백줄무늬가 있는 흰줄숲모기에 의해 사람들 사이를 옮겨 다녔다."

네이선 세파 Nathan Seppa, 《사이언스 뉴스》 집필진

———

치쿤구니야 대유행

치쿤구니야Chikungunya라는 명칭은 서아프리카 마콘데족의 언어에서 유래했으며 '허리를 숙이고 걷는다'는 뜻이다. 이 병의 특징인 심한

관절 통증을 일컫는 말이다.

치쿤구니야를 일으키는 치쿤구니야 바이러스는 모기가 전파하며, 1952년 현재의 탄자니아에서 처음 분리되었다. 역사적으로 치쿤구니야 바이러스는 주로 아프리카에서 전파됐고, 주기적으로 다른 지역에서도 잠깐씩 발생했다는 사실이 일찍이 18세기부터 기록되어 있다.

치쿤구니야가 새롭게 등장한 감염으로 간주되는 이유는, 최근 몇 년 동안 일반적인 지리적 경계 너머까지 놀랄 만큼 빠르게 전파되었기 때문이다. 유행병은 인도양에 인접한 국가들, 태평양의 섬들, 그리고 2013년에서 2014년에는 남북아메리카에 등장했다. 오늘날 매년 300만 건으로 추정되는 감염 사례가 발생하고 있으며, 사망률은 낮지만(1000건 중 1명) 심한 만성관절통이 많이 나타나 장애를 초래한다.

2005년, 인도양에 위치한 프랑스령 레위니옹섬에서 최초로 치쿤구니야가 발생해 전체 인구의 35퍼센트인 약 26만6000명이 감염되었다. 이곳은 바이러스가 발생하기에 일반적인 장소는 아니었다. 레위니옹섬에는 치쿤구니야가 좋아하는 이집트숲모기가 없거나, 있어도 극소수에 불과했기 때문이다. 연구원들은 곧 섬에 피해를 주었던 치쿤구니야의 아프리카 변종이 다른 모기, 즉 흰줄숲모기*Aedes albopictus* 내에서 살아남기 위해 돌연변이를 일으켰다는 사실을 밝혀냈다. 이 모기는 더 공격적일 뿐 아니라 열대 지역이 아닌 곳에서도 서식한다.

레위니옹섬에서 치쿤구니야가 발생한 지 몇 년 되지 않아 흰줄숲모기가 온대 지역인 이탈리아와 프랑스에 나타났고, 유럽인 수백 명이 치쿤구니야에 감염되었다. 그리고 2013년 치쿤구니야는 카리브해의 세인트마틴섬에 등장해 사람들을 놀라게 했다. 1년 6개월도 채 지나지 않아 치쿤구니야는 카리브해 전역은 물론이고 중앙아메리카와 남아메리카 북부 지방, 그리고 플로리다(2015년까지 11명 감염)에서도 자리를 잡았다. 2016년에는 터키의 모기에게서 치쿤구니야가 최초로 발견되었다.

뎅기열과 마찬가지로 무계획적인 도시화와 세계 여행이 치쿤구니야 전파의 핵심 요소였다.

적, 적이 노리는 것, 그리고 그 여파

치쿤구니야 바이러스는 1952년 탄자니아에서 감염병이 발생한 뒤 1956년 R. W. 로스R. W. Ross에 의해 발견되었다. 치쿤구니야 바이러스의 유전체는 뎅기열 바이러스처럼 RNA 단일가닥으로 구성되어 있다.

치쿤구니야 바이러스에 감염된 사람 대다수는 병에 걸린다. 증상은 뎅기열과 여러 면에서 유사하다. 보통 고열과 두통, 탈진 등의 증상이 5일에서 7일 동안 지속된다. 하지만 다른 특징은 다리, 팔, 손, 발 등에 나타나는 심한 통증이다. 이 통증은 몇 달에서 몇 년까지도 지속될 수 있다. 또한 치쿤구니야와 중증 뇌염encephalitis의 위험도 사이에 관련이 있는 것으로 보인다. 하지만 뎅기열과는 달리 치쿤구니야는 목숨을 위협하는 일이 거의 없고, 출혈도 일으키지 않는다.

중증 치쿤구니야 환자는 입원해야 한다. 사망 위험이 가장 높은 환자는 신생아, 노인, 기저 질환이 있는 사람들이다.

임신부는 특별한 위험에 직면한다. 출산이 임박했을 때 치쿤구니야에 감염된 레위니옹섬의 임신부 39명 중 19명에게서 감염된 아기가 태어났다. 감염된 신생아 가운데 10명은 뇌부종과 발달 이상 등 심각한 합병증에 시달렸다.

치쿤구니야 바이러스는 모기에게 물리는 것뿐만 아니라 인간 대 인간으로 전파되기도 한다. 또한 바이러스가 잠복할 수 있는 감염된 원숭이, 새, 소, 설치류 등과의 접촉을 통해서 감염될 수도 있다.

치료와 예방

소염제는 관절통 같은 증상을 조절하는 데 도움이 된다. 현재로서 그 외에는 달리 치료법이나 백신이 없다. 하지만 가능성 있는 백신들이 개발 중이다. 그러한 백신 가운데 하나인 MV-CHIK의 기대할 만한 2상 임상 시험 결과가 2018년 발표되었다.[3] 다른 백신들은 개발 초기 단계에 있다.

예방 전략은 앞에서 설명한 뎅기열의 경우와 유사하다.

미래를 위한 교훈

"모든 것은 최대한 단순하게 만들어야 하지만, 더 단순하게 만들면
안 된다."

알베르트 아인슈타인

———

치쿤구니야 같은 아르보바이러스를 근절하는 간단한 해결책은 없다. 이 바이러스는 수십억 년은 아니더라도 수백만 년 동안 진화해 온 역

사를 가지고 있다.

좋은 소식은 효과적인 백신을 개발하는 방법과 질병을 퍼뜨리는 모기를 관리하는 방법에 관한 지식이 갈수록 쌓이고 있다는 것이다. 흰줄숲모기가 미국과 유럽의 온대 지역에서 새롭게 유행을 발생시킨다면 백신 개발에 더욱 박차가 가해질 것이다.

지카

"내가 너무 작아서 변화를 일으킬 수 없다고 생각한다면 모기와 함께 자 보라."

달라이 라마the Dalai Lama

지카 대유행

이제 막 치쿤구니야의 철자법과 발음에 익숙해졌는데 모기가 전파하는 또 다른 질병이 미국을 공포에 떨게 했다. 바로 지카였다.

지카는 뎅기열이나 치쿤구니야와 동일한 특성이 많다. 하지만 지카 대유행 감염병은 2가지 점에서 다르다.

먼저, 지카는 정말 폭발적으로 전파된다. 브라질은 2015년 5월 남북아메리카대륙에서 가장 먼저 지카를 보고한 국가였다. 1년도 지나지 않아 150만 건이 넘는 사례가 기록되었다. 수개월 만에 대유행 감염병이 남북아메리카 33개 국가 및 지역에 전파됐기 때문이다. 2016년 2월 1일 세계보건기구는 지카를 '국제적으로 우려할 만한 공중보건 비상사태'라고 선언했다.

둘째, 지카 바이러스는 신경계를 타깃으로 삼는다. 특히 자궁 안에 있는 유아에게 영향을 미쳐 머리가 아주 작거나 뇌가 손상된, 또는 두 경우에 모두 해당되는 아기가 태어나게 된다. (이제는 전 세계에서 볼 수 있는) 머리가 아주 작은 갓난아이를 안고 있는 엄마의 모습은 보는 사람의 마음을 아프게 한다.

지카 바이러스는 1947년 우간다의 지카숲에서 황열병을 연구하던 한 연구원에 의해 발견되었다. 첫 번째 사례는 우리에 갇힌 짧은 꼬리원숭이였다. 하지만 2007년까지 과학자들은 인간에게 이 질병이 나타난 사례를 14건밖에 볼 수 없었다. 2007년 지카 바이러스는 남서태평양의 야프섬에 상륙했다. 몇 달 지나지 않아 3세 이상 섬 주민 중 약 4분의 3이 감염되었다. 야프섬에서 발생한 질병은 대체로 강력하지 않았고, 사망자는 없었다.

그리고 난 뒤 2013년 지카는 타히티를 비롯한 프랑스령 폴리네시아 지역에서 튀어나왔다. 인구의 10퍼센트를 갓 넘는 2만8000명 정도가 병원을 찾을 수준으로 병에 걸렸다.

지카는 폴리네시아 이곳저곳에 바이러스를 전파한 뒤 칠레의 이스터섬을 통해 아메리카에 도착했다. 그리고 2015년 5월 브라질에 상륙해 모든 것을 혼란에 빠뜨렸다.

어떤 사람이 지카에 걸릴 위험이 있을까? 지카에 감염된 이집트숲모기에 물린 적이 없는 사람은 누구나 걸릴 수 있다. 이 말은 수십억 명이 감염될 수 있으며, 그중 다수가 열대 지역에 산다는 뜻이다.

태아에게 이상이 일어날 위험이 있기 때문에 임신부들은 지카가 보고된 적이 있는 지역을 피하고, 위험 지역에서는 임신하지 않는 편이 낫다. (하지만 이집트숲모기가 추위를 싫어하기 때문에, 밤에는 섭씨 4도 이하로 떨어지는 멕시코시티를 비롯한 고지대 여행은 임신부에게도 괜찮은 듯하다.)

지카 바이러스는 주로 감염된 모기에 물려서 전파되지만, 구강 성교 등 성관계에 의해 전파될 수도 있다. 지카 바이러스 이전에는 모기를 매개로 전파되는 감염 중 성관계에 의해 전파되고 선천적인 결함을 일으키는 감염은 없었다. (세계보건기구는 바이러스에 감염된 나라를 여행하는 남성에게 안전한 성관계를 권장하고 있다. 그리고 만일 남성이 감염되었고 파트너가 임신한 상태라면, 임신 기간 동안에는 성관계를 하지 말아야 한다.) 바이러스가 전파될 수 있는 또 다른 경로는 감염된 산모의 모유 수유와 감염된 혈액의 수혈이다.

지카 유행은 어떻게 발생하는 것일까? 아무도 모른다. 2016년 12월 당시 세계보건기구는 69개 영토에서 모기에 의해 전파된 지카 바이러스 감염이 발생했고, 그중 13곳에서는 인간에 의해 전파되었다고 보고했다. 북아메리카에서는 2016년 9월 중순까지 3176건의 지카 바이러스 감염이 발생했다고 질병통제예방센터가 보고했다. 이들 사례는 대부분 해외 여행객으로 인해 일어났지만 43건은 플로리다 지역에서 이집트숲모기에 의해 전파되었다. 임신부 감염이 731건 보고되었고, 성적 접촉으로 인한 감염이 소수 있었다. 그리고 지카 바이러스에 감염된 미국의 임신부 10명 중 1명꼴로 선천적 장애를 가진 아이가 태어났다.

지카 바이러스 감염자가 유입된 미국령 푸에르토리코에서는 임신부 1871명을 포함해 2016년 9월까지 2만2358건이 보고되었다. 푸에르토리코의 소아과의사들은 지카 바이러스를 발달에 재앙을

선고하는 바이러스라고 여겼다.

　미국 본토에서는 2016년 7월 마이애미에서 감염된 모기가 전파한 첫 번째 사례가 발견되었다. 당시 연구 결과는 미국 50개 도시에서 지카 바이러스가 발생할 위험이 있다는 의견을 밝혔다. 가장 위험한 도시들은 플로리다처럼 남동부는 물론이고, 동부 해안을 따라 뉴욕시 만큼이나 북쪽 지역에까지 위치해 있었다. 보건 전문가들은 브라질 올림픽게임에서 돌아오는 여행객들이 미국 남부 지역에 바이러스를 이송하게 된다면 최악의 상황이 도래할 것이라며 두려움을 표했다. 미국 올림픽 선수 중 일부가 모기 전파 바이러스와 함께 귀국했지만, 지카 바이러스에 감염된 사람은 없었다.

　2016년 초여름 지카 유행이 브라질에서 절정에 달했고, 11월에는 세계보건기구가 지카 바이러스의 국제적 보건 비상사태를 종료한다고 선언했다. 하지만 지카 위기가 끝난 것은 결코 아니었다. 세계보건기구의 메시지는 지카가 생활의 일부가 되었으니, 그에 대한 대응 역시 생활의 일부가 되어야 한다는 것이었다. (미국에서 일어났던 웨스트나일 바이러스 감염 때 나타난 상황과 유사하다. 1999년 뉴욕시에서 시작한 유행병이 미국 전역으로 급속도로 퍼져 나가 매년 발생하는 바이러스성 뇌염의 주원인으로 자리 잡은 것이다. 웨스트나일 바이러스 대유행에 관해서는 다음 장에서 상세하게 알아볼 것이다.)

　미국의 공중보건 관료들은 플로리다의 멕시코만 연안 지역이 지카 바이러스의 새로운 시작점이 될 것이라고 예상했다. 일부 전문가들은 플로리다에서 일어나는 지카 바이러스 유행은 규모가 작아 겨울이면 사라질 것으로 예측한 반면, 다른 전문가들은 최소 2년은 지나야 멕시코만 연안 5개 주(텍사스, 루이지애나, 미시시피, 앨라배마, 플로리다주—옮긴이)에서 사라질 것이라는 의견을 제시했다. 실제로 2017년 말까지 플로리다에서는 지역 모기에게서 유래한 극소수의 지카 감염 사례만이 보고되었다. 그리고 2018년 10월 시점에서 남북아메리카대륙에서는 52건의 사례만이 보고되었는데, 모두 미국 외 지역을 여행한 사람들이었다. 그들은 그곳에서 병에 걸린 것이 거의 확실했다. 지카에게 무슨 일이 생긴 것이냐는 질문이 나오기에 충분한 상황이었다. 이 새로운 감염은 깊숙이 숨었다가 나중에 다시 나타날까? 시간만이 말해 줄 것이다.

위험 지역은 이집트숲모기의 존재 여부에 따라 정해진다. 이집트숲모기는 남부 지역의 주 전체에서 볼 수 있지만, 추위를 잘 견디는 흰줄숲모기는 남부 미네소타만큼이나 북쪽에 기반을 두고 있다. 이들 종이 발견되는 장소를 기준으로 51개 주 주민이 위험에 처해 있는지 고려하게 된다.

아메리카대륙에서 엄청나게 빠른 속도로 확산해 유행병학자들을 잠 못 들게 한 것으로는 충분치 않다는 듯, 2016년 여름 지카 바이러스는 동남아시아를 침범했다. 9월까지 싱가포르에서 지역 감염 사례가 356건 보고되었고, 미국 질병통제예방센터는 인도, 방글라데시, 태국, 베트남 등 11개국에 임신부 여행 경고를 내린다고 발표했다. 임신 중이거나 임신을 고려하고 있다면, 이 지역을 모험하기 전에 질병통제예방센터의 여행자 웹사이트(www.cdc.gov/travel)에서 최신 정보를 얻어야 한다. 유전자 연구에 따르면 동남아시아와 아메리카에 사는 지카 바이러스 유형은 약간 다르다.

적, 적이 노리는 것, 그리그 그 여파

뎅기열 바이러스와 마찬가지로 지카는 단일가닥 RNA 플라비바이러스다. 지카는 1947년 우간다의 원숭이에게서 최초로 발견되긴 했지만 어떻게 원숭이에서 인간에게 옮겨졌는지, 언제 옮겨졌는지, 아니면 옮겨지긴 했는지 명확하지 않다. 또한 바이러스의 전파에서 동물이 하는 역할도 알려져 있지 않다. 지카 바이러스 유전자 분석에 따르면 남태평양에서 입국한 감염 여행객을 통해 브라질에 유입되었을 것으로 추측된다.

뎅기열 바이러스와 마찬가지로 지카 바이러스에 감염된 사람의 80퍼센트는 아무런 증상을 보이지 않는다. 증상이 나타나는 사람들은 보통 1주일이 안 되는 기간 동안 발열, 근육통 및 관절통, 결막염(충혈), 발진 등에 시달린다. 출혈 사례는 보고되지 않았다. 남북아메리카대륙에 지카 바이러스가 퍼지기 전까지 사망자는 기록되지 않았다. 2016년 초 베네수엘라, 콜롬비아, 브라질에서 7명의 사망자가 보고되었다. 7월에는 유타주에 사는 73세 노인이 미국 최초의 지카 감염병 희생자가 되었다. 우려스러운 점은, 멕시코를 여행하는 도중 감염된 이 노인이 땀이나 눈물을 통해 자신을 돌봐 주던 38세 아들에게 바이러스를 전달한 것으로 보인다는 것이다.

태아와 신생아에게 잠재적인 피해가 없다면(아울러 길랭 · 바레 Guillain-Barré증후군이라는 희귀 신경합병증도 나타나지 않는다면[4]), 지카 바이러스는 그리 대수롭지 않은 일일 수도 있었다. 하지만 지카 바이러스는 끊임없이 확산되는 비극이었다.

현재 여러 연구에서 선천적 지카 바이러스 감염으로 발생하는 뇌 이상 유형을 조사하고 있는데, 어떤 유형은 지카 바이러스에 감염되었을 경우에만 나타난다. 지카 바이러스가 뇌에 들어가면 보통 신경계를 보호하는 미세아교세포microglia를 대상으로 삼는 것으로 보인다. 이로 인하여 연속적인 염증 매개체가 발동하여 (뉴런 같은) 다른 유형의 뇌세포에 피해를 입힌다. 2015년 이후의 몇몇 연구 결과에 따르면, 지카 바이러스에 감염된 것으로 판명된 엄마에게서 태어난 아기의 5~7퍼센트가 지카 바이러스와 관련된 선천적 장애를 가진다.

치료와 예방

뎅기열이나 치쿤구니야와 마찬가지로 지카를 치료할 수 있는 특정한 약물은 없다. 현재 주로 사용되는 치료법은 비스테로이드성 항염증제를 이용하여 근육통과 관절통을 완화하는 것이다. 백신은 현재 나와 있지 않지만, 개발하기 위해 서두르고 있다. 2018년 1월 미국 식품의약국은 일본의 한 기업에서 생산한 백신에 대해 '패스트 트랙fast track'을 승인했다. 백신이 나오기까지는, 뎅기열과 치쿤구니야에 적용했던 예방 조치가 동일하게 권고되고 있다.

가장 안타까운 점은 지카 바이러스 감염으로 인한 중증 합병증(선천성 뇌질환과 길랭·바레증후군)에 대한 치료법도 현재 없다는 것이다.

지카 바이러스가 정액 속에서 오랫동안 살아남는 사실이 밝혀지면서 질병통제예방센터는 성관계 중 스스로를 지키는 방법에 대한 지침을 정기적으로 업데이트하고 있다. 최신 권고 사항은 온라인에서 쉽게 확인할 수 있다.

수혈에 의한 지카 감염 가능성을 예방하기 위하여 미국 적십자는 피해 지역에서 돌아온 지 2주가 지나지 않았다면 수혈을 하지 말 것을 부탁했다. 푸에르토리코나 버진아일랜드처럼 지카 바이러스가 이미 자리를 잡은 곳들을 위해 미국 식품의약국은 지카 바이러스가 없는 지역에서 혈액을 수입할 것을 혈액은행에 권고했다. 2016년 가을 식품의약국은 미국의 모든 혈액과 혈액제제는 지카 바이러스에 대한 테스트를 거쳐야 한다고 권고하기 시작했다.

살충제를 뿌려서 모기를 제거하는 기존 방법은 이 장에서 논의한 3가지 아르보바이러스의 전파를 모두 막지 못했다. 이집트숲모기를 목표로 하는 보다 혁신적인 접근법이 필요하다. 현재 시험되고 있는 제거법 중 하나는 방사능을 이용해 생식능력을 제거한 수컷 모기를 방사하는 것이다. 이들은 암컷과 짝짓기를 하더라도 새끼를 생산하지 못할 것이다.

가장 가능성이 높은 것은 아마도, 현재 시험 중인 유전공학의 매우 강력한 형태인 '유전자 드라이브gene drive'이다. 유전자 드라이브는 실험실에서 탄생한, 자신을 복제할 수 있는 능력을 이용하여 유전법칙을 거부하는 DNA 서열이다. 그래서 자손의 절반이 아닌 거의 모든 자손이 유전자 드라이브를 물려받는다. 즉 유전자 드라이브는 유전자 변화를 원하는 대로 조종하고, 짧은 시간 안에 전체 야생 개체군을 변화시킬 수 있다. 이 경우에는 지카, 뎅기열, 치쿤구니야를 전파하는 모기와 말라리아 기생충을 옮기는 아노폴린모기까지 해당될 수 있다.

또 다른 혁신적인 접근법은 자손이 성체가 되기 전에 죽게 하는 유전자 변이 수컷 모기를 방출하는 것이다. 영국 기업 옥시테크는 이러한 기술에 대해 미국 식품의약국의 잠정 승인을 받았다. 그리고 2016년 10월 미국 국제개발기구는 생식능력이 없는 수컷 모기를 접근하기 어려운 지역까지 데리고 가는 드론을 개발하도록, 델라웨어에 본사가 있는 위로바이오틱스에 3000만 달러를 지원했다. 생식능력이 없는 이 모기들은 이집트숲모기를 크게 감소시켜, 그로 인하여 지카 바이러스는 물론 뎅기열 바이러스와 치쿤구니야 바이러스 전파를 제한할 수 있다.

또한 오스트레일리아에서는 앞서 언급했던 뎅기열 바이러스와의 싸움에서 이집트숲모기를 근절하기 위한 전략과 동일한 원리로 월바키아에 감염된 모기들을 방출하는 시험이 진행 중이다. 2017년 플로리다 모기통제지구Florida Keys Mosquito Control District는 월바키아에 감염된 수컷 모기 2만2000마리를 방출했다. (궁금한 사람들을 위해 말하자면, 이 장 앞부분에서 언급했던 모스키토메이트라는 회사는 모기를 길러 감염시키는 것으로 돈을 번다.)

앞서 언급한 것처럼 지카 백신 개발을 위한 경쟁이 시작되었다. 세계보건기구에 따르면 60곳 이상의 연구소와 기업들이 현재 지카 바이러스 확산을 막기 위한 제품을 개발하고 있다. 2016년 8월 미국 국립보건원은 성공 가능성이 매우 높아 보이는 지카 백신의 1상 임상 시험을 시작했다. 그럼에도 안전하고 효과적인 백신 개발에는 몇 년 이상이 소요될 것으로 예상된다. 일부 전문가들은 2020년은 되어야 백신이 개발될 것이라고 예측한다. 안타깝게도 바이러스가 남아메리카와 카리브 연안을 휩쓸고 이제 미국과 아시아에 상륙하고 있는 상황에서 2020년은 너무 늦을 수도 있다.

또한 뎅기열 백신의 경우처럼 어린아이에게 지카 백신을 접종하면 아이들이 감염되었을 때 더 중증으로 진행될 가능성에 대한 우려가 제기되고 있다.

갈수록 커져 가는 지카 바이러스 감염 비극의 최종적인 측면은 태아와 가족에게 미치는 영향이다. 안타깝게도 지카 유행병 때문에 소두증을 비롯한 다른 형태의 뇌 손상을 입은 아기가 브라질에서만 2500명 넘게 태어났다. 이 아기들은 상기 치료를 요하는 학습장애에 시달릴 가능성이 높다. 세계보건기구 전임 사무총장 마거릿 챈은 최근 이러한 비극이 많은 나라의 의료 서비스에 미칠 충격을 해결할 수 있는 계획이 시급히 필요하다고 공개적으로 말했다.

미래를 위한 교훈

"교훈: 우리는 세상에서 가장 위태로운 곳에 사는 가장 위태로운
사람이 느끼는 정도로만 안전하다."

국경없는의사회

___

에볼라에 대한 뒤늦은 대처로 고통스러운 비판에 시달리던 세계보건기구는 재빠르게 지카 감염병을 공중보건 비상사태로 선언했다. 추가 예산 요청도 빨라서 자체적인 노력만으로 약 2500만 달러를 조달했다. 마거릿 챈은 명분을 지켰지만, 그녀가 요청했던 공중보건 정책, 의료 서비스, 연구 등을 위한 재정 인상은 부적절한 결과를 낳고 말았다.

질병통제예방센터와 미국 국립보건원 지도자들 역시 수십억 달러가 필요하다며 긴급 자금을 요청했다. 2016년 2월 오바마 대통령은 미국 의회에 지카와 싸우기 위한 자금 18억 달러를 요청했고, 수많은 정치적 공방이 오고 간 끝에 결국 8개월 후 11억 달러가 책정됐다. 백악관은 에볼라 바이러스와 싸우는 데 필요한 자금 일부를 지카를 해결하는 데 써야 했다. 당연히 이것은 돌려막기일 뿐이다.

가장 연구가 시급한 분야는 지카와 뎅기열, 치쿤구니야 바이러스 감염을 구분하는 간단한 진단 테스트 개발이다. 이들 감염이 발생하는 지역이 겹치고 증상도 비슷하기 때문에 신속하게 분류하는 테스트 실시가 시급하다.

이미 언급한 대로, 가장 우선순위에 있는 과제는 임신한 여성을 위한 백신 개발이다. 하지만 임신부용 백신 개발에 대한 과학적, 윤리적 장벽 때문에 쉽지는 않을 것이다.

에볼라 유행병의 뒤를 이어 지카 대유행병은 세계보건기구, 질병통제예방센터, 미국 국립보건원, 그리고 기타 조직과 기업들의 노력이 신속하고 조화롭게 이루어져야 한다는 점을 강조했다. 2016년 3월, 바로 그런 아이디어 중 하나가 국제보건위기체계위원회Global Health Risk Framework Commission와 미국 과학 · 공학 · 의학아카데미National Academy of Sciences, Engineering, and Medicine 회원에 의해 제시되었다. 매년 보건 체계, 응급 대응, 연구 등에 45억 달러가 증액되어야 한다는 제안이었다. 장기적으로 이러한 투자는 수백만 명의 목숨을 구할 것이다. 과연 지카는 중대한 진전을 이끌어 내는 데 결정적인 역할을 하는 대유행병이 될 수 있을까?

9

미생물은 비행 중
새와 박쥐

"전지전능한 신이 세상을 다시 만들면서 내게 조언을 구한다면, 나는 모든 나라에 영어 채널을 둘 것이다. 그리고 대기 중에서 날아다니려고 시도하는 것들을 모두 불태워 버리겠다."

윈스턴 처칠 Winston Churchill

윈스턴 처칠이 자신의 뜻대로 했다면 새와 박쥐가 옮기는 미생물에 대해 설명하는 이 장이나 모기가 매개하는 병에 대한 논의는 필요하지 않았을 것이다.

그랬다면 아마 이 책도 별로 필요하지 않을 것이다. 우리의 적대적인 미생물들은 감염된 여행객을 싣고 날아가는 비행기에 의해 전 세계로 수송되기 때문이다. (그것이 새, 박쥐, 곤충이든 항공기 승객이든) 하늘을 나는 능력은 우리를 죽이거나 병들게 하는 미생물 전파에서 핵심적인 역할을 해 왔다.

웨스트나일 바이러스

"나쁜 새가 좋은 날씨를 부르는 일은 좀처럼 드물다."

아이슬란드 속담

웨스트나일 대유행

웨스트나일 바이러스는 80년 이상 우리와 함께 해 왔다. 하지만 새로운 감염병으로 여겨지는 이유는 최근 이 바이러스의 지리적 영역이 크게 변화했기 때문이다.

이름에서 알 수 있듯 웨스트나일 바이러스^{West Nile Virus}는 1937년 우간다의 웨스트나일 지역에서 발견됐다. 웨스트나일 바이러스는 수십 년에 걸쳐 아프리카, 이스라엘, 몇몇 유럽 국가, 러시아 등에서 유행병을 일으켰지만, 1990년대에 들어서며 인간에게 그다지 큰 문제로 여겨지지 않았다. 그때 알제리와 루마니아에서 웨스트나일 관련 뇌 감염(뇌염)이 발생했다고 보고되었다. 그리고 웨스트나일 바이러스가 뉴욕시에 나타났을 때 판도가 바뀌었다.

웨스트나일 바이러스가 뉴욕에서 처음 확인된 것은 1999년 여름 브롱크스 동물원의 수석 병리학자 트레이시 맥너마라^{Tracey McNamara}에 의해서였다. 맥너마라는 까마귀와 플라밍고를 비롯한 새의 사체가 동물원 바닥에 널린 모습을 보고 놀라지 않을 수 없었다. 거의 같은 때에 이웃한 퀸스구에서 치명적인 뇌염 사례가 여러 건 보고되었고, 맥너마라는 새와 인간 사이의 감염 관계를 생각해 보았다.

얼마 지나지 않아, 웨스트나일 바이러스는 미국 전역에서 감염을 일으켜 수많은 새와 인간, 동물을 죽음으로 몰았다.

우리는 웨스트나일 바이러스가 어떻게 미국으로 왔는지 정확히 알지 못한다. 아마도 감염된 철새나 해외에서 들어오는 항공편으로 밀입국한 모기를 통해서였을 것이다. 하지만 2년이 채 지나지 않아 웨스트나일 바이러스는 미국에서 모기가 매개하는 가장 흔한 병원균이 되었다.

초기 웨스트나일 바이러스 감염은 모두 대서양 연안에서 발견됐지만, 감염된 철새를 통하여 빠르게 확산해 미국 본토의 48개주에 모두 퍼지고 말았다. 웨스트나일 바이러스는 여전히 우리에게 중요한 문제이다.

웨스트나일 바이러스 감염자 수는 해마다 달라진다. 최악의 해 중 하나인 2012년에는 286명이 사망했고, 텍사스주의 피해가 가장 컸다. 질병통제예방센터에 의하면 2015년 말까지 4만9937건의 웨스트나일 감염병이 발생해 1911명이 사망했다. 하지만 2018년에는 2544건만이 질병통제예방센터에 보고되었다.

8장에서 알아본 3가지 바이러스처럼 웨스트나일 바이러스는 감염된 모기에 의해 전파되는 (그런 다음에는 모기에 물린 다른 생명체에 의해 전파되는) 아르보바이러스다. 웨스트나일 바이러스가 일으키는 병은 뎅기열, 치쿤구니야, 지카와 몇 가지 특징을 공유한다. 하지만 웨스트나일 바이러스와 다른 아르보바이러스를 구분 짓는 뚜렷한 차이점이 하나 있다. 웨스트나일 미생물이 훨씬 난잡하다는 것이다.

뎅기열, 치쿤구니야, 지카가 2가지 종의 모기(이집트숲모기와 흰줄숲모기)에 의해서만 전염되는 반면, 웨스트나일 바이러스는 (위의 두 모기를 포함한 숲모기 종들, 학질모기, 말라리아 기생충을 옮기는 곤충을 포함해) 최소 65가지 서로 다른 모기 종에 서식한다.

하지만 웨스트나일 바이러스를 옮기는 주요 보균자는 집모기 Culex속에 속하는 모기들이다. 집모기에는 다수의 종이 있다. 타르샐리스집모기Culex tarsalis는 웨스트나일 바이러스가 콜로라도 주민들에게 전파되는 데 가장 중요한 역할을 하는 종이다. 빨간집모기Culex pipiens는 인간이나 새 모두 문다는 점에서 특히 못된 녀석이다.

웨스트나일 바이러스의 고유한 특징 두 번째는 바이러스의 난잡함 때문에 희생된 동물이 넓은 영역(특히 조류)으로 확산되고 있다는 것이다. 웨스트나일 바이러스는 250종이 넘는 조류로부터 분리되었다.

참새 같은 연작류燕雀類는 바이러스의 온상이다. 이 말은 감염된 모기가 참새를 물었을 때, 웨스트나일 바이러스는 참새를 죽이지 않는다는 뜻이다. 대신 바이러스는 새의 내부에서 꾸준히 (참새에게

해를 끼치지 않고) 성장하고, 모기를 통해 인간을 포함한 다른 생명
체에게 전파된다.

까마귓과에 속하는 까마귀, 큰까마귀, 큰어치 등은 그다지 운
이 좋지 않다. 이들은 웨스트나일 바이러스가 그들의 몸 안에서 성
장할 뿐아니라 죽이기까지 하는 종말숙주^{dead-end host}다. 결과적으로
1999년 이후 미국 일부 지역에서는 주변에서 흔히 볼 수 있던 미국
지빠귀, 집굴뚝새, 박새, 댕기박새 등이 많이 사라졌다. 인간과 말
등 적어도 포유류 26종이 이와 같은 상황에 처해 있다. 악어 등의
파충류도 예외가 아니다. (모기가 어떻게 이러한 파충류의 두꺼운 가죽
을 뚫을 수 있는지 상상하기 어렵지만, 모기는 어떻게든 해내고 만다.)

적, 적이 노리는 것, 그리고 그 여파

뎅기열, 지카와 마찬가지로 웨스트나일 바이러스는 플라비바이러스
속에 속한다. 이외에도 70가지가 넘는 플라비바이러스가 있는데, 가
장 악명 높은 것으로는 황열병, 일본뇌염 바이러스, 세인트루이스뇌
염 바이러스 등이 있으며 모두 생명을 위협하는 뇌염을 일으킬 수 있
다. (케네스 스미스번^{Kenneth Smithburn}이 1937년 고열 증세가 있는 우간다
여성에게서 웨스트나일 바이러스의 존재를 처음 발견했을 때, 스미스번
은 그것이 황열병 바이러스와 관계가 있다는 사실을 알아냈다. 웨스트
나일 바이러스는 미국에서 최초로 발견되었을 때 세인트루이스뇌염 바
이러스로 오인됐다.)

모기를 매개로 하는 다른 바이러스와 마찬가지로, 웨스트나일 바
이러스는 감염된 암컷 모기에 물리는 것으로만 전파된다. 웨스트

나일 바이러스에 감염된 사람 가운데 무려 80퍼센트는 증상을 전혀 보이지 않는다. 증상이 발현되는 사람 중 99퍼센트 이상은 신경조직에 문제가 없다. 이들은 웨스트나일 열병이라는 것에 걸려 있다. 웨스트나일 열병의 잠복기(처음 감염이 되어서 증상이 나타나기까지의 시기)는 2일에서 15일 사이다. 웨스트나일 열병 환자들은 보통 고열, 두통, 피로, 근육통, 구역질, 구토를 비롯해 때로는 발진을 호소하다. 일반적으로 5일에서 한 달까지 지속된다.

웨스트나일 바이러스는 지카와 마찬가지로 신경조직을 공격할 수 있다(하지만 그런 일은 거의 일어나지 않는다). 웨스트나일 바이러스 감염 사례의 1퍼센트 이하가 신경과 관련된 병에 걸리고, 뇌와 관련된 경우에는 뇌염에 걸린다. 이런 경우에는 종종 심한 두통에 시달리며 목이 뻣뻣해지거나 근력 저하, 정신 착란을 일으키기도 한다. 이러한 증상이 나타날 경우에는 잠재적으로 웨스트나일병이 치명적으로 발전할 수 있다.

드물긴 하지만 신경계에 있는 구조물에 염증이 나타날 수도 있다. 이것이 뇌와 관련되어 나타나는 경우를 뇌수막염meningtis이라고 한다.

감염자 중 극소수는 팔이나 다리에 급성쇠약(또는 마비)이 나타난다. 증상이 소아마비와 비슷해서, 이 형태의 질병을 웨스트나일 소아마비라고 부른다.

때로는 웨스트나일 바이러스에 감염된 사람에게 나타나는 증상이 파킨슨병의 증상(떨림, 근육 경직, 현기증)과 매우 유사하다.

70세 이상 노인들은 웨스트나일 관련 신경계 질환에 걸릴 가능성이 높은데, 아마도 신체의 면역 방어 기능이 나이가 들면서 약해지기 때문일 것이다(면역 노화 과정). 이러한 개념은 장기이식을 받은 사람처럼 면역계가 제대로 기능하지 않는 사람이 웨스트나일 바이러스 관련 신경계 질환에 걸릴 위험이 증가한다는 사실에서 뒷받침된다.[1]

추정 사망률 4퍼센트는 주로 뇌염에 걸린 70세 이상 노인들에 기인한다. 하지만 최근 연구는 웨스트나일 바이러스 감염에서 초기에 회복한 사람들이 다른 감염병과 신장 문제에 취약해지기 때문에 실제 사망률은 훨씬 높을 수도 있다고 말한다. 베일러대학교 연구원들은 회복된 환자 중 거의 절반이 결국 10년 안에 신경 문제가 악화되었다고 최근 보고했다.[2]

초기에는 일반적으로 웨스트나일 바이러스에 감염되면 (증상이 있건 없건) 면역성이 생긴다고 여겼다. 하지만 최근 이스라엘의 한 연구에서 그렇지 않다는 의견이 제시되었다. 이 연구에서 웨스트나일 바이러스에 감염된 적이 있는 환자 50명은 이후 동일한 병에 다시 감염되었다. 게다가 이들 환자는 신경질환에 걸리는 (또는 웨스트나일 바이러스에 감염돼 사망하는) 확률이 상당히 높았다. 또 다른 충격적인 결과는 일부 환자의 경우 최초의 바이러스가 나중에 다시 활성화되었다는 점이다. 또한 일부 사례에서는 웨스트나일 바이러스가 정신장애를 일으키기도 했다.[3]

치료와 예방

모기를 매개로 하는 바이러스성 감염이 모두 그러하듯, 웨스트나일 바이러스에 대한 항바이러스 치료법은 존재하지 않는다. 일부 유망한 시험이 있었지만, 확실하거나 추천할 만한 결과는 나오지 않았다.

신경학적 형태로 발병한 웨스트나일 감염 환자들을 치료하는 최선의 방법은 비스테로이드성 항염증제다. 하지만 감염된 사람 중 상당수가 몇 달 또는 몇 년씩 바이러스에 의한 뇌 손상에 시달린다.

사람을 위한 웨스트나일 바이러스 감염 예방 백신 또한 아직 존재하지 않는다. 하지만 미국 국립알레르기감염병연구소의 지원을 받은 잠재적 백신 시험이 2015년 시작됐는데, 초기 결과는 가능성이 높다. 죽은 웨스트나일 바이러스를 사용하는 백신은 이미 말에게 사용 가능하며, 일부 동물원에서는 이 백신을 새에게 접종하고 있다. 하지만 이 글을 쓰는 현재 그 효과는 알려져 있지 않다.

웨스트나일 바이러스로부터 자신을 보호하는 가장 좋은 방법은 모기를 피하는 것이다. 70세 이상 노인 또는 장기이식을 받은 사람은 DEET가 포함된 모기 살충제를 사용하는 편이 좋다. 모기가 많을 것 같은 지역에서는 긴팔과 긴 바지를 입고, 모기가 새끼를 번식할 수 있는 그릇도 모두 치우도록 한다.

웨스트나일 바이러스는 수혈에 의해 전파될 수 있기 때문에 미국의 혈액은행에서는 정기적으로 바이러스를 검사한다.

미래를 위한 교훈

"거절은 이집트 강에만 있지 않다." (거절Denial과 나일강the Nile
의 발음이 비슷한 것을 이용한 말장난—옮긴이)

마크 트웨인Mark Twain

———

제2부 · 인간의 적

안타깝게도 최근 몇 년 동안 제약업계는 항웨스트나일 바이러스제를 개발하는 데 관심을 줄이고 있다. 웨스트나일 바이러스를 퇴치하는 데 필요한 연구비 지원 역시 감소했다.

과학자들은 최근 해마다 날씨 패턴을 추적해서 대략적인 웨스트나일 감염 규모를 예측할 수 있다는 사실을 알아냈다. 전해의 기온이 평년보다 높으면 당연히 모기 수가 급격히 증가한다. 따라서 세계적으로 기온이 올라가면 모기가 매개하는 모든 유형의 질병으로 고통받는 사람 역시 증가한다. 강우량 증가 역시 모기 번식에 유리하다. (20장에서 기후변화가 곤충 매개 질병에 미치는 영향에 대해 알아볼 것이다.)

날씨 변화는 또한 조류의 개체수와 이동 패턴에 영향을 미칠 수 있다. 5장에서 보았듯, 모든 것이 연관되어 있다.

조류독감

"유행성 인플루엔자로 인해 하룻밤 사이에 세상이 바뀌는 반응들이 나타날 것이다. 몇 달 동안 백신은 구할 길이 없고, 항바이러스제는 바닥이 날 것이다. 국제무역과 해외여행은 감소하거나, 입국하는 나라에서 들어오는 바이러스를 막기 위해 금지될 것이다. 소규모 지역사회가 질병을 억제할 방법을 찾으려고 노력하는 동안 국내 수송 또한 크게 감소할 것이다."

마이클 T. 오스터홈

———

조류독감 발생, 유행에서 대유행까지

우리는 이미 독감에 대해 잘 알고 있다. 새와 인간의 독감 사이에 공중보건 전문가들을 잠 못 들게 하는 어떤 관계가 있다는 사실 또한 아는 사람이 있을 것이다. 하지만 용어가 혼란을 초래할 수 있으니 먼저 몇 가지 설명이 필요하다.

조류독감은 새의 몸 안에 사는 바이러스가 일으키는 독감이다. 공중보건 관료들이 우려하는 가장 위험한 바이러스는 고병원성 조류독감Highly Pathogenic Avian Influenza(HPAI)이다. 이 바이러스는 48시간 안에 한 무리의 닭을 몰살시킨다. 2014년에서 2015년 사이, HPAI의 변종 중 하나인 H5N8이 미국 중서부를 강타했다. 5000만 마리에 달하는 닭과 상업용으로 사육된 새들이 유행병 통제를 위해 살처분되었고, 미국에서만 30억 달러가 넘는 경제적 손실이 추산되었다.

다행히도 H5N8은 인간에게 전파되지 않는다고 보고됐다. 하지만 공중보건 전문가들은 HPAI 변종이 인간에게 전파되는 능력을 얻는 것을 우려한다. 이런 일이 일어나서 바이러스가 인간 사이에서 전파되기 시작하면 심각한 대유행이 나타날 수 있다. 뛰어난 감염병학자 마이클 오스터홈이 그의 저서 《살인 미생물과의 전쟁》에서 설득력 있게 (그리고 놀랍게) 경고했듯 "감염병학자로서 우리는 모두 인플루엔자 대유행이 일어나리라는 사실을 알고 있다".

다행히도 조류에 적응한 인플루엔자 바이러스 대다수는 인간을 감염시키지 않는다. 비록 새들(특히 물새) 사이를 폭넓게 돌아다니지만, 일반적으로 어떠한 증상도 일으키지 않는다. 하지만 병을 일으키는 바이러스는 새들에게 큰 피해를 입힌다. 닭과 칠면조에서 발생하는 조류독감 감염은 양계업계를 지속적으로 위협하고 있다.

일부 조류독감 변종은 호모 사피엔스를 포함한 다른 종으로 이동할 수 있다. 조류독감이 인간으로 퍼진 가장 악명 높은 사례는 1918년에서 1919년 사이에 발생했다. 이때 발생한 인플루엔자 대유행으로 세계 인구 중 20~40퍼센트가 병에 걸렸고, 5000만에서 1억 명이 사망한 것으로 추정된다. 2018년, 우리는 미국 역사에서 가장 치명적인 사건이었던 1918년 대유행 100주년을 기억하고 반성했다.

인플루엔자 바이러스는 A, B, C의 3가지 유형으로 나뉜다. A형과 B형은 연간 또는 계절 단위로 인플루엔자 유행을 일으킨다. 보통 어느 해든 전체 인구의 20퍼센트가 감염된다. A형 인플루엔자 바이러스는 주로 야생 조류에서 발견되지만 인간이나 돼지, 말을 비롯해 고래에서도 발견된다. B형 인플루엔자 바이러스는 인간 사이에서만 폭넓게 순환한다.

자, 지금부터 혼란스러울 수 있다. A형 인플루엔자 바이러스는 표면에 있는 2가지 단백질, 헤마글루티닌hemagglutinin(H)과 뉴라미니다아제neuraminidase(N)에 기반한 다수의 하위 유형으로 나뉜다. 헤마글루티닌에는 16가지 하위 유형이 있고, 뉴라미니다아제는 9가지 하위 유형을 가진다. A형 인플루엔자 바이러스의 알려진 하위 유형은 박쥐에서만 발견되는 2종을 제외하면 모두 조류에게서 발견된다. 문제는 A형 인플루엔자 바이러스가 갑자기 돌연변이를 일으킨다는 것이다(그리고 큰 문제를 야기한다).

세계보건기구 전임 사무총장 마거릿 챈의 말처럼 "인플루엔자 바이러스의 고유한 특징은 변화의 가능성, 즉 돌연변이를 일으킨다는 것이다". 새로운 A형 인플루엔자 바이러스가 나타난다면 인플루엔자 대유행(국제적인 질병의 발생)이 일어날 수 있다. 매년 일어나는 계절 독감 유행과 달리 인플루엔자 대유행은 상대적으로 자주 발생하지는 않지만, 치명적일 가능성이 크다.

인플루엔자 유행병은 수세기 동안 우리 주변에 있었다. 인플루엔자 증상은 2400년 전 히포크라테스의 저작에서도 찾을 수 있다. 거의 확실시되는 최초의 유행병은 16세기 유럽에서 보고된 인플루엔자였다. 극심한 유행병 또한 18세기와 19세기에 발생했다.

20세기에는 세 차례의 인플루엔자 대유행이 있었다. 이들 중 (인플루엔자 연구원인 제프리 토벤버거Jeffrey Taubenberger와 데이비드 모렌스 David Morens가 "모든 대유행병의 어머니"라고 불렀던) 1918-1919년 스페인독감이 가장 파괴적이었다.

스페인독감은 미국에서 시작되었을 가능성이 있다. 하지만 스페인은 제1차 세계대전에서 중립국이었기 때문에 다수의 아군 사망자를 알리지 않은 미국 미디어처럼 감염병 소식을 숨기지 않았고, 이로 인해 '스페인독감'이라는 잘못된 이름이 붙게 되었다. 스페인독감은 계속해서 사상자를 냈고, 결국 20세기에 일어난 모든 전쟁에서 사망한 사람의 수를 모두 더한 것보다 많은 사람이 죽었다.

스페인독감의 범인은 조류독감 바이러스의 하위 유형인 H1N1이었다. 1957년에서 1958년 사이에는 H2N2가 등장하여 아시아독감 대유행의 원인을 제공했고, 1968년에서 1969년 사이에 H3N2가 홍콩독감 대유행을 촉발했다.

21세기에 접어들어서는 단 한 차례의 인플루엔자 대유행이 2009

년과 2010년 사이에 나타났다. 이 대유행병은 H1N1바이러스의 변종(H1N1v라고 부른다)에 의해 일어났으며, 돼지에서 인간으로 옮겨져 돼지독감이라고 알려졌다. (훗날 박람회 또는 산 동물을 사고파는 시장에서 돼지와 접촉한 것이 돼지독감의 다른 하위 유형의 원인이 되었음이 밝혀졌다.) 돼지는 새와 인간 모두에게서 온 독감 바이러스는 물론이고 돼지 자신만의 변종 바이러스 등이 동시에 뒤섞이는 바이러스의 온상이 되기 때문에, 수많은 서로 다른 인플루엔자 바이러스에서 나온 유전자들이 뒤섞이는 도가니 역할을 한다('유전자 재편성'이라고 불리는 현상이다). 이는 새로운 인플루엔자 바이러스가 발생하는 방식 중 하나이다.

최근 몇 년 사이에 몇몇 인플루엔자 바이러스가 공중보건 관료들의 레이더망에 감지되었다. 이들 가운데 하위 유형 H5N1(HPAI바이러스)이 1997년 홍콩 가금류 시장에서 나타났다. 그 후 이 바이러스는 아시아에서 유럽과 아프리카로 퍼졌고, 수백만 마리의 새들이 감염되어 죽고 말았다. 이는 수십만 명의 생계와 10여 개국의 경제에 큰 지장을 초래했다. 2016년 초까지 H5N1의 인간 감염 850건이 보고되었고, 450명 가까이 사망했다. 무려 53퍼센트에 달하는 충격적인 사망률이었다. (비교해 보면 1918-1919년 대유행에서 H1N1로 인한 사망률은 불과 2.5퍼센트였다.) 다행히도 아직까지 아메리카대륙에는 상륙하지 않았다.

2013년 인플루엔자 하위 유형 H7N9가 중국의 가금 시장에서 발견되었다. 이 글을 쓰는 현재 약 1600건의 H7N9 감염이 인간에게 나타났고, 그중 40퍼센트가 사망했다고 보고되었다. H7N9 감염이 짧은 시간 안에 H5N1의 인간 감염자 수를 앞질렀기 때문에 공중보건 관료들은 긴장할 수밖에 없었다.

설상가상으로 신종조류독감 바이러스 H7N4가 최초로 인간에게 감염된 사례가 2017년 성탄절에 보고되었다. 환자는 68세의 여성으로 중국 남부 지역에 입원한 상태였다. 닭에서 나온 바이러스가 그녀의 몸으로 들어갔던 것이다. 내가 이 글을 쓰고 있던 2019년 6월은 이 조류독감 바이러스가 우리에게 무엇을 보여 줄지를 알기에는 너무 이른 시기였다.

주목할 만한 점은, H5N1과 H7N9에 인간이 감염된 모든 사례에서 가금류와의 긴밀한 접촉을 통해 바이러스가 인간에게 전파되었다는 것이다. 다행히도 바이러스는 20세기에 있던 3차례 대유행에서처럼 인간에서 인간으로 전파하는 능력은 아직 얻지 못했다.

신종조류독감 대유행병 출현에 대한 우려가 사람들의 이목을 끌고 있는 동안, 우리는 일상적인 계절 독감이 여전히 중요한 건강 문제라는 것을 잊지 말아야 한다. 예를 들어 매년 전체 미국인의 5~20퍼센트가 인플루엔자에 걸리며, 20만 명 이상이 계절 독감 관련 합병증 때문에 입원한다. 1976년과 2006년 사이에 계절 독감으로 인한 연간 사망자 수는 적게는 3000명에서 많게는 4만9000명에 이른다. 2018년 계절 독감은 지난 10년 중 최악이었으며, 이때 미국에서만 8만 명이 사망했다. 많은 병원의 병상에 빈자리가 없어서 넘치는 환자를 받기 위해 임시진료소가 종종 운영되었다. 2018-2019년 인플루엔자 사망 사례 건수는 2019년 4월 기준 5만7000명으로 상당히 높은 수준이다.

몇 가지 주목해야 할 점이 더 있다. 계절 독감은 5세 이하 어린이, 노인, 기저 질환이 있는 사람에게서 많은 사망자를 낸다. 하지만 대유행병 인플루엔자는 젊고 건강한 사람들이 주요 희생자가 되곤 한다. 1918-1919년 인플루엔자는 주로 건강한 젊은 사람의 목숨을 앗아 갔다. 이 인플루엔자 대유행은 규모가 너무 크고 확산 속도가 빨랐던 탓에 1918년의 기대수명이 12년 감소하기도 했다. 젊은 사람들이 조류독감 대유행병으로 사망할 위험이 큰 이유를 정확히 아는 사람은 (지금까지도) 없다.

적, 적이 노리는 것, 그리고 그 여파

인플루엔자 대유행병의 기나긴 역사(그리고 새와 돼지, 인간 인플루엔자의 유사성)를 고려할 때, 과학자들은 인간이 처음 동물을 가축화하면서 인간 인플루엔자가 시작되었을 것이라고 생각한다. 하지만 동물 인플루엔자와 인간 인플루엔자 사이의 생물학적 상관관계는, 1918년 수의사 J. S. 코엔J. S. Koen이 돼지에게서 나타나는 질병이 1918-1919년 인간에게 발병한 악명 높은 인플루엔자 대유행병과 같다는 것을 관찰하면서 발견되었다.

1918년 대부분의 의사와 과학자들은 인플루엔자가 파이퍼의 바실러스Pfeiffer's bacillus라는 박테리아에 의해 일어난다고 잘못 알고 있었다. 이 박테리아가 실제로 흔한 인플루엔자 합병증인 중증 폐렴을 유발하는지는 아직 밝혀지지 않았다. (그 후 이 박테리아는 인플루엔자균Haemophilus influenzae이라는 이름으로 바뀌었다.)

1928년 록펠러 비교병리학연구소의 로버트 쇼프Robert Shope는 돼지독감에 걸린 돼지에게서 추출한 체액을 여과해 건강한 돼지에게 접종하여 돼지독감을 재생해 냈다. 이 실험은 인플루엔자가 바이러스에 의해 일어난다는 최초의 믿을 만한 단서를 제공했다. (하지만 결과적으로 H1N1인플루엔자가 새가 아닌 돼지에게서 유래한 것이라고 잘못 인지되었다.)

인플루엔자 바이러스는 오르토믹소바이러스과 Orthomyxoviridae에 속한다. HIV와 마찬가지로 인플루엔자 바이러스는 유전자의 수가 8개에 불과하다. (우리 인간은 2만 1000개가 넘는 유전자를 가진다는 점을 떠올려 보라.) 하지만 인플루엔자 바이러스 유전자는 꾸준히 구성을 바꿔 면역계나 백신을 모두 피해 가는 돌연변이를 발생시킨다.

인플루엔자 바이러스가 동물 내부에서 번성하려면 동물의 기도(부비강, 기관, 폐)에서 번식하는 능력이 있어야 한다. 인간을 포함한 다른 동물로의 전파는 직접 접촉이나 바이러스가 함유된 체액 방울이 한 생명체에서 다른 생명체로 (이를테면 콧물이나 재채기를 통해서) 이동할 때 일어날 수 있다.

대유행되는 인플루엔자를 발생시키는 복잡한 상호작용 요소들은 아직 완전히 밝혀지지 않았다. 예를 들어 우리는 아직 H1N1, H5N1, H7N9 하위 유형들이 어째서 그토록 치명적인지 알지 못한다. 하지만 이 바이러스들은 우리 면역계에서 사이토카인이라는 단백질 다량 방출을 유발하는 것으로 보인다. (사이토카인 폭풍이라는 이 현상은 염증을 일으키는 다른 분자의 방출을 차례로 촉발하여 폐와 신장 같은 중요한 장기에 손상을 입힌다.)

H5N1은 인간 사이에서 전혀 확산되지 못하는데, H1N1은 왜 그

토록 쉽게 인간에서 인간으로 전파가 되는지 그 이유 역시 명확하지 않다. H5N1이나 H7N9의 돌연변이가 사람 사이에서 전파될 수 있도록 성장할 것인지(또는 성장할 수 있을지) 알 수 있는 사람 또한 없다. 하지만 그렇게 되면 H5N1과 H7N9의 높은 사망률을 고려할 때 재앙이 일어날 수 있다.

모든 인플루엔자는 기도를 감염시킨다. 가장 흔히 볼 수 있는 증상은 목이 따끔거리고 마른기침과 함께 고열, 두통, 근육통, 피로가 동반되는 것이다. 때로는 구역질이나 구토, 설사 같은 위장 증상도 나타난다. (위장염stomach flu은 일반적으로 전혀 인플루엔자라고 할 수 없으며, 일부 다른 유형의 바이러스에 의해 일어난다.)

인플루엔자 바이러스가 폐에 들어가면 대개 바이러스성 폐렴을 일으키거나 2차 세균성 폐렴이 자리 잡게 한다. 이들 중 하나라도 시작되면 사람들은 치명적인 상태로 발전하거나 입원을 해야 할 수 있다. 인플루엔자와 다른 유형의 호흡기 바이러스에 의해 발생하는 보통 감기를 구별하는 일은 때때로 어려울 수 있다. 일반적으로(때로는 훨씬) 인플루엔자의 증상이 심하다. 인플루엔자는 또한 1년 중 기온이 낮은 6개월 동안 성장하는 경우가 많다. 북반구에서는 그러한 기간을 감기 철이라고 부른다.

치료와 예방

인플루엔자와 관련해 가장 중요한 사실 한 가지를 알려 주겠다. 걸렸다고 생각되는 즉시 의사와 만나라. 의사들은 최선의 치료를 받도록 도와줄 것이다.

항바이러스제는 인플루엔자를 성공적으로 치료하지만, 증상이 처음 나타났을 때 치료를 시작해야 한다. 아이들과 노인, 중증 환자, 기저 질환이 있는 사람들은 실험실 테스트를 통한 바이러스 확진을 기다리지 말고 항바이러스제를 투여받아야 한다.

2019년 현재 미국 식품의약국이 승인한 항바이러스제 4종이 인플루엔자 치료용으로 질병통제예방센터에 의해 추천되고 있다. 질병통제예방센터의 웹사이트에는 인플루엔자 치료에 관한 훌륭한 자료들이 많다. (늘 신약이 나오고, 질병통제예방센터가 정기적으로 정보를 업데이트하기 때문에 여기서 약에 대해 말하지는 않겠다. 하지만 발록사비르baloxavir라는 신약은 1회 투여한다는 점에서 매우 흥미롭다.)

일부 인플루엔자 바이러스는 약에 대한 내성을 갖추고 있기 때문에 항바이러스제를 즉시 투여하더라도 늘 효과가 나타나지는 않는다. 하지만 제약업계는 거대한 시장이 존재하는 신약 개발 연구를 지속하고 있다.

인간에게 조류독감 대유행이 일어나지 않도록 예방하는 일은, 보통 조류독감을 보유하고 있다고 여겨지는 동물을 도살하는 것으로 시작한다. 예를 들어 2008년 홍콩 근방 가금류 농장에서 조류 수백만 마리가 두 차례에 걸쳐 살처분되었다. 첫 번째는 정기적인 대변 샘플 검사에서 H5N1이 발견되었기 때문이고, 두 번째 살처분은 양계장에서 바이러스에 의해 닭 수십 마리가 죽는 일이 발생했을 때 일어났다.

(손을 씻고 기침이나 재채기를 할 때 입과 코를 가리는 등의) 개인 위생이 작지만 가시적인 예방 효과를 보이기는 해도, 인플루엔자 예

방의 핵심은 백신 접종이다. 백신 접종은 다양한 인플루엔자 유형에 효과가 있으며, 백신의 구성은 해마다 달라진다. 매년 독감 철이 시작하기 전에 전문가들은 연간 인플루엔자 백신에서 어떤 바이러스를 다루어야 할지를 결정한다. 때로는 예측이 잘 들어맞는다. 예를 들어 2015-2016년 인플루엔자 백신은 효과가 좋아서 2015-2016년 독감 철이 인플루엔자 피해가 적었던 해로 기록되는 데 한몫했다. 반면 2014-2015년 독감 철에 사용된 백신은 효과가 없었다. 타깃으로 삼았던 바이러스가 돌연변이를 일으켰던 것으로 추측된다. 결과적으로 2014-2015 시즌은 인플루엔자 피해가 컸으며, 특히 65세 이상에서 많은 피해가 일어났다. 마찬가지로 인플루엔자 백신에 포함된 H3N2 바이러스가 이후에 돌연변이를 일으켰던 2017년 백신은 효과가 25퍼센트에 불과했다.

하지만 가장 좋은 환경에서도 인플루엔자 백신이 우리를 지켜주는 확률은 60퍼센트에 불과하다. 질병통제예방센터가 2017년 H7N9 조류독감에 대한 백신 후보를 만들었다고 보고했지만, 여전히 더 효과적인 백신에 대한 수요가 존재한다. (이 주제에 대해서는 19장에서 자세히 다루겠다.)

2018년 미국 의회에서 몇 가지 반가운 소식을 전했다. 범용 인플루엔자 백신, 즉 조류독감을 포함하는 모든 인플루엔자 변종으로부터 우리를 보호해 주는 백신 개발을 지원하는 입법안이 수면 위로 드러났다. 2018년 4월 빌 게이츠는 범용 백신 개발 지원에 1200만 달러를 기부하겠다고 발표했다. 이 목표가 실현된다면 생명을 구하는 매우 특별한 성취로 기록될 것이다.

미래를 위한 교훈

"중간 정도의 규모에 해당하는 대유행병의 경우, 가장 중요한 과제는 사람들에게 걱정하지 않아도 되는 때와 긴급 치료를 받아야 하는 때를 알려 주는 일이다."

마거릿 챈

———

주류독감 대유행은 본질적으로 정부와 세계보건기구, 질병통제예방센터, 미국 국립보건원 같은 단체 사이의 적절한 내용 협력이 필요한 국제적인 문제이다. 또한 백신과 항바이러스제의 주공급자인 제약업계와 함께 협의해야 한다.

8장의 지카 바이러스에 관한 논의에서 말했듯, 최근 이러한 조정기구 창설이 국제보건위기체계위원회와 미국 과학 · 공학 · 의학아카데미 지도자들에 의해 최근 제안되었다. 이와 같은 기구가 창설된다면 인플루엔자 대유행 대비가 가장 먼저 도마에 오를 것이다.

인플루엔자 대유행이 제기하는 수많은 도전 중 가장 우려되는 부분은, 유행이 언제 일어날지 전혀 예측할 수 없다는 점이다. 애버딘대학교의 세균학 명예교수 휴 페닝턴Hugh Pennington이 말한 것처럼 "인플루엔자 대유행과 그 영향을 예측한다는 것은 바보 같은 짓이다". 그럼에도 불구하고 우리에게는 최선을 다해 계절 독감과 대유행병 독감을 예방하고 관리할 수 있는 제대로 된 자격을 갖춘 기획자가 필요하다.

뛰어난 인플루엔자 연구원들인 웬칭 장Wenqing Zhang과 로버트 웹스터Robert Webster는 2017년 《사이언스》 저널에서,[4] 인플루엔자 하위 유형이 대유행병의 능력을 습득할지와 언제 습득할 것인지를 예측할 수 있는 근본적인 지식이 우리에게 없다는 사실을 지적했다. 이는 역사상 최대의 공중보건 위기였던 1918년 스페인독감 100주년을 맞이했던 당시와 지금의 우리 모두를 여전히 긴장시키고 있다.

니파 바이러스

"박쥐는 은행원도 없고, 술도 마시지 않으며, 체포할 수도 없고, 세금도 내지 않는다. 그들은 일반적으로 원하는 것은 모두 가지고 있다."

존 베리먼 John Berryman, 미국의 시인

———

박쥐의 어두운 면을 알아보기 전에, 이 놀라운 생명체에 관한 2가지 사실을 고려해 보자.

첫째, 전 세계적으로 1400여 종이 알려져 있다. 이는 5416가지 모든 포유류 종의 약 25퍼센트이다.

둘째, 곤충을 잡아먹는 박쥐는 매년 북미 농업 경제에 약 37억 달러를 기여한다. (이들은 해질 무렵 뒷마당을 돌아다니는 반향위치측정박쥐echolocating bat들이다. 1마리의 박쥐가 모기만 한 곤충을 1시간에 1200마리, 매일 밤 6000~8000마리까지 먹어 치울 수 있어서 우리의 뒷마당이 보다 안락해진다.)

이제는 나쁜 소식이다. 곤충을 잡아먹는 자그마한 박쥐에서 과일을 먹는 큰박쥐(날여우박쥐flying foxes)까지, 박쥐들의 몸은 서로 다른 바이러스 66종의 서식처다. 그러나 박쥐가 이 바이러스들로 인해

병에 걸리는 경우는 아주 드물다. (동물학자들은 바이러스성 질병에 대한 박쥐의 주목할 만한 저항성은, 날아다닐 때 신진대사가 15배 증가하여 바이러스가 견딜 수 없을 정도로 체온이 올라가기 때문이라고 생각한다.) 니파 바이러스를 포함한 이들 66가지 바이러스 가운데 8가지는 인간에게 해가 되는 감염을 일으킬 수 있다.[5]

니파 바이러스의 발생

니파Nipah 바이러스는 1999년 말레이시아와 싱가포르에서 돼지 사육농과 돼지 접촉자들 사이에 뇌염과 호흡기질환이 유행했을 때 처음 인지되었다. 니파라는 이름은 뇌염으로 죽어 가던 돼지 사육농들이 살던 마을에서 유래했다. 니파 바이러스는 말과 인간에게 뇌염을 일으키고 박쥐에 서식하는 헨드라Hendra 바이러스와 관련이 있다. 날여우박쥐라고 알려진 큰박쥐Pteropus속의 박쥐들은 니파 바이러스의 온상으로 알려져 있다.

　니파 바이러스는 날여우박쥐에게 피해를 주지 않으며 돼지에게는 경미한 질환을 일으키지만, 인간에게는 치명적일 수 있다. 발생 초기에 300건에 달하는 사례와 100여 건이 넘는 사망자 수가 보고되었고, 돼지 100만 마리 이상이 살처분되어 결과적으로 말레이시아 경제에 엄청난 손실을 안겨 주었다. 다행히도 감염된 돼지에 인간이 노출되는 것이 주요 감염 경로였기 때문에 살처분 전략은 효과가 있는 것처럼 보였다. (하지만 니파 바이러스는 바이러스에 감염된 박쥐와의 접촉으로도 전파될 수 있다.)

　2001년, 이번에는 방글라데시와 인도에서 니파 바이러스가 재등장했다. 유전자 검사 결과 이들 나라의 니파바이러스는 말레이시아의 것과는 다른 변종이었다. 지금까지 300건에 가까운 니파 바이러스 감염 사례가 인도와 방글라데시에서 보고되었다. 40~70퍼센트의 사망률은 말레이시아 사례와 유사하지만, 이 변종 바이러스는 병원에서 인간 대 인간으로 전파되었다고 보고됐다. 또한 단발적으로 발생한 말레이시아와는 달리 방글라데시에서는 거의 매년 발생하고 있다.

과학자들은 그 지역에서 니파 바이러스가 어떻게 전파되는지 알아냈다. 돼지와는 무관했으며, 날여우박쥐가 오염시킨 날대추야자 수액 섭취가 원인이었다.

적, 적이 노리는 것, 그리고 그 여파

니파 바이러스는 헤니파바이러스*Henipavirus*속에 속하며, 돼지와 인간의 뇌를 공격한다. 니파 바이러스의 진화에 관한 연구에 따르면, 어디서인지는 확실하지 않지만 1947년에 처음 진화했다.

이 감염병은 5일에서 14일 사이의 잠재기를 거친 뒤 고열과 두통으로 이어지고 졸림, 방향감각 상실, 정신착란이 뒤따른다. 감염 초기 단계에서는 일부 환자에게서 호흡기 증상도 나타난다. 말레이시아 사태 때 병원에 입원한 환자들의 절반 이상은 뇌간에서 뚜렷한 질병 징후를 나타냈다. 뇌간은 생체 기능을 조절하는 뇌의 일부분으로, 이들 환자의 3분의 1가량은 곧바로 사망했다. 15퍼센트는 발작 같은 장기적인 신경학적 문제에 시달렸고, 53퍼센트는 완전히 회복되었다.

이 글을 쓰고 있는 현재 니파 바이러스를 치료할 수 있는 항바이러스제가 없기 때문에 치료는 보조적인 요법에 국한되고 있다. 니파 바이러스가 인간에서 인간으로 전파될 수 있기 때문에 감염된 사람이나 입원한 사람들이 다른 사람에게 바이러스를 확산시키지 않도록 예방하는 조치가 필요하다. 또한 감염 지역에 있는 사람들은 병든 돼지와 박쥐를 피하고 날대추야자 수액을 마시지 말아야 하다,

말에게 접종하는 헨드라 바이러스 대항 백신이 2012년 출시되었다. 이 백신은 니파 바이러스에 대한 항체도 생성하기 때문에, 곧 니파 바이러스 백신으로도 수정하여 사용할 수 있을 것으로 예상된다.

미래를 위한 교훈

"인간과 고릴라, 말과 다이커영양과 돼지, 원숭이와 침팬지와 박쥐
와 바이러스. 우리는 모두 한배를 탔다."

데이비드 쿼먼, 미국의 과학 및 자연 저술가

───

20년 전 니파 바이러스의 등장은 새로운 감염병이 난데없이 계속해서 나타날 수 있다는 사실을 소름끼치게 상기시켰다. 최근 《네이처》에 발표된 케빈 올리발Kevin Olival과 그의 동료들의 글 〈숙주 및 바이러스의 특징에서 포유류의 인간 전파를 예측한다〉에서는 인간에게 전파되는 포유류 바이러스의 온상으로서 박쥐를 집중 조명한다.

하지만 니파 바이러스는 동물과 인간 사이를 돌아다니는 아시아의 오랜 바이러스성 병원균인 광견병 바이러스나 일본뇌염 바이러

스Japanese encephalitis virus(JEV)처럼 인간에게 큰 영향을 미치지는 않았다. 이 두 바이러스는 우리 주변에 오랫동안 있어 왔고, 지리적 활동 범위가 바뀌지 않았기 때문에 새로운 병원균으로 여겨지지 않는다.

(니파 바이러스와 마찬가지로 박쥐에 의해 옮겨지는) 광견병은 매년 약 5만9000명의 사망자를 기록한다. 광견병에 감염된 동물에게 물리면 전파되며, 거의 모든 사례가 치명적이다.

웨스트나일 바이러스와 유사하게 모기를 매개로 하는 플라비바이러스인 일본뇌염 바이러스는 매년 대략 1만 명에서 1만5000명 정도의 사망자를 내고 있다. 일본뇌염 바이러스는 니파 바이러스와 마찬가지로 돼지가 인간 감염의 원인을 제공하는 경우가 많다.

광견병 바이러스와 일본뇌염 바이러스와 싸우고 있는 우리에게 좋은 소식은 이들 바이러스를 예방할 수 있는 아주 효과적인 백신이 있다는 것이다. 하지만 니파 바이러스와 마찬가지로 이 바이러스들에 대한 치료제가 시급하게 필요하다. 이들 또한 수의사, 생태학자, 역학자, 의사 등 여러 관련 분야로 구성된 연구 팀의 중요성을 강조하고 있다.

중증급성호흡기증후군SARS

"중증급성호흡기증후군은 이제 전 세계의 건강을 위협하고 있습니다. (.....) 전 세계는 그 원인을 찾아 병자를 치료하고, 확산을 멈추기 위해 함께 노력해야 합니다."

그로 할렘 브룬틀란 Gro Harlem Brundtland, 세계보건기구 사무총장(1998-2003)

"사스가 갑자기 사라졌습니다."

그로 할렘 브룬틀란

———

사스 대유행

사스처럼 끔찍한 대유행병이 그처럼 빠른 속도로 나타나고, 또 억제된 적은 없다. 2002년 11월에서 2003년 7월 사이에 유행한 사스는 중국에서 시작되어 금세 37개국으로 확산되었다. 8096명이 감염되었고, 그중 774명이 사망해 사망률은 9.6퍼센트를 기록했다. 2003년 3월 15일 당시 세계보건기구 사무총장이었던 그로 할렘 브룬틀란과 그녀의 팀은 새롭게 인지된 이 질병에 사스^{Severe Acute Respiratory} ^{Syndrome}(SARS)라는 이름을 붙였다. 그들은 또한 전 세계 보건 전문가에게 이 질병을 잠재우기 위해 함께 노력하자고 요청했다.

2003년 7월 9일, 4개월도 지나지 않아 이 임무는 완수돼 세계보건기구는 대유행병이 억제되었다고 선언했다. 기적에 가깝게도 2004년 이후 어디서도 사스 사례가 보고되지 않았다.

사스가 확산하고 억제되기까지의 전대미문의 속도는 현대 기술의 결과이다. 최초로 보고된 사스 사례는 2002년 11월 중국 광둥의 한 농부였다. 첫 번째 사례를 보고할 때 초기 대응 지연에 대해 많은 질타를 받은 중국 정부는 잠재적인 대유행병의 파괴력을 인지하기 시작했다.

그리고 다음 해 2월, 중국에서 출발한 항공편에 탑승한 미국인 사업가에게서 폐렴과 비슷한 증상이 나타났고, 하노이에 있는 프랑스병원에서 사망했다.

2003년 초 세계보건기구와 질병통제예방센터를 비롯한 보건 기관들이 인터넷에 유포한 중증독감 증상 보고서가 세계적인 주목을 받기 시작했다. SARS-CoV라는 신종 코로나바이러스coronavirus가 2003년 3월 말 대유행병의 원인이라는 사실을 밝힌 것이다. 이러한 과학 및 기술 업적 성취는 홍콩과 미국, 독일의 연구 팀들이 조화롭게 협력한 결과였다.

SARS-CoV의 기원에 관한 수수께끼 또한 놀라울 정도로 빠르게 해결되었다. 2003년 5월, 산 상태로 포획되어 광둥의 지역 먹거리 시장에서 판매되던 야생동물에게서 바이러스가 발견되었다. 미국 너구리와 주머니쥐의 잡종처럼 보이는 사향고양이가 감염된 것으로 판명되었으며, 신속한 대응 과정에서 1만 마리의 무고한 생명체가 살처분되고 말았다.

하지만 인간에게 SARS-CoV를 옮긴 동물 감염원을 찾는 데는 다소 시간이 걸렸다. 초기부터 박쥐가 의심을 받았으며, 2013년 중국 작은관박쥐Chinese horseshoe bat가 인간 SARS-CoV의 근원인 것으로 밝혀졌다.

SARS-CoV가 확산되는 방식(가까운 인간과 인간 사이의 접촉)과 전파 방법(기침과 재채기에 의해 퍼지는 호흡기 분비물) 역시 유행 초기에 명백해졌다. 2003년 2월, 홍콩 메트로폴호텔에서 유행이 시작되었는데, 최초 보고된 감염자는 중국 광둥 지방에서 온 감염된 의사였다. 회고분석에 따르면 광둥 지방은 병이 발생한 곳이었다. 그 의사가 '슈퍼전파자superspreader'로 여겨진 이유는 그가 호텔에 머무는 동안 다른 호텔 손님 16명을 감염시켰기 때문이다. 다른 손님들 역시 바이러스와 함께 캐나다, 싱가포르, 타이완, 베트남 등으로 향하는 비행기에 탑승했다.

SARS-CoV의 가장 놀라운 특징 중 하나는 병원 의료진에게 상대적으로 쉽게 전파되었다는 것이다. 질병 대부분은 환자에게서 병원 의료진에게로 감염될 위험이 낮지만, SARS-CoV는 예외였다. 예를 들어 토론토의 한 병원에서는 SARS-CoV에서 회복한 128명 중 37퍼센트가 그 병원의 직원이었다.

2004년 나는 홍콩대학교와 관련된 한 병원에 가세 퇴었는데, 그곳에서는 SARS-CoV에 관한 멋진 연구들이 진행되고 있었다. 몇 년 전 직원 다수가 사스 감염병에 걸려 그중 일부가 사망한 그 병원에서 구현된 높은 수준의 감염 통제 대책에 나는 크게 감명받았다.

적, 적이 노리는 것, 그리고 그 여파

SARS-CoV는 코로나바이러스과에 속하는 단일가닥 RNA 바이러스다. SARS 이전의 코로나바이러스는 심각하지 않은 수준의 호흡기 감염에만 관련되어 있었다. 리노바이러스rhinovirus와 함께 코로나바이러스는 감기를 일으키는 흔한 원인이다. (코로나바이러스는 다른 많은 동물도 감염시킨다. 개의 몸 안에서 '개 기관지염kennel cough'이라 불리는 전염성이 강한 상기도감염을 일으키기도 한다.)

사스의 초기 증상은 고열, 인후염, 기침, 근육통 등으로 독감과 비슷하다. 일부 사람에게서는 숨이 차는 증상이 나타나는데, 상기도(부비강과 목) 감염에서 폐 감염으로 이동할 때 일어난다. 사스 관련 폐렴이 주요 사망 원인이다.

중증 독감처럼 사스는 사이토카인폭풍을 일으킨다. 사이토카인 폭풍은 지나치게 활성화된 면역계에 의해 일어나는데, 심각한 장기 손상을 유발하거나 심할 경우 사망에 이르게 한다. 또한 독감과 유사하게 2차 세균 감염이 폐 안을 장악할지도 모른다. 이 역시 치명적일 수 있다.

치료와 예방

모든 바이러스성 감염이 그러하듯 항생제는 사스를 치료하는 데 효과가 없다. 하지만 폐에 2차 세균 감염이 발생한다면 도움이 될 수 있다.

사스에는 치명성과 전염성이 결합되어 있기 때문에 누구라도 사스에 걸렸다고 의심된다면 반드시 격리해야 하며, 가능하면 음압실에 격리되어야 한다. 일부 병원에서 볼 수 있는 음압실은 공기가 빠져나가지 않도록 설계되어 있다. 사스 대유행 초기 몇 달 동안 전 세계 병원에서 이를 비롯한 다수의 감염 통제 조치가 강화되었다. 현재 인간에게 안전한 사스 백신은 존재하지 않는다. 다행히 현재로서는 백신이 필요하지 않다.

미래를 위한 교훈

사스 대유행병은 놀랄 만큼 빠르게 진압되었지만, 사스의 위협은 여전하다. 2003년 초 조사 결과 너구리, 흰담비, 집고양이(그리고 물론 사향고양이) 등에서 바이러스가 발견되었다. 이들 중 일부에는 아직도 바이러스가 살고 있을지도 모른다. 그리고 인간 사스 바이러스의 온상인 중국작은관박쥐는 여전히 즐겁게 아시아의 하늘을 날아다니고 있다. 최근 중국의 박쥐 36종을 연구한 결과, 이들 가운데 약 6퍼센트가 사스와 유사한 코로나바이러스 10종 중 하나 이상을 지니고 있는 것으로 드러났다. 2017년 11월 중국의 바이러스학자 집단은 《플로스 패서전》에 윈난 지역의 한 외딴 동굴에 사는 소규모 작은관박쥐 무리에서 사스 바이러스의 모든 유전적 구성 요소를 발견했다고 보고했다.

사스 대유행은 새로운 감염병에 신속하고 적극적으로 내처하는 것이 전 세계인의 건강은 물론이고 지역 및 국가 경제에 필수적이라는 사실을 보여 주었다. 2003년 2월 23일 홍콩에서 온 감염 여행객이 토론토에 도착한 뒤, 도시는 사실상 단기간 동안 문을 내렸다. 토론토에서 소요한 최종 비용은 10억 달러였다. 그리고 사스 대유행병이 국제 경제에 미친 총비용은 540억 달러로 추정된다.

코로나19 바이러스

2020년 1월, 이 책의 교정쇄를 검토하고 있을 때 중국 당국은 우한 지역에서 폐렴 환자 59명이 발생했다고 세계보건기구에 보고했다. 2019년 12월 초 박쥐, 마멋, 뱀, 가금류 등을 파는 동물 시장에서 발병이 시작된 것으로 조사되었다. 2020년 1월 11일 첫 번째 사망 사례가 보고되었다. 그리고 놀랍게도 같은 날 중국 연구원들은 2019-nCoV라는 신종 코로나바이러스의 유전체 서열을 밝혀냈다고 보고했다.

1월 22일까지 총 555건의 사례가 확진되었고, 바이러스는 중국의 몇몇 도시뿐 아니라 태국, 일본, 한국 등으로 확산되었다. 미국에서는 1월 21일 최초 사례가 보고되었다. 우한에서 시애틀로 온 여행객이었다.

1월 24일 중국의 세 도시(그리고 1800만 명)가 봉쇄되었고, 미국에서는 공항 다섯 곳에서 감시가 실시되었다. 세계보건기구가 아직 '국제적으로 우려할 만한 공중보건 비상사태'를 선언하지는 않았지만, 질병통제예방센터가 응급대책 시스템을 가동시킨 것이다(세계보건기구에서는 2020년 3월 11일 코로나19 감염증에 대한 공중보건 비상사태를 선포했다—옮긴이). 중국 정부는 발병에 대응하기 위해 우한에 새 병원을 짓기 시작했다. 6일 만에 완공하려는 계획이었다. 사스 대유행 당시 전 세계 보건 전문가들이 놀라운 속도로 대처하긴 했지만, 이 새로운 바이러스에 대한 초기 대응은 더 빠르게 진행되는 듯하다.

10

이곳에서는 숨 쉬지 마세요

"물과 공기, 그리고 청결함은 우리 약국의 주요 품목이다."

나폴레옹 보나파르트 Napoleon Bonaparte

누구나 공기가 기체의 혼합물이라는 사실을 안다. 하지만 우리가 숨 쉬는 공기에는 바이오에어로졸bioaerosol이라는 입자가 가득하다. 바이오에어로졸은 미생물(주로 바이러스), 그리고 그들이 생산하는 고체와 액체를 포함하는 공기 중 입자의 부유물이다. 우리는 이미 천연두, 독감 바이러스, SARS-CoV 등 몇 가지 매우 위험한 바이오에어로졸에 관해 알아보았다. 인간에게 질병을 일으키는 바이러스, 박테리아, 곰팡이 중 다수는 공기를 통해 인간에게서 인간으로 전파된다. 이것들은 보통 기침이나 재채기를 통해 배출된다. 재채기 한 번에 수백만 개의 작은 물방울이 시속 약 300킬로미터의 속도로 몸 밖으로 날아간다. 그렇게 배출된 미생물은 자유입자처럼 혼자 돌아다니거나 물방울 안에 있으면서 일반적인 방의 길이만큼 이동한다.

하나의 물방울에는 수만 마리의 미생물이 들어갈 수 있다. 바이러스가 매우 작다는 사실(지름이 약 0.02~0.30마이크로미터, 1센티미터는 1만 마이크로미터)을 떠올려 보라. 박테리아가 조금 더 크긴 하지만 보통 지름이 2마이크로미터 정도일 뿐이다.

이 장에서는 공기로 감염되는 2가지 신종 병원균을 상세하게 알아볼 것이다. 새롭게 나타나 우리를 위협했던 바이러스(MERS-CoV)와 약 40년 전 필라델피아에서 정체가 드러난 박테리아이자 레지오넬라병을 일으키는 레지오넬라 뉴모필라다.

중동호흡기증후군MERS

"알라를 믿으라. 하지만 낙타는 묶어 둘 것."

아라비아 속담

———

메르스 유행

사스가 사라지자마자(그리고 우리가 치명적인 코로나바이러스의 최후를 보았다는 희망이 떠오르자마자), 2012년 6월 12일 사우디아라비아 제다의 병원에서 한 환자가 사망했다. 이는 메르스(MERS)로 알려지게 된 중증호흡기질환Mideast Respiratory syndrome의 최초 공인 사례다. 원인은 MERS-CoV라는 또 하나의 새로운 코로나바이러스이다.[1] 메르스 유행병은 유행병의 탄생과 진화에서 지리적 중요성을 강조하고 있다. 사우디아라비아에서 첫 번째 사례가 확인된 때는 2012년 6월이었지만, 그해 4월에 13명의 환자가 발생한 것으로 소급하여 인정받았다. 그 이후 중동의 모든 국가에서 발병 사례가 확인되었다. 중동 이외 17개국에서 메르스로 진단된 사례들 모두 해당 지역에서 돌아온 여행객에게서 발생했다.

2018년 8월, 27개국에서 2229건의 메르스 사례가 보고되었다. 사망률은 35퍼센트였다. 최초로 질병이 확인된 사우디아라비아가 전체 사례의 83퍼센트를 차지했다. 고령이거나 만성 폐질환, 당뇨병, 신부전을 비롯한 다른 심각한 건강상의 문제가 있는 환자의 경우에는 치명적인 감염으로 발전할 위험이 증가한다.

일반적으로 메르스는 사스와 마찬가지로 감염된 사람과 밀접한 접촉을 하는 경우 전염된다. 역시 사스와 마찬가지로 병원을 기반으로 다수의 사례가 발생했다. 지금까지 중동 이외 지역에서 가장 많이 발생한 나라는 한국으로, 2015년 16개 병원에서 186건이 발생했다. 5명의 슈퍼전파자로 인한 전파로 특징되는, 병원에서 발생한 초대형 확산 사건이었다. 이 가운데 한 사례에서는 밀집한 응급실 내에 있던 1명의 감염자로부터 82명에게 전염되었다. 다행히도 이 전파는 이제 종식되었다.

병원 외부에서 메르스가 확산하는 경우는 흔치 않았기 때문에 전체 인구에 미치는 위험도는 낮게 여겨졌다. 매년 하지(메카를 향해 떠나는 무슬림의 순례)에 200만 명에서 300만 명이 사우디아라비아의 아주 작은 지역에 모여 든다는 사실을 고려하면 다행이었다. 지금까지 하지와 관련된 발생은 없다.

메르스는 사스와 여러 측면에서 동일한 특징을 가지지만(가장 주목할 만한 것으로는 생명을 위협하는 중증 폐렴에 걸린다는 점이다), 인상적인 차이 하나는 바이러스가 서식하는 동물이다. SARS-CoV를 도와주는 주범은 박쥐지만, MERS-CoV는 낙타에게 어떠한 해도 끼치지 않으면서 낙타의 몸에서 살며 번성하고, 번식한다. 유행병으로 가장 큰 타격을 받은 사우디아라비아의 연구원들은 MERS-CoV가 돌연변이를 일으켜 인간에게 전파되기 오래전부터 낙타 안에서 살았다고 믿는다. 또한 MERS-CoV는 동물에서 인간으로 한 번 이상 이동했을 것으로 여겨진다.

바이러스가 정확히 어떻게 낙타에서 인간으로 이동했는지는 명확하지 않다. 실제로 낙타에 노출된 경험이 있는 메르스 환자는 비교적 적다. 사우디아라비아에서 인기가 많은 음료인, 저온 살균을 하지 않은 낙타 우유 소비와 관련이 있을지도 모른다. 인간에게서 인간으로 질병이 이동한 방식은 보다 명확하다. 메르스는 주로 공기 중의 물방울을 통해 이동한다. MERS-CoV에 의해 오염된 표면과 접촉했을 때 감염되었을 가능성도 있다.

적, 적이 노리는 것, 그리고 그 여파

메르스는 최초 사례가 확인된 제다의 병원에서 일하는 저명한 바이러스학자 알리 모하메드 자키[Ali Mohamed Zaki]에 의해 발견되었다. SARS-CoV와 마찬가지로 MERS-CoV도 베타코로나바이러스[Betacoronavirus]속의 단일가닥 RNA 바이러스다. 또한 폐의 기도에 있는 세포와 강한 관련이 있다. 중국 연구원의 최근 보고서에 따르면 MERS-CoV도 T림프구라는 면역계 세포를 감염시켜 죽인다고 한다. (4장에서 이들 세포가 적응면역에서 얼마나 중요한 역할을 하는지 설명한 것을 기억하기 바란다. 이는 MERS-CoV가 왜 그렇게 위험하고 치명적인지에 대한 이유가 될 수 있다.)

메르스는 최대 12일 동안의 잠복기 후에 발병한다. 어떤 사람에게서는 아무런 증상이 나타나지 않고, 또는 흔히 볼 수 있는 감기와 유사하게 호흡기에 가벼운 문제만 나타나기도 한다. 하지만 꽤 심각한 증상에 시달리는 사람도 있다. 감염된 사람들은 일반적으로 발열과 기침, 숨 가쁨을 경험하며 1주일 안에 폐렴으로 발전할 수 있다. 설사 같은 위장 증상도 나타날 수 있다. 병에 걸린 사람의 절반 정도는 중증호흡기질환을 경험하고, 앞서 언급한 대로 3분의 1 이상이 사망한다. 메르스가 치명적으로 발발할 때의 증상들은 대부분 심혈관허탈과 신장 쇠약, 폐질환 등으로 나타난다.

치료와 예방

현재까지 메르스에 대한 특별한 약물 치료나 백신은 존재하지 않는다. (2018년 INO-4700 또는 GLS-5300이라고 불리는 최초의 백신에 대한 임상 시험에서 가능성 있는 결과가 보고되었다.) 주로 지지적 치료 supportive care로 환자를 돌보며, 폐 증상이 심각한 경우 중환자실에서 인공적으로 호흡과 폐 기능 보조를 해 줘야 한다.

주요 예방 및 통제 조치는 수술용 마스크를 착용하여 비말에 노출되지 않게 하는 것이다. 메르스와 사스, 그리고 기타 중증호흡기 바이러스 감염병은 주로 병원에서 확산되기 때문에 병원 종사자들이 정확히 어떤 유형의 마스크를 착용해야 하는지에 많은 관심이 쏠리고 있다. (병원에서 일하거나 수술용 마스크 선택에 대하여 이모저모 관심이 많다면 세계보건기구, 질병통제예방센터, 사우디아라비아 보건부 웹페이지를 방문해 보라.) 메르스 환자의 병실에 들어갈 때는 가운 및 장갑을 착용하고, 병실을 나갈 때 벗는 것을 추천한다. 메르스 환자들은 바이러스가 통제되도록 음압실에 격리되어야 한다.

당연한 말이지만 저온 살균을 하지 않은 낙타 우유를 마시면 안 된다. 또한 중증 또는 만성적인 건강 문제가 있다면 되도록 낙타를 피하는 편이 현명하다.

MERS-CoV에 감염된 낙타는 비염에 걸리거나(콧물이 흐름), 감염되었다는 징후가 전혀 나타나지 않을 수도 있다. 세계보건기구, 질병통제예방센터, 사우디아라비아 보건부는 낙타와 함께 일하는 사람들을 위한 안전 지침서를 개발했다. (낙타 고기가 미국의 식단에 점점 자주 등장하고 있는 추세다. 그리고 상업용 낙타 사육업이 아직은 아주 작은 규모이지만 성장하고 있다.)

미래를 위한 교훈

"모든 것은 지리와 관련되어 있다."

주디 마츠 Judy Martz, 전임 몬태나 주지사

———

메르스 유행의 초기 몇 년 동안 많은 사실이 밝혀졌지만, 여전히 많은 질문에 대한 답은 찾지 못한 채 남아 있다. MERS-CoV는 정확히 어디서 왔을까? 잠재된 면역 메커니즘은 어떤 것일까? 효과적인 백신을 개발할 수 있을까? 항바이러스제는 개발할 수 있을까? 그리고 아마도 가장 중요한 질문일, MERS-CoV의 유전자에서 돌연변이가 일어나 공기를 통하여 인간에서 인간으로 쉽게 전파되는 바이러스가 나타날 수 있을까? 그런 일이 일어난다면, 그때 우리는 대유행병을 해결할 수 있을까?

MERS-CoV를 비롯해 8장에서 논의한 바이러스에 관한 내용을 읽고 나면, 병원이나 응급실에 접수할 때 "최근 3개월 동안 외국에 다녀온 적이 있습니까?"라는 질문을 들어도 놀라지 않을 것이다. 이런 질문은 필수적이다. 사실 내가 일을 시작했을 때만 해도 나를 포함한 동료들은 의료 노동자들이 어떤 감염병이 전파될 때 지리가 하는 역할을 이해하지 못하고 있다는 사실에 자주 놀랐다. 다행히도, 오늘날 모든 훌륭한 의료 전문가들은 비행기를 한 번만 타면 갈 수 있는 곳에 생명을 위협하는 감염이 존재할 수 있다는 사실을 잘 이해하고 있다.

레지오넬라증

"레지오넬라증의 경우, 훗날 다수의 보건 관료들은 뉴스 미디어의 지속접인 압력이 다른 미해결 사건에서는 거의 아무런 일을 하지 않았던 과학자들을 자극하는 데 도움이 되었다고 말한다. 다시 한 번 면밀히 들여다봄으로써 레지오넬라증 발생을 해결한 것이다."

런스 올트먼Lawrence Altman, 《뉴욕 타임스》 과학 필자

————

레지오넬라증 유행

메르스와 마찬가지로 레지오넬라증Legionnarires' Disease은 폐가 감염되는 질환으로, 폐렴의 한 유형이다. 그리고 메르스를 일으키는 바이러스와 마찬가지로 레지오넬라증을 일으키는 박테리아인 레지오넬라 뉴모필라Legionella pneumophila는 바이오에어로졸 형태로 폐에 들어간다. 하지만 레지오넬라증의 경우, 문제의 박테리아가 인간에서 인간으로 전파되지는 않는다. 레지오넬라 뉴모필라의 원천은 오염된 물이다.

폐렴은 미국에서 여덟 번째로 높은 사망 원인이다. 그리고 아이들에게는 세계에서 가장 치명적인 감염병이다. 박테리아는 폐렴을 일으키는 가장 흔한 미생물이지만, 레지오넬라증을 포함하여 박테리아성 폐렴 대다수는 전염되지 않는다. 다른 사람을 통해 감염되지는 않는다는 것이다. (한 가지 주목할 만한 예외가 있다면 결핵을 일으키는 박테리아인 결핵균이다. 결핵균은 병에 걸린 사람의 기침이나 재채기를 통해서만 전염된다.)

영국으로부터 독립을 선언한 지 200주년이 되는 1976년 7월에 여러분이 살아 있었다면, 미국 전역에서 펼쳐졌던 수많은 기념 축

제가 떠오를지도 모르겠다. 하지만 제58회 미국재향군인대회에 참
석하기 위해 필라델피아에 모인 제2차 세계대전 재향군인 4000명
가운데 1명이거나, 이들의 가족이나 친구라면 그다지 즐겁지만은
않았을지도 모른다.

7월 4일 행사가 끝난 지 얼마 지나지 않아 대회 참가자 다수가 묵
었던 벨뷰스트랫퍼드호텔과 연관된 폐렴이 발생했다. (이러한 연관
성 때문에 '재향군인병'이라는 이름이 붙었다.) 182명이 병에 걸렸고
29명이 사망했다. 감염된 사람 중 일부는 실제로 호텔에 간 적이 전
혀 없었는데, 이는 박테리아가 외부 공기를 통해 확산되었다는 것
을 의미한다.

그해 12월 레지오넬라증의 원인이 판명되었다. 이전에는 인지하
지 못한, 폐렴을 일으키는 박테리아였다. 추가 조사 결과 그 박테리
아는 호텔의 냉난방 시스템 안에 사는, 공기를 매개로 전파하는 병
원균으로 밝혀졌다. 레지오넬라증 발생 이면의 수수께끼를 해결한
일은 현대 역학과 미생물학의 가장 주목할 만한 성취 중 하나다.

후향 연구에 따르면 초기에 유사 출현 사례가 적어도 두 차례 있
었다. 첫 번째로 알려진 유행은 1957년 여름 미네소타주 오스틴에
있는 호멜 육류포장 공장에서 발생했다. 1968년에는 미시간주 폰티
액에서 또 다른 사례가 있었다. 당시 원인을 알 수 없는 유행병에는
폰티액 열병이라는 이름이 붙었다. 이 유행병들은 보통 입원하지
않아도 알 수 없는 이유로 저절로 낫는 특징이 있었다.

1976년 이후 서구 세계 전반에서 레지오넬라증이 수차례 소규
모로 발생했다.[2] 대부분 냉각탑, 냉난방 및 배수 시스템, 온수 욕조,

욕실, 인공호흡기, 분무기, 장식용 분수에서 흩어지는 오염된 물과 연관이 있었다. 발병의 시작은 호텔, 유흥 시설, 배관 시스템과 병원의 샤워 시설에서였다.

또한 레지오넬라증을 일으키는 박테리아는 마시는 물, 특히 염소 처리가 되어 있지 않은 물에서 생존한다. 발병은 여름철과 홍수가 났을 때 가장 많이 일어난다. (레지오넬라증 발병 위험은 날씨가 따뜻해지고 습기가 많을 때 높아진다.)

레지오넬라증의 발병을 촉발하는 위험 요인은 흡연을 하는지, 나이가 50세 이상인지, 만성 폐질환에 시달리는지, 면역계가 손상되었는지 등이다.

미국에서 레지오넬라증은 모든 폐렴 사례의 2~9퍼센트를 차지하고, 약 8000명에서 1만8000명의 레지오넬라증 환자가 매년 입원한다. 하지만 전문가들은 이 수치가 너무 적게 추산되었다고 생각한다.

레지오넬라증의 사망률은 5퍼센트에서 30퍼센트 사이다. 하지만 병원에서 감염된 레지오넬라증의 사망률은 28퍼센트에서 50퍼센트에 이른다.

1995년과 2005년 사이에 3만2000건의 레지오넬라증(그리고 600건 이상의 유행성 발병)이 유럽 레지오넬라 감염실무그룹European Working Group for Legionella Infections에 보고되었다. 이 중 다수는 지중해 지역의 특정 호텔과 관련이 있었다. 세계 최대 규모의 레지오넬라증 유행이 2001년 7월, 스페인의 무르시아에 있는 한 병원에 환자들이 등장하던 때 일어났다. 결과적으로 449건이 확진되었고 1만6000명 이상이 박테리아에 노출되었다.

　레지오넬라증의 위험은 해가 지나면서 꾸준히 상승해, 2000년과 2009년 사이에 192퍼센트 증가했다. 2015년에만 사우스브롱크스호텔(128건), 일리노이 퀸시 참전용사의 집(46건), 노던캘리포니아 샌쿠엔틴 주립 교도소(56건) 등에서 발병 사례가 보고되었다. 이미 납으로 오염된 물 때문에 고통받던 미시간주 플린트에서는 2014년 6월에서 2015년 10월 사이에 적어도 87명이 레지오넬라증에 걸렸다. 이 감염의 원인은 알려지지 않았다.

　2016년 9월 미니애폴리스의 우리 집에서 불과 몇 킬로미터 떨어지지 않은 미네소타주 홉킨스에서 23건의 레지오넬라증 발병이 보고되었다. 한 달이 지나지 않아 발병의 원인이 밝혀졌다. 레지오넬라로 가득한 냉각탑이었다. 그리고 1년 뒤 디즈니랜드는 테마파크를 방문했던 사람들이 레지오넬라증에 걸리자 냉각탑 두 곳의 가동을 중지했다.

　레지오넬라증이 발생했다는 보도가 미국 전역에서 시도 때도 없이 튀어나왔다. 질병통제예방센터에 따르면 2000년 이후 매년 레지오넬라증 사례가 5배 이상 증가하고 있다. 무엇이 원인일까? 레지오넬라증에 대한 인식과 진단 검사 수 증가도 요인일 수 있다. 하지만 인구의 고령화와 기후변화가 주요 원인인 것으로 여겨지고 있다.

적, 적이 노리는 것, 그리고 그 여파

1976년 7월 필라델피아에서 발생한 유행은 당시 과학자들을 당황시켰다. 그 원인을 파악하지 못했기 때문이다. 불만이 너무 커지자 그해 11월 국회에서 청문회가 열렸다. 질병통제예방센터에서 세포 내부에서 자라는 리케차rickettsia라는 박테리아의 전문가인 조지프 맥데이드Joseph McDade 박사를 참여하게 한 것은 행운이었다. 1976년 12월 28일 맥데이드 박사는 이전까지 알려지지 않았던 박테리아를 발견했다. 이 박테리아는 폐 대식세포에 살면서 번식하는 능력이 있는 '레지오넬라 뉴모필라'로 알려졌다.

레지오넬라 뉴모필라는 물을 좋아하는 것이 (그리고 물을 필요로 하는 것이) 분명하다. 하지만 레지오넬라 뉴모필라가 가장 좋아하는 서식지는 다른 미생물의 내부이며, 아메바를 포함해 물을 좋아하는 원생생물 사이에서 공생 관계를 이루며 산다. 레지오넬라 뉴모필라는 수도관이나 샤워기 같은 다양한 유형의 배관 표면에 달라붙은 생물막biofilm 아래, 원생생물들 안에 웅크리고 있다. 생물막이 어떻게 만들어지는지 정확한 메커니즘은 이해할 수 없지만, 레지오넬라 박테리아가 아메바 내부에서 동거하는 것과 관계가 있어 보인다. 이러한 친밀한 관계는 박테리아에게도 도움이 된다. 생물막이 면역계 세포의 공격으로부터 박테리아를 숨겨 줄 뿐 아니라 열도 막아주기 때문이다. (수도관은 수백만 마리의 박테리아로 가득하다. 스웨덴 룬드대학교의 캐서린 폴Catherine Paul은 이러한 생태계를 연구하며, 수도관 안에 최소 2000가지의 서로 다른 박테리아 종이 살고 있다는 사실을 알아냈다. 다행히도 거의 모든 박테리아가 무해하며, 일부 박테리아는 물을 정화시켜 주기도 한다.)

레지오넬라속은 현재 58가지 서로 다른 박테리아 종으로 구성된다고 알려져 있다. 그중 최소 6종(레지오넬라 뉴모필라, 레지오넬라

롱비채$^{L.\ longbeachae}$, 레지오넬라 믹다데이$^{L.\ micdadei}$, 레지오넬라 필레이 $^{L.\ feeleii}$, 레지오넬라 아니사$^{L.\ anisa}$)이 레지오넬라증을 일으킬 수 있다. 이들 중 첫 번째인 레지오넬라 뉴모필라는 가장 흔히 볼 수 있는 레지오넬라증의 원인이다.

레지오넬라 박테리아는 대부분 액체 환경에서 살지만, 레지오넬라 롱비채 같은 일부 종들은 습기가 많은 정원의 흙에서도 발견된다. 이 종은 호주에서 발생하는 레지오넬라증의 주된 원인인 것으로 보인다.

레지오넬라는 일반적으로 뜨거운 것을 좋아한다. 섭씨 50도에서 몇 시간 동안 견딜 수 있으며, 섭씨 20도 이하에서는 번식하지 않는다. 성장에 가장 좋은 온도는 섭씨 36도에서 36.5도 사이로 기본적으로 인간의 체온과 같다. 2일에서 14일 동안 잠복기를 거친 뒤 발열, 오한, 근육통이나 관절통, 기운이 없고 입맛이 없어지는 증상을 일으키며, 감염된 사람의 절반 정도는 기침이 심해져 가래가 나온다. 심호흡을 하거나 기침을 하면 가슴이 찢어질 듯한 통증을 느끼는 사람도 있다. 두통이나 의식 상태 변화, 발작 같은 신경학적 징후만큼이나 설사, 메스꺼움, 구토, 복통 등의 위장 증상 역시 흔하게 나타난다.

레지오넬라증 환자의 흉부 엑스레이와 백혈구 수치는 대개 일반적인 폐렴 환자와 구별되지 않는다. 하지만 지금은 레지오넬라 박테리아를 감지할 수 있는 소변검사가 있으며, 대상자의 가래를 배양해 파악할 수도 있다.

치료와 예방

레지오넬라는 박테리아이기 때문에 항생물질을 사용해 효과적으로 치료할 수 있다. 하지만 페니실린이나 페니실린 유사 항생물질은 폐 내부의 폐 대식세포 같은 세포 안으로 들어가지 못하기 때문에 효과가 없다. 현재 아지트로마이신azithromycin이나 레보플록사신levofloxacin이 추천되고 있는데, 둘 다 세포를 관통하는 능력이 있다. 이미 다른 질환이 있거나 면역계가 제대로 작동하지 않는 환자들에게는 확장된 치료 과정이 권장된다. 발병 중에는 비록 증상이 나타나지 않더라도 피해 지역에 거주하며 질병에 걸릴 위험이 높은 사람에게 예방 항생제를 투여하는 경우가 많다.

레지오넬라증에 대한 백신이 아직 없기 때문에, 예방의 핵심은 박테리아가 많은 시간을 보내며 성장하는 곳을 청소하는 것이다. 안타깝게도 레지오넬라가 상대적으로 높은 기온을 잘 견디고, 자신을 보호해 주며 결합력이 강한 생물막 아래에서 산다는 것을 고려할 때 이마저도 쉽지는 않다.

미래를 위한 교훈

"우리는 대부분 물은 그저 수도꼭지에서 흘러나오는 것이라고 생각하며, 이 접점 이면에 있는 그 무언가에 관해서는 거의 생각하지 않는다. 우리는 자연의 강과 습지의 복잡한 작용, 물이 지탱하는 생명의 복잡한 관계에 대한 존경심을 잃고 말았다."

샌드라 포스텔Sandra Postel, 세계물정책프로젝트 창립 이사

———

제2부 · 인간의 적

우리는 대개 마시고 씻는 물을 당연한 것으로 생각하며, 물이 지탱하는 믿기 어려울 정도로 놀라운 미생물 생태계에 대해서는 거의 생각하지 않는다. 레지오넬라증 출현처럼 무언가가 잘못되기 전까지는 말이다.

무엇보다 성가신 문제는 (특히 위중한 사람들이 많은 병원의) 배수관에 있는 생물막 근절이다. 설문조사에 따르면 레지오넬라종은 전체 병원 중 12~70퍼센트의 온수 분배 시스템에 서식한다. 배관 시스템에서 생물막이 형성되는 것을 예방하는 데(또는 깨뜨리는 데)는 절대적으로 신기술이 필요하다.

필라델피아에서 발생했던 레지오넬라증 유행에서 얻을 수 있는 중요한 교훈은 냉난방 시스템과 냉각탑이 호화로운 호텔 사용자들에게 위협이 된다는 점이다. 다른 새로운 감염병들과 마찬가지로 레지오넬라증은 현대 기술의 산물이다.

1976년 레지오넬라증이 발생하기 이전에는 전혀 알려지지 않았던 병원균 레지오넬라 뉴모필라의 발견에서 우리가 얻을 수 있는 중요한 메시지는, 새로운 감염병이 언제 어떻게 등장할지에 대해 실제로 거의 알지 못한다는 것이다. (MERS-CoV에 대해서도 똑같은 이야기를 할 수 있을 것이다.) 지금으로서는 계속해서 예기치 않은 상황을 예상할 수밖에 없다.

11

숲속의 미생물

———

"숲은 아름답고, 어둡고, 깊다. 하지만 내게는 지켜야 할 약속이 있고, 잠들기 전에 가야 할 먼 길이 있다."

로버트 프로스트 Robert Frost

숲은 아름다울지는 몰라도, 셀 수 없이 많은 진드기의 보금자리이자 위험한 미생물들의 집이기도 하다.

1922년 로버트 프로스트가 그 유명한 시 〈눈 내리는 저녁 숲가에 멈춰 서서〉를 쓸 때 진드기와 미생물을 염두에 두지는 않았을 것이다. 사실 당시에는 이 장에서 논의하는, 진드기에 서식하는 미생물에 대한 인식조차 없었다.

진드기에는 899가지 종이 있다고 알려져 있다. 다행히도 이들이 인간을 감염시키는 병원균을 옮기는 경우는 아주 드물다. 사실 진드기는 수많은 동물의 필수적인 먹거리로서 중요한 역할을 한다.

이 장에서는 참진드기속^{Ixodes}에 속하는 종을 집중적으로 알아볼 것이다.[1] 이 진드기는 인간에게 큰 문제를 일으킨다. 참진드기를 없앨 수만 있다면 호모 사피엔스에게 커다란 축복이 될 것이다. 특히 등빨간긴가슴잎벌레 진드기$^{Ixodes\ scapularis}$는 탁월한 출발점이 되어준다. 등빨간긴가슴잎벌레에는 박테리아 병원균 3종, 바이러스성 병원균 2종, 원생동물 1종 등 6종의 미생물이 살 수 있다. 모두 인간에게 엄청난 고통을 야기하는 미생물들이다. 이 장에서는 이들 미생물 포식자 중 3가지에 대해 알아보도록 한다.

라임병

"라임병은 나를 짜증나게 한다."

진 브라하$^{Jeanne\ Braha}$, 미국과학발전협회 대중참여프로젝트 감독

라임병 유행

라임병Lyme disease으로 알려진 증후군이 발견된 때는 1975년이다. 예일대학교와 질병통제예방센터 연구 팀이 코네티컷주 올드라임에서 수수께끼 같은 발병 원인을 조사하고 있을 때였다. 2명의 어머니는 자신의 아이들과 인근 마을 사람들에게 발생한, 원래는 아동 류머티스 관절염으로 불렸던 특이한 사례군을 깊이 우려하고 있었다.

앨런 스티어Allen Steere 박사, 데이비드 스니드먼David Snydman 박사, 스티븐 말라위스타Stephen Malawista 박사 등을 포함한 연구진은 서서히 단서들을 연결하기 시작했다. 그들은 증상(관절염, 이동 홍반이라 불리는 독특한 피부 발진, 신경학적 문제, 심장병)과 지리적 분포(처음에는 북동부에서 발생했으나 결국 50개주 전체로 확산되었다), 원인이었던 진드기의 종(동부 해안과 중서부 지역에서는 등빨간긴가슴잎벌레진드기, 로키산맥 서부 지역에서는 서부검은다리 진드기Ixodes pacificus), 병이 잠복하고 있는 동물(흰발생쥐와 흰꼬리사슴) 등을 파악했다.

획기적인 돌파구가 열린 것은 1980년 로키산 생물학연구소의 위생곤충학자 윌리 버그도퍼Willy Burgdorfer가 뉴욕 셸터아일랜드에서 자신에게 보내진 진드기에서 특이한 나선상균(독특한 나선형 모양 박테리아)을 발견하면서였다. 1년 뒤, 나선상균은 라임병의 원인으로 판명되었다. 지금까지 알려지지 않던 박테리아 종에는 버그도퍼를 기리기 위하여 보렐리아 버그도페리Borrelia burgdorferi라는 이름이 붙여졌다.

지난 40년 동안 라임병의 전체적인 그림이 드러났다. 예를 들어 보렐리아 버그도페리는 새로운 발견이 아닌 것으로 알려졌다. 실제로 라임병은 수천 년 동안 세계 도처에서 발생했다. 1991년 알프스에서 발견된 5300년 전의 미라 '아이스맨 외치Ötzi the Iceman'를 2010년 부검한 결과, 그의 몸에서 보렐리아 버그도페리 DNA가 발견되었다. 이로 인해 외치는 우리가 알고 있는 최초의 라임병 환자가 되었다.

미국 대부분 지역에서 라임병은 주로 등빨간긴가슴잎벌레 진드기(검은다리 진드기)에 의해 전파된다. 애벌레, 유충, 성충 등 각기 다른 성장 단계에서 진드기는 서로 다른 동물 종의 몸에 서식하는데, 모든 단계에서 혈액을 양분으로써 섭취한다. 성충이 된 진드기는 사슴에게서 양분을 얻는다. 그래서 미국에서는 등빨간긴가슴잎벌레 진드기를 보통 사슴진드기라고 부른다. (유럽에서는 주로 익소드 리시너스Ixodes ricinus, 즉 양진드기에 의해 라임병이 확산된다.)

사람은 대부분 성체가 된 진드기와 맞닥뜨린 경험이 있지만, 유충 단계의 진드기는 보기 드물다. 진드기의 유충은 그 크기가 이 문장의 끝에 있는 마침표와 비슷한데, 그것이 문제이다. 보렐리아 버그도페리를 인간에게 전파하는 진드기는 유충 단계로, 주요 숙주는 흰발생쥐이다.

매년 약 3만 건의 새로운 라임병 사례가 질병통제예방센터에 보고된다. 하지만 전문가들은 대개 이 수치가 지나치게 과소평가된 것이라고 믿는다. 미국에서는 매년 아마도 30만 명은 족히 넘는 사람들이 감염되고 있으리라 추측된다. 감염 위험도는 늦은 봄과 여름에 가장 높아지는데, 사람들이 숲에서 가장 많이 돌아다녀 유충 상태의 진드기가 무고한 행인에게 달라붙기 수월한 시기라는 점을 생각하면 전혀 놀랍지 않다. (진드기는 사실상 앞을 보지 못하지만 후각이 예민해서 사람들이 숨을 내뱉을 때 방출하는 이산화탄소를 인식한다.)

참진드기들은 미국 전역에서 발견되지만 라임병 사례의 99퍼센트는 동부 해안, 북동부, 중서부 북부 지역에서 발생한다. 2018년 7월《뉴잉글랜드 의학저널》에 실린 〈진드기가 매개하는 질병: 증가하는 위협과 대면하기〉에서 보고된 것처럼, 참진드기를 비롯한 여러 진드기들이 매개하는 질병의 발생 사례가 놀라운 속도로 증가하고 있다.

적, 적이 노리는 것, 그리고 그 여파

라임병은 보렐리아속에 속하는 박테리아에 의해 발병한다. 보렐리아에는 약 20가지의 종이 있는데, 그중 3종이 라임병을 일으킨다. 보렐리아 버그도페리(주로 북미에 서식하지만 유럽에도 산다), 보렐리아 아프젤리*B. afzelli*(유럽과 아시아), 보렐리아 가리니*B. garinii*(유럽과 아시아)가 그것이다. 2016년 메이오 클리닉의 연구원들은 또 다른 박테리아 종인 보렐리아 메이오니*Borrelia mayonii*를 발견했는데, 이 또한 라임병을 일으킨다.

감염된 진드기에 물리면 라임병 증상이 나타나기 전까지 1~2주의 잠복기를 거친다. (감염된 사람의 약 7퍼센트는 아무런 증상을 보이지 않는데, 유럽에서 발생할 때 이런 경향이 더 높게 나타난다.) 초기 감염의 전형적인 징후는 진드기에 물린 부위에서 발생하는 둥근 형태의 외부팽창성 이동 홍반*erythema migrans*(EM)이다. 하지만 이 발진은 감염된 사람의 70~80퍼센트에서만 발생하며, 발진이 일어나지 않으면 오진으로 이어질 수 있다. 발진이 없다고 해서 병이 진행 중이 아니거나, 나중에 증상이 나타나지 않는다는 보장은 없다. (유럽 환자들에게서는 때때로 귓불, 유두, 음낭 등에 자주색 피부 발진이 일어나는 보렐리아 림프구종이 발견된다.) 감염된 사람들은 발열이나 두통, 근육통, 피로처럼 독감과 유사한 증상을 경험하기도 한다.

감염된 후 며칠에서 몇 주 내에 나선상균은 혈류를 통해 신체의 다른 부위로 이동할 수 있다. 감염된 사람의 10~15퍼센트 정도에서는 라임병이 신경계를 공격해 신경보렐리아증이라는 신경학적 문제가 일어난다. 안면 마비(얼굴 한쪽 또는 양쪽의 근긴장 소실), 수막염(뇌를 감싸는 막에 생기는 염증), 뇌염(뇌 자체에 생기는 염증) 등이 이러한 문제의 예다. 박테리아는 심장의 전기전도시스템에 머무르며 비정상적인 심장박동을 일으키기도 한다.

치료를 받지 않았거나 부적절한 치료를 받은 경우 말기확산질환 late disseminated disease으로 발달할 수 있다. 이 질환은 뇌, 신경, 눈, 심장, 관절 등 신체 여러 부위에 영향을 미치는 중증 만성 증상을 특징으로 한다. (라임 관절염으로 알려진) 무릎 등의 관절 문제는 전체 환자의 10퍼센트 이하에서 발생한다. 주로 유럽의 노인들에게 만성위축성선단피부염慢性萎縮性先端皮膚炎이라는 만성피부질환이 간혹 발생한다. 또한 만성뇌질환(뇌척수염)이 일어날 수도 있다. 증상은 점진적일 수 있으며 갈수록 악화되는 인지력 손상, 각약증脚弱症, 보행 곤란, 방광 문제 등과 정신질환 발병(이 경우 뇌척수염이 정신질환을 유발하는 것으로 보인다)까지 포함될 수 있다.

라임병은 여러 고통을 유발하지만 치명적인 경우는 드물다. 갑자기 사망하는 사람 중 방실 차단atrioventricular block으로 알려진 비정상적 심장박동의 한 유형이 그 드문 경우를 유발하기도 한다.

간단히 말해, 보렐리아 버그도페리는 인간의 면역계에 심각한 도전을 하고 있다.

치료와 예방

다행히도 항생제 치료는 보렐리오 버그도페리와의 싸움에서 효과가 있다. 14~21일 동안 경구 복용하는 독시사이클린doxycycline, 아목시실린amoxicillin, 세푸록심아세틸cefuroxime axetil은 모두 효과가 좋다.

실험실 테스트가 라임병을 확진하는 데 그다지 도움이 되지 않기 때문에, 특히 초기 단계에서는 임상 진단에서 라임병이라는 소견이 제시되면 곧바로 치료를 시작해야 한다. 가장 일반적인 경우에 이는 진드기 철에 라임병이 발생한 지역의 숲속에 있던 누군가가 의심스러운 피부 발진(이동 홍반)이나 독감과 비슷한 증상이 보이는 것을 의미한다. 이동 홍반이 늘 나타나지는 않으므로, 진드기에 노출되었으며 독감과 비슷한 증상을 보이는 것만으로도 치료를 촉구할 수 있다. 하지만 진드기에 물렸다는 이유 하나만으로 치료를 시작할 필요는 없다.

라임병을 예방하는 가장 좋은 방법은 진드기 감염 지역을 피하는 것이다. 숲에 갈 때에는 DEET(최소 30퍼센트의 농도)가 함유된 방충제를 사용하고 긴 바지와 긴팔 셔츠를 입어야 한다. 집에 돌아오면 머리에서 발끝까지 피부를 잘 살피거나 누군가에게 잘 살펴 달라고 부탁하고, 진드기가 보이면 핀셋으로 조심스럽게 떼어낸다.

1998년 인간에게 라임병을 예방하는 백신인 리메릭스LYMErix가 미국 식품의약국의 승인을 받았으나, 안타깝게도 예상치 못한 합병증과 비용 문제 때문에 시장 진입이 좌절되었다. 현재 개에게 접종하는 라임병 백신은 구할 수 있으며, 인간을 위한 새 백신은 개발 중이다.

미래를 위한 교훈

"이해의 대상이 되는 것보다 이해의 주체가 되는 편이 낫다."

아시시의 성 프란치스코

———

라임병은 계속해서 과학에 난해한 문제를 던져 준다. 우선 우리에게는 더 좋은 진단 검사와 효과적인 백신이 필요하다.

그러나 치료 받은 환자의 10~20퍼센트가 가시지 않는 피로, 근골격계 통증, 수면 장애, 인지 장애 등을 호소하는 문제에 어떻게 대처해야 할지 파악하는 일이 현재로서는 더욱 시급하다. (이것이 치료 후 라임병증후군이다.)[2] 만성라임병이라고 불리는 장애에 시달리는 사람은 훨씬 많다.[3] 분명한 점은, 이 질환의 이면에 있는 수수께끼를 해결하고 치료법을 찾아야 한다는 것이다.

아나플라스마증

"관찰의 분야에서는 준비된 사람에게만 기회가 주어진다."

루이 파스퇴르

———

아나플라스마증 유행병

인체과립구성 아나플라스마증Human Granulocytic Anaplasmosis(HGA)은 진드기를 매개로 아나플라스마 파고사이토필리움*Anaplasma phagocytophilum* 박테리아가 백혈구를 감염시키는 병이다. HGA는 라임병과 똑같은 곤충(참진드기종)에 의해서 전파되는 새로운 감염병으로 동일한 동물(흰발생쥐와 흰꼬리사슴)에 서식하며, 동일한 지역(주로 미국 동부 해안, 북동부, 중서부의 북부 지역, 유럽과 아시아의 일부 지역)에서 전파된다.[4]

HGA 사례의 90퍼센트 이상이 뉴잉글랜드, 뉴욕, 뉴저지, 위스콘신, 미네소타에서 발생한다. 뉴잉글랜드에서 최초로 발견된 라임병과 달리 HGA는 중서부 북부 지역에서 처음 나타났다.

첫 번째 HGA 환자는 위스콘신 출신의 한 남성으로, 1990년 미네소타주 덜루스의 병원에서 사망했다. 병의 말기 단계에 있던 그의 혈액 샘플의, 과립구 또는 호중구로 불리는 일종의 백혈구 내부에서 이전에는 알려지지 않은 군집 형태의 작은 박테리아가 발견되었다. 이 우연한 관찰이 HGA 발견의 열쇠가 되었다.

이후 2년에 걸쳐 위스콘신 북서부와 미네소타 동부에서 13명이 추가로 감염되었다. 모두 호중구 안에 상실배桑實胚라고 불리는 유사한 박테리아 군집이 있었다.

1990년대 중반부터 HGA 감염자 수가 기하급수적으로 증가했다. 1995년과 2012년 사이에 총 1만152건이 질병통제예방센터에 보고되었다. 현재 유럽(양진드기가 질병을 전파한다) 전역과 중국, 한국, 일본 등의 몇몇 아시아 국가에서도 감염 사례가 증가하고 있다.

다행히도 라임병과 마찬가지로 HGA가 목숨을 위협하는 경우는 거의 없지만, 증상은 대개 매우 심각하게 나타난다. 너무 심각해서 HGA에 걸린 사람들의 절반은 병원에 입원해야 한다. 지금까지 최소 7명이 HGA 감염으로 사망했다. 노인이나 면역계에 문제가 있는 사람일수록 심각한 증상이 나타날 가능성이 크다.

적, 적이 노리는 것, 그리그 그 여파

아나플라스마 파고사이토필리움에 의한 인간 감염은 1990년대 초에 와서야 발견되었지만, 수의사들은 적어도 200년 전부터 이 미생물에 대해 잘 알고 있었다. 유럽에서는 1800년대 초부터 (진드기 매개열이라고 불리는) 이 질환의 동물 버전이 양과 소를 비롯한 다른 반추동물에게서 관찰되었다. 아나플라스마 파고사이토필리움은 개와 고양이, 사슴, 순록 등을 병들게 한다.

10장에서 언급했듯, 리케차라는 박테리아 유형은 다른 생명체의 세포 안에서 살며 성장한다. 이런 의미에서 이것들은 바이러스와 유사하다. 하지만 바이러스와 달리 그들은 자신만의 신진대사 시스템을 가지고 있다. 아나플라스마 파고사이토필리움은 리케차의 한 유형이다.

이 박테리아의 주목할 만한 점은 다음과 같다. 호중구는 박테리아를 죽이는 데 특히 능숙한 백혈구의 한 유형이다. 하지만 아나플라스마 파고사이토필리움 박테리아는 호중구 내부를 표적으로 삼고, 무장해제하며, 살아가고, 성장한다. 그 이면의 정확한 메커니즘은 아직 제대로 알려지지 않았다.

HGA 환자는 대부분 심한 두통과 근육통, 피로에 시달린다. 일부는 구역질, 구토, 설사, 또는 호흡기 장애, 특히 기침 증상을 보인다. HGA가 심하면 생명을 위협할 수 있으며 쇼크, 폐질환, 출혈, 신장질환, 심장염, 신경학적 문제 같은 합병증이 일어날 수 있다. HGA 환자의 약 5퍼센트는 중환자실에서 치료를 받아야 한다.

하지만 일부 HGA 환자는 아무런 증상을 보이지 않는다. 실제로 과학자들이 추정한 바로는 아나플라스마 파고사이토필리움이 번성하는 지역에서는 15~36퍼센트의 사람들이 자기도 모르는 새 감염되어 있다.

발열 증상과 함께 진드기에 물리거나 노출된 병력이 있는 사람이 병원에 나타난다면, 특히 그 환자가 HGA 감염이 만연한 지역에 살고 있거나 방문한 적이 있다면 HGA를 의심할 만하다. 혈소판 수치가 낮은지(혈소판 감소증), 백혈구 수치가 낮은지(백혈구 감소증), 간에서 만들어져 혈액에서 발견되는 아미노기 전이효소transaminase라고 불리는 화학물질의 수준이 높은지 등 몇 가지 혈액 테스트 결과로 병에 걸렸는지 여부를 알 수 있다. 하지만 병에 걸렸다는 것을 병리학자가 공식적으로 확진하기 위해서는, 환자의 호중구를 현미경으로 조사하여 그 병의 고유한 박테리아 군집인 상실배를 찾아야 한다.

지나치게 활동적인 면역 반응은 중증 HGA로의 성장에 한몫하는 것으로 여겨진다. 또한 부적절하게 기능하는 호중구로 인해 면역 체계가 약해졌을 때에 작동하는 기회감염이 일어날 수 있다.

치료와 예방

HGA가 강하게 의심될 때는 신속하게 항생제 치료를 시작해야 한다. 이 글을 쓰는 시점에서 주로 선택되는 항생제는 독시사이클린으로, 일반적으로 거의 모든 증상을 48시간 안에 없애 준다.

독시사이클린은 라임병 치료에도 사용되기 때문에, 두 병 중 하나에 걸린 사람(또는 불운하게도 동시에 두 병 모두 걸린 사람)은 자동적으로 두 병을 동시에 치료받게 된다. HGA와 라임병이 모두 유행중인 지역(이를테면 미네소타주)에서 봄이나 여름에 환자에게 설명할 수 없는 발열이 있거나 특히 하이킹이나 캠핑을 한 경우라면, 나는 일상적으로 독시사이클린(가장 안전한 항생제 중 하나)을 추천한다.

아나플라스마 파고사이토필리움에 대한 백신은 아직 존재하지 않는다. HGA를 예방하는 유일한 방법은 진드기를 피하는 것이다. 특히 HGA가 흔히 나타나는 지역에 산다면 더욱 조심하기 바란다.

미래를 위한 교훈

"교육은 우리의 무지함을 점진적으로 발견하는 것이다."

윌 듀란트 Will Durant, 미국의 작가, 역사가, 철학자

———

1990년 첫 번째 사례가 발견된 이후 HGA에 관해 많은 사실이 밝혀졌지만, 여전히 수많은 의문이 남아 있다. 가장 주목되는 부분은, 왜 어떤 감염자의 생명이 위협받는 동안 다수의 감염자들은 아무 증상도 보이지 않는가 하는 점이다. 우리는 HGA의 증상을 설명하고, 확산을 추적하며, 누가 언제 HGA에 걸렸는지 인지하여 성공적으로 치

료할 수 있다. 하지만 HGA가 어떻게, 그리고 왜 그렇게 하는지에 대해서는 여전히 거의 밝혀지지 않은 채로 남아 있다. 현재 연구원들은 그 답을 찾기 위해 노력하고 있다.

인간 바베시아증

"숨겨진 위험은 혈액 공급을 통해 확산된다."

데이브 모셔 Dave Mosher, 과학 및 기술 저널리스트

인간 바베시아증 유행

이제까지 알아본 신종 감염병은 모두 바이러스나 박테리아에 의한 것이다. 지금부터는 바베시아Babesia라는 원생생물에 대해 살펴보자. 바베시아는 진드기가 매개하는 또 하나의 감염병인 인간 바베시아증human babesiosis의 원인이다.

바베시아는 아피콤플렉사Apicomplexa문에 속한 속이다. 아피콤플렉사문에는 말라리아와 심각한 위장질환인 크립토스포리디움증cryptosporidiosis을 일으키는 기생충도 포함되어 있다. (6장에서 말라리아에 관하여 논의했던 내용을 기억할 것이다. 13장에서 크립토스포리디움증에 대해 알아볼 것이다.)

몇 가지 바베시아종 가운데 쥐바베스 열원충B. microti은 단연 인간 바베시아증을 가장 많이 일으키는 원인이다. 쥐바베스 열원충은 참진드기를 통하여 전파되며, 보렐리아 버그도페리와 아나플라스마 파고사이토필리움처럼 흰발생쥐와 흰꼬리사슴의 몸에 서식한다. 쥐바베스 열원충 역시 세포 내부에 살지만, 적혈구가 아닌 백혈구

의 내부에 서식한다.

역사 기록에 따르면 일찍이 1910년에 프랑스에서 인간이 바베시아증에 걸린 사례가 있다. 하지만 최초의 사례는 50년이 지나서야 기록되었고, 바베시아증에 걸린 크로아티아 목동은 비장이 제거된 상태였다. (비장은 인간 바베시아증에 맞서서 신체를 지키는 데 중요한 역할을 하는 것으로 드러났다.)

정상적인 면역계가 있는 바베시아증 환자의 첫 번째 사례는 1969년 매사추세츠 앞바다의 난터켓섬에서 발견되었다. 처음에 그 병은 난터켓 열병으로 불렸다. 1990년대 중반 이후 바베시아증은 북동부와 중서부 북부 지역을 가로질러 확산되었고, 감염 사례가 눈에 띄게 증가했다. 질병통제예방센터는 2011년부터 바베시아증을 추적했기 때문에 전체 사례 건수는 알 수 없지만, 2011년과 2013년 사이에 3862건이 보고되었다. 바베시아증은 22개 주에서 나타났으며, 전체 사례의 95퍼센트가 코네티컷, 매사추세츠, 미네소타, 뉴저지, 뉴욕, 로드아일랜드, 위스콘신에서 일어났다.

미국에서 인간 바베시아증을 일으키는 주요 종은 쥐바베스 열원충이지만, 다른 바베시아 종에 의해서 일어난 소수의 사례들이 북부 캘리포니아, 워싱턴, 켄터키, 미주리에서 확인되었다.

유럽에서는 분기바베스 열원충*B. divergens*이 가장 넓게 퍼져 있고, 양진드기에 의해 확산된다. 일본과 대만에서는 쥐바베스 열원충과 유사한 유기체가 인간 바베시아증을 일으켰고, 새로운 바베시아 병원체가 한국에서 발견되었다. 이따금 아프리카, 호주, 남아메리카에서도 바베시아증 사례가 보고되었다.

바베시아증은 대부분 사람들이 가장 숲길을 걷고 싶어 하는 봄에서 초가을 사이에 발생한다.

하지만 진드기에 물리는 것이 바베시아증에 걸리는 유일한 원인은 아니다. 바베시아증은 감염된 적혈구를 수혈받아 전파되기도 한다. 비록 이런 경우가 아주 드물지만, 그럼에도 바베시아증은 미국에서 수혈을 매개로 전파되는 감염병 중 가장 많은 사례를 기록한다. 1979년과 2011년 사이에 160건 이상이 수혈에 의해 전파되었다고 미국식품의약국에 보고되었다. 이들 가운데 28명이 감염에 의해 사망했다. (하지만 전체적으로 볼 때 매년 미국에서 1500만 명 이상이 수혈을 받고 있다.)

다행히도 제공 혈액에서 쥐바베스 열원충을 걸러 내는 효과적인 검사 도구가 2016년 보고되었다. 감염된 사람 중 건강한 성인의 4분의 1이 아무런 증상을 보이지 않기 때문에, 그들이 헌혈을 하려고 할 때 병원균이 있는지 알 방법은 없다. 바베시아증이 빈번하게 나타나는 지역의 헌혈자들에게 정기적으로 진드기에 노출되었는지 질문하는 방법도 있지만, 그다지 효과적이지 않은 것으로 입증되었다. 따라서 수혈을 받는 사람들이 바베시아증에 걸리지 않기 위해 이 새로운 혈액 검사 도구를 잘 활용해야 할 것이다.

적, 적이 노리는 것, 그리고 그 여파

2장에 등장한 1875년 질병 발생의 미생물 원인설을 확인시켜 준 로베르트 코흐의 획기적인 발견과 관련해 우리는 소에게 발생하는 탄저炭疽라는 감염병에 감사해야 할지도 모른다.

바베시아증의 경우, 소에게 생기는 또 다른 질병 덕분에 헝가리의 병리학자이자 미생물학자 빅토르 바베스Victor Babes가 1888년 적혈구 내부에서 바베시아증을 일으키는 미생물을 발견할 수 있었다. 이 병에 그의 이름이 붙여진 것은 당연하다고 할 만하다. 5년 뒤 시어벌드 스미스Theobald Smith와 프레더릭 킬본Frederick Kilborne은 진드기를 통해 바베시아증이 텍사스의 소에게 전염되었다고 밝혔다. 곤충을 통하여 척추동물 숙주에게 전파되는 방식이 최초로 보고된 사례다.

이제 시간을 뒤로 감아 거의 1세기 후의 인간 바베시아증 유행으로 가 보자.[5] 혈액에서 바베시아의 생명 주기는 말라리아를 일으키는 원생동물인 열원충을 떠오르게 한다. 실제로 두 원생동물 감염에 대한 중요한 2가지 진단 테스트 모두 얼룩투성이 혈액 샘플을 현미경으로 조사해, 반지 모양의 특정한 특징이 있는지 조사해야 한다.

인간 바베시아증에 감염된 아이들의 절반과 성인의 약 4분의 1에서는 증상이 나타나지 않는다. 하지만 증상이 나타나면 이 질병은 치명적일 수 있다. 증상이 있는 사람들은 대부분 감염된 진드기에 물리고 난 뒤 1주일에서 4주일이 지나면, 또는 오염된 혈액을 수혈받고 1주일에서 6개월이 지난 후 발병한다. 이 병은 보통 피로와 발열(체온이 섭씨 40.9도까지 올라간다)과 함께 시작한다. 공통적으로 오한과 땀이 나타나고 두통, 근육 또는 관절 통증, 식욕 부진, 구역질, 갑작스런 기분 변화 등이 수반된다. 어떤 경우에는 비장이나 간이 커지기도 한다. 인간 바베시아증은 보통 1주일에서 2주일 동안 지속되지만, 피로감이 몇 달 동안 계속되기도 한다.

증상의 정도는 주로 그 사람의 면역계에 의해 좌우된다. 입원을 해야 하는 중증 바베시아증은 비장이 제거되었거나 암이나 HIV, 장기이식, 면역억제 약물치료 때문에 면역계에 문제가 있는 환자들에게서 흔히 볼 수 있다. 다른 고위험 집단은 신생아, 50세 이상, 만성 심장·폐·간질환이 있는 사람들 등이다.

심장이나 신장 또는 간의 부전, 중증 폐질환, 비장 파열, 혼수상태 같은 심각한 합병증이 입원 환자의 절반 정도에게서 나타나기도 한다. 바베시아증으로 입원한 환자 중 6~9퍼센트가 사망한다. 면역계에 문제가 있는 사람들의 사망률은 20퍼센트다.

바베시아증은 비장이 매우 중요한 역할을 하는 극소수의 감염병 중 하나다. (비장에는 대식세포라는 세포가 있는데, 대식세포는 감염되었거나 손상된 세포의 특정 유형을 없애 버린다.) 면역계가 일으키는 사이토카인폭풍 또한 중증 바베시아증의 발달에 일조하는 것으로 보인다. 이 현상은 특정 유형의 독감이 너무 해롭거나 치명적으로 발전할 때도 동일하게 나타난다.

치료와 예방

증세가 약함에서 중간 정도이고 면역계가 정상적으로 작동하는 바베시아증 환자에게 가장 좋은 치료법은 아토바쿠온^{atovaquone}과 아지트로마이신이라는 두 약물을 조합해서 7일에서 10일 동안 경구 복용하는 것이다. 중증 환자에게는 오랜 약물 요법인 클린다마이신^{clindamycin} 정맥주사와 퀴닌 경구 투약이 권장된다. 이들 약물은 아토바쿠온과 아지트로마이신보다 부작용이 많긴 하지만, 중증 바베시아증을 치료하는 데 더 효과적인 것으로 보인다.

중증 바베시아증을 치료하기 위해 감염된 적혈구를 건강한 헌혈자의 피로 바꾸기도 하는데, 이 치료법을 시작하려면 원생동물을 포함하는 적혈구의 비율과 환자의 적혈구가 손상된 정도, 장기 손상이 있는지 등을 평가하여 결정을 내려야 한다. 중증 바베시아증 환자들은 모두 감염병 전문의와 혈액학자에게 진찰을 받아보는 편이 좋다.

바베시아증 환자들은 보렐리아 버그도페리나 아나플라스마 파고사이토필리움, 또는 둘 모두에 감염되었을 수 있다. 모두 감염된 것이 확실하거나 그럴 가능성이 있는 경우에는 대개 치료 요법에 독시사이클린이 더해진다.

진드기가 매개하는 다른 질병과 마찬가지로, 바베시아에 대항하는 백신은 아직 나오지 않았다. 따라서 진드기에 물리지 않는 것이 바베시아증을 예방하는 유일한 방법이다.

미래를 위한 교훈

"예상된 위험은 인정하는 것이 좋다. 그것은 무모함과는 전혀 다르다."
조지 S. 패튼George S. Patton

———

진드기 매개 질병은, 모기 매개 감염병인 웨스트나일 열병과 마찬가지로 곤충과 동물을 연구하는 연구원들이 새로운 감염병의 수많은 수수께끼를 해결할 때 결정적인 역할을 한다는 점을 보여 준다. 이 질병들을 뿌리 뽑지는 못해도 줄여 나가기 위해서는, 곤충 매개 감염병을 다루기 위한 전반적이고 효과적인 전략을 세우는 데 이들의 창의적인 참여가 요구된다. 하지만 그러한 전략이 세워질 때까지는, 숲을 걸을 때 두 눈을 크게 뜨고 경계를 늦추지 말아야 한다.

그런데 숲을 걷는 것이 대체 얼마나 위험한 일일까? 노스아메리칸베어센터North American Bear Center에 따르면 1900년 이후 북미 전 지역에서 흑곰 때문에 사망한 사람은 61명뿐이었다. 인간은 집에서 키우는 개나 벌, 번개 등에 의해 훨씬 많이 사망한다. 이는 정확한 통계를 근거로 하는 사실이다. 베어센터는 이렇게 말을 맺었다. "인간이 가장 안전하게 있을 수 있는 곳은 숲속입니다." 하지만 이 장을 읽고 난 뒤라면 그 말에 의구심이 들었을 것이다.

쥐바베스 열원충이 사는 숲에서 진드기에 물려 사망할 가능성을 정확히 예측할 수 있는 사람은 없다. 하지만 그 가능성은 분명 아주 낮다. 그렇지만 중증 바베시아증에 걸릴 위험이 큰 사람(비장이 없거나 면역계에 문제가 있는 사람)이라면 진드기가 많은 낙엽수림이나 삼림지대의 가장자리, 공지 등을 피하는 편이 현명하다.

진드기에 의해 확산되는 감염병의 수치만으로도 비이성적인(사실 그다지 비이성적이지 않을지도 모르는) 공포심인 곤충공포증을 설명할 수 있다. 하지만 대부분의 사람들은 여전히 위험을 감수하고서라도 숲속을 걷고 싶어 한다. 다만 DEET를 잘 뿌리고, 긴팔 셔츠와 바지를 입고, 산책이 끝나면 나를 따라온 진드기가 있는지 주의 깊게 몸을 확인해 보기 바란다.

12

쇠고기에는 무엇이 들어 있을까?

———

"만일 쇠고기가 '진짜 인간을 위한 진짜 음식'이라고 생각한다면,
진짜 좋은 병원과 진짜 가까운 곳에 사는 편이 좋을 것이다."

닐 바너드 Neal Barnard, 책임 있는 의학을 위한 의사회 창립 회장

먼저 나는 채식주의자가 아니라는 점을 밝힌다. 나는 그 누구만큼이나 스테이크(미디움 레어)와 햄버거(웰던)를 좋아한다. 그다음으로, 나는 미생물이 내가 먹을 음식을 오염시키지 않을까 걱정하지 않는다. 적어도 선진화된 세상에서 먹을 때는 말이다.

하지만 미국에서 음식이 매개하는 질병이 문제가 아니라는 뜻은 아니다. 질병통제예방센터의 추정에 따르면 미국에서는 음식이 매개하는 미생물 31가지에 의해 매년 약 940만 명에게 병이 발생한다. 아주 다양한 음식이 다수의 미생물에 의해 오염될 수 있다. 그 가운데 쇠고기도 자주 볼 수 있는 음식이지만 달걀, 가금류, 과일, 채소, 생선 등의 다른 먹거리가 비난을 듣는 경우가 더 많다. 익숙한 병원균인 대장균*Escherichia coli* O157:H7은 이렇게 발병을 일으키는 미생물에 포함되어 있다. 하지만 병을 일으키는 박테리아와 바이러스의 종류는 이 외에도 매우 다양하다.

이 책의 한 초점은 새로운 감염을 일으키는 병원균(인간의 적)에 맞춰져 있는데, 정의에 따르면 이는 지난 50년 동안 등장했거나 재등장한 감염병을 말한다. 이러한 감염병 중에서 가장 흥미로운 두 병에 대해 이 장에서 조명하고자 한다. 두 병 모두 전형적인 동물성 감염병으로, 여기서는 소와 연관되어 있다.

이러한 감염병의 첫 번째인 변종 크로이츠펠트 야코프병은 1996년 영국에서 이른바 광우병에 이어 등장한 파괴적인 신경퇴행성 질환으로 매우 드물게 발병한다. 크로이츠펠트 야코프병은 프리온*prion*이라는, 너무나도 기이해서 이 책의 초반부에 포함시키지 않기로 한 병원균의 한 유형으로 나타난다. 프리온에 대해서는 짧게 이야기할 것이다.

두 번째 질병, 장출혈성 대장염은 독성을 생산하는 대장균 O157:H7에 의해 발생한다. 이 질병은 1993년 잭인더박스 레스토랑 73곳의 덜 익힌 쇠고기 패티와 관련한 대규모 발병으로 전국적인 주목을 받았다.

변종 크로이츠펠트 야코프병vCJD

"평범한 사람들은 관습에서 벗어나면 분노하게 되는데, 대부분이 그러한 이탈을 스스로에 대한 비판으로 여기기 때문이다."

버트런드 러셀Bertrand Russell

---

vCJD 유행

변종 크로이츠펠트 야코프병variant Creutzfeldt-Jakob disease(vCJD) 유행은 모든 신종 유행병 가운데 가장 놀랍고 당황스러운 현상 중 하나다. vCJD는 논란의 여지가 큰 병원균에 의해 발생했을 뿐 아니라, 소에게서 인간에게 전파되어 종 사이의 장벽을 깨부수었다. 이런 유형의 병원균에게는 전례가 없는 일이었다.

vCJD의 원인은 병원성 단백질로, 일반적으로 PrP^{Sc}로 표기한다. 1982년에 신경학자이자 생화학자 스탠리 프루지너Stanley Prusiner는 이와 유사한 단백질이 양에게서 나타나는 전염성 강한 뇌질환 스크래피scrapie를 일으킨다는 가설을 세웠다. 당시 이 개념은 기존의 과학을 거부하는 허무맹랑한 이단으로 여겨져 맹비난을 받았다. 프루지너의 동료들은 미심쩍어 하면서 질문했다. 어떻게 단백질이 핵산

(DNA 또는 RNA)의 도움 없이 재생산을 할 수 있지?

하지만 프루지너가 옳았다. 1997년 그는 '프라이온'이라는 잘못 접힌 단백질misfolded protein에 관한 연구로 노벨생리의학상을 수상하면서 자신의 주장이 옳음을 입증했다.[1] (실제로 오늘날까지 일부 과학자들은 여전히 프루지너의 가설에 대해 비판적이다. 그렇지만 증거는 프루지너의 가설을 강력하게 뒷받침한다.)

1980년대에는 과학계의 수많은 권위자들도 영국 소에서 발견된 소해면상뇌증Bovine Spongiform Encephalopathy(BSE), 즉 광우병이라는 파괴적인 유행병이 인간에게 아무런 위협이 되지 않는다는 잘못된 주장을 펼쳤다. 1995년 vCJD가 발병하면서 빠르게 BSE와 연결되자 이 주장은 끝이 났다.

BSE 최초 사례는 1994년 영국 서식스주의 어느 농장에서 사육하는 소 한 마리에서 발생했다. 영국에서 더 많은 사례가 축적되면서 이 뇌질환이 양의 스크래피와 유사하다는 사실이 분명해졌다. 학자들은 단서를 통해 감염된 소의 고기와 뼈를 송아지들에게 먹였을 때 질병이 확산되었다고 짐작했다.

결국 영국에서 BSE 유행은 재난이 되었다. 1986년과 1998년 사이에 소 18만 마리가 감염되었고, 근절 프로그램을 시행하면서 440만 마리가 도살되었다. 엄청난 생명 손실은 물론이고, 쇠고기 업계와 수천 명의 낙농업자가 입은 경제적 손실은 어마어마했다.

1995년 최초의 인간 vCJD 사례가 영국에서 보고되었다. 2018년 5월 전 세계에서 약 260건(모두 사망)이 보고되었는데 영국에서 가장 많은 사례(178건)가 발생했고, 그 외에는 주로 프랑스(27건)를 비롯한 유럽 국가들에서 나타났다. 미국에서는 4건이, 캐나다에서는 2건이 보고되었다.

역학 및 과학적 단서는 거의 모든 vCJD 사례들이 광우병에 걸린 소를 도축한 제품 소비와 관련이 있다는 것을 가리키고 있었다.

적, 적이 노리는 것, 그리고 그 여파

vCJD를 일으키는 프라이온은 정말 작다. 바이러스보다도 작다. 너무 작아서 전자현미경으로도 보이지 않는다. 앞서 언급한 대로 프라이온은 비정상적으로 접힌 단백질로 구성되어 있다. 핵산(DNA나 RNA)을 함유하지 않아서 재생산을 못하지만, 정상적인 세포 프라이온 단백질을 자극하여 PrP^{Sc}라는 병원성 형태로 다시 접히게 해서 복제한다. 바이러스와 마찬가지로 프라이온은 생명의 나무에서는 보이지 않는다. 그들만의 신진대사를 하지 않기 때문이다.

비록 현미경으로 볼 수 없어서 이 책에서 사용하는 미생물의 정의에는 맞지 않지만, 언젠가 더욱 발전된 현미경을 통해 볼 수 있을 것이다.

광우병과 마찬가지로 vCJD는 전염성이 있으며, 뇌의 해면변성 spongy degeneration이 특징이다. 이름에서 알 수 있듯 vCJD는 산발적 CJD$^{sporadic CJD}$(sCJD)라는, 인간에게 나타나는 (vCJD보다는 흔한) 또 다른 희귀 뇌질환의 변종이다. sCJD는 100만 명 중 약 1명꼴로 나타나며, 역시나 한결같이 치명적이다.[2]

sCJD와 비교해 볼 때 vCJD에 걸린 환자들은 더 젊다(vCJD 환자의 중위연령은 28세였고, sCJD 환자들의 경우는 68세였다). 또한 vCJD

환자들은 발병 기간 중간값이 14개월로, 4개월 반인 sCJD 환자들보다 오랫동안 병에 시달렸다.

질병 초기에 사람들은 대개 우울증이나 불안 같은 정신의학적 증상을 경험하고, 약 3분의 1은 특이하고 지속적이며 고통스러운 느낌에 시달린다. 병이 진행되면서 불안정성, 보행 장애, 비자발적 움직임 등 신경학적 증상이 나타난다. 죽음에 가까워지면서 환자들은 전혀 움직이지도 못하고 말도 못 하게 된다.

이런 유형의 뇌질환은 오염된 쇠고기를 섭취하고 나서 첫 증상이 나타나기까지 오랜 시간이 걸린다는 특징이 있다. 일반적으로 수년 혹은 그 이상이다. (이르면 1986년부터 시작된) BSE 유행 기간 동안 오염된 쇠고기 제품 섭취가 주요 발병 위험 요소였을 것으로 여겨진다.

BSE와 vCJD 유행 사이의 대략 10년이라는 기간과 얼마나 많은 사람이 오염된 쇠고기를 섭취했는지 알 수 없다는 사실을 고려할 때, 일부 전문가들은 vCJD 사례는 수천 건에 이를 것이라고 예측했다. 다행히도 이것은 과대 추측으로 밝혀졌지만, vCJD가 지구에서 사라진 것은 아니다.

치료와 예방

vCJD(그리고 sCJD)를 치료하기 위하여 사례별로 몇 가지 약물을 사용했지만, 별 소득이 없었다. 이 글을 쓰고 있을 때 이 비극적인 질병에 대해 가능한 치료는 증상을 완화하는 정도다.

오염된 쇠고기 제품을 시장에서 몰아내는 것이 vCJD 예방의 핵심이다. 광우병이 유행하는 동안 영국은 감염 가능성이 있는 소를 도살하기 위해 재빠르게 움직였다. 1989년 이후 몇 가지 통제 및 예방 조치가 유럽연합과 북미를 비롯한 여러 국가에 의해 실행되었다. 미국에서는 지금까지 소 4마리가 BSE에 걸린 것이 확인되었을 뿐이다. 가장 최근에는 2012년 캘리포니아에서 발견되었다.

vCJD도 수혈과 관련이 있기 때문에 혈액 공급을 감시하는 일 역시 중요하다. 일부 국가에서는 BSE 위험도가 높은 나라에서 살았던 사람들은 혈액을 기증하지 못하게 금지하고 있다.

미래를 위한 교훈

"항상 마음을 열고 공감할 줄 알아야 한다."

필 잭슨 Phil Jackson, 전 시카고불스 감독

———

vCJD 유행에서 얻은 교훈 가운데 가장 중요한 것은 기존의 통념에 의심을 품는 과학의 중요한 역할이다. 프라이온(잘못 접힌 단백질)이 감염원이 될 수 있다는 사실을 발견했을 때, 모든 사람이 놀라워했다. (나는 아직도 놀랍다.) 마치 양털이나 면처럼 식물이나 동물의 섬유뿐만 아니라 석유로도 옷감을 만들 수 있다는 사실을 발견한 느낌이었다.

양의 뇌질환에 관한 초기 연구 이후, 다른 형태의 질병들도 발견되고 있다. 뉴기니에서 쿠루라는 해면모양뇌증spongiform encephalopathy이 오염된 인간의 뇌조직을 먹은 식인종에게 전염된 것으로 알려졌다. 그리고 의원성 CJDiatrogenic CJD 사례들은 자신도 모르게 오염된

물질을 의학적 또는 외과적으로 사용한 경우(이를테면 인간의 성장호르몬, 장기이식, 간 또는 각막이식 등)와 관련이 있었다.

vCJD 유행병에서 해답을 구하지 못한 여러 질문 가운데 하나는 이 질병의 희생자들이 공유한 선행 요인(개인의 건강이나 건강 소실과 관련된 유전적 또는 환경적 인자—옮긴이)이 있는가 하는 것이다. 유전적 이상은 CJD의 유사한 형식 발달의 토대가 된다. 하지만 지금까지 vCJD에서 분명한 유전적 취약성은 확인되지 않았다.

일부 과학자들은 vCJD 환자들이 상대적으로 나이가 어린 것은 치매에 시달리는 노인들이 병을 인지하지 못하기 때문은 아닌지 의문을 품고 있다. 이는 vCJD의 다른 특징을 고려하면 분명치는 않다. 하지만 잘못 접힌 단백질이 알츠하이머병이나 파킨슨병 같은 신경퇴행성 질병의 원인일 수 있다는 단서가 갈수록 늘어나고 있다.

미국 농무부는 지속적으로 미국 소의 BSE 발생을 감시하고 있다. 2017년 7월 미국 농무부는 앨라배마주의 소에서 이례적인 BSE를 발견했다고 발표했다(미국에서 다섯 번째로 발견된 사례이며, 2012년 이후로는 첫 번째이다). 다행히도 그 소는 도살 과정에 들어가지 않아서 인간의 건강을 위협하지는 않았다.

최근 또 다른 형태의 치명적인 해면모양뇌증이 미국에서 큰 관심을 불러일으켰다. 이번에는 프라이온이 사슴을 감염시켜 만성소모성질환Chronic Wasting Disease(CWD)이라는 질병을 유발했다. 만성소모성질환은 26개 이상의 주와 캐나다 3개 지역의 사슴, 엘크, 순록, 무스 등에서 발견된다. 내가 사는 미네소타주의 천연자원부는 2018년 12월 CWD의 확산을 통제하기 위해 사슴 사냥 기간을 2주 연장한다고 발표했다. 지난 15년 동안 인간에게 감염된 sCJD 사례가 증가하는 추세이기 때문에 질병통제예방센터는 BSE 때처럼 사슴의 프라이온이 인간에게 전파될 수 있는지 조사하고 있다.

vCJD 유행을 겪으며 드러난, 가장 우선적으로 채워져야 할 지식상 공백은 효과적인 치료법이다. 나는 몇 명의 sCJD 환자 치료에 참여해 본 적이 있는데, 이보다 더 끔찍한 병은 없다고 말하고 싶다.

장출혈성대장균 대장염

"대장균 박테리아는 대부분 음식 소화와 비타민 합성을 돕고 위험한 생물로부터 우리를 보호한다. 반면 대장균 O157:H7은 위장의 내부를 공격하는 '베로독소verotoxin' 또는 '시가독소Shiga toxin'라고 불리는 강력한 독소를 배출할 수 있다."

에릭 슐로서, 《패스트푸드의 제국》의 저자

––––––

장출혈성대장균 대장염 유행

3장에서 살펴본 것처럼 건강한 인간의 위장관에는 약 2000종의 서로 다른 박테리아가 살고 있다. 이들은 모두 해를 끼치지 않고 공생하거나, 대다수의 대장균처럼 우리의 건강에 기여하는 상호주의자들이다. 이 장을 읽으면서 화장실을 들락거리지 않는 한, 시가독소를 생성하는 대장균Shiga toxin-producing E.coli(STEC) O157:H7 같은 극소수의 유해 대장균 변종이 내 몸에 있을 가능성은 별로 없다.

대장균 O157:H7은 1975년 슬며시 등장하여 1980년대에 몇 가지 질병을 일으켰다. 1982년 오리건주와 미시간주의 맥도널드 매장에서 제공한 덜 익힌 햄버거를 섭취하는 과정에서 질병이 발생했다. 하지만 대중의 관심을 사로잡고, 이국적인 이름의 박테리아에게 유명세를 가져다준 것은 1993년의 잭인더박스(미국의 햄버거 체인점—옮긴이) 사태였다.

잭인더박스 사태는 캘리포니아, 아이다호, 워싱턴, 네바다, 루이지애나, 텍사스 등에 있는 73개 매장에서 제공한 덜 익힌 쇠고기 패티 때문에 발생한 것으로 밝혀졌다. 이로 인하여 약 700명이 병에 걸렸고 171명이 입원했다. 입원 아동 43명 중 38명은 심각한 신장 문제에 시달렸고(21명은 투석이 필요했다), 4명은 사망했다.

보건 조사관들은 오염의 원인이 한창 ("너무 좋아서 무서울 정도야"라는 슬로건으로) 특별 프로모션을 진행 중이었던 몬스터버거 샌드위치에 있다는 사실을 밝혀냈다. 안타깝지만 잭인더박스 패스트푸드 체인이 햄버거는 대장균을 완전히 없앨 수 있도록 적절하게 익혀야 한다는 워싱턴주의 법을 따랐다면 이러한 비극적인 사태는 발생하지 않았을 것이다.

질병통제예방센터는 조사 결과에서 도살장 6곳이 오염된 쇠고기 공급원일 가능성이 있다고 밝혔다. 20년 뒤인 2006년 식품 안전에 관한 국회청문회에서 상원의원 리처드 더빈은 이 사태를 "쇠고기 산업 역사에서 전환기적 순간"이라고 표현했다. 이 사태는 미국식품의약국을 비롯한 수많은 규제 기관의 주의를 환기시켰다.

대장균 O157:H7 때문에 생긴 질병의 공식적인 이름은 장출혈성대장균Enterohemorrhagic *Escherichia coli*(EHEC) 대장염이다. 이 이름에서 알 수 있듯, 이 세균이 대장 안으로 들어가면 혈성 설사를 유발한다.

아무것도 아니라는 듯 적혈구도 파괴하고, 이른바 용혈성요독증후군Hemolytic Uremic Syndrome(HUS)이라는 신부전을 일으키기도 한다. (요독증uremia은 일반적으로 신장에 의해 제거되는 요소urea의 수준이 상승하는 것을 말한다.) EHEC 감염 환자의 최대 10퍼센트까지 HUS를 일으키며, 이 환자의 3~5퍼센트가 사망한다. 아이들과 노인들은 HUS 발병률과 사망률이 가장 큰 집단이다.

대장, 적혈구, 신장 등에 대한 EHEC 관련 피해는 모두 대장균 O157:H7에 의해 생산되는 시가독소와 연관되어 있다.

잭인더박스 EHEC 사태 이후, 대장균을 생산하는 시가독소의 많은 변종이 미국에 등장했다. 질병통제예방센터는 매년 미국에서 26만5000건의 STEC 감염이 일어나고 있으며, 대장균 O157:H7이 이 감염들의 36퍼센트 이상을 일으킨다고 추정하고 있다. 모든 연령대가 취약하지만, 노인과 아이들이 가장 큰 영향을 받는다.

미국인들은 쇠고기를 좋아한다. 평균적으로 모두 매년 22.5킬로그램 이상의 쇠고기를 섭취하고, 이 중 절반 정도인 9억 킬로그램 이상이 간 쇠고기이다. 미국인의 30퍼센트에 가까운 사람들이 때때로 간 쇠고기를 날것 상태, 또는 덜 익혀 먹기 때문에 쇠고기가 여전히 장출혈성대장균 대장염 발생의 주요 매개체 역할을 하고 있다는 사실은 그리 놀랍지 않다.

하지만 STEC 감염의 전파자로서 지나치게 쇠고기만 비난하는 것은 불공평할지도 모른다. 오염된 상추, 방울다다기양배추, 양배추, 고수, 사과 주스, 음료수, 미리 포장해 놓은 쿠키 반죽 등 쇠고기 외에도 많은 감염원이 존재한다. 실제로 이 글을 쓰고 있던 2018

년 11월 질병통제예방센터의 조사 결과, 여러 주에서 발생한 대장균 O157:H7 대장염의 대규모 감염이 애리조나에서 재배한 로메인 상추와 연관이 있다고 밝혀졌다. 200명에 가까운 사람들이 병에 걸렸고 5명이 사망했다.

또한 대장균 O157:H7만 악마처럼 묘사하는 것 역시 불공평할지도 모른다. 이를테면 2015년 STEC의 다른 변종이 멕시코 음식 체인점 치폴레와 관련해 2건의 유행병 사태를 일으켰고, 2016년 미국의 식품 기업 제너럴밀스는 또 다른 STEC 변종으로 인한 EHEC 발병에 대한 잠재적 연관성 때문에 밀가루 4500톤을 회수했다.

게다가 다른 유형의 대장균은 제멋대로 움직였다. 장침투형대장균enteroaggressive E. coli(EAEC)으로 분류되는 대장균 O104:H4는 2011년 독일에서 일어난 대장염과 용혈성요독증후군 유행의 원인이었다. 최소 9개국에서 3950명이 병에 걸렸다. 그중 800명은 HUS로 진행됐고, 53명이 사망했다. 이 유행병의 시작은 오염된 호로파콩나물이었다.

그리고 배설물로 오염된 음식에서 마주했을지 모르는 장독소성대장균enterotoxigenic E. coli(ETEC) 변종이 있다. ETEC 변종들은 여행객들이 겪는 설사의 주원인이지만, 여행객들의 몸에 시가독소를 생성하는 박테리오파지가 잠복하지는 않는다. (개발도상국을 여행하는 사람 가운데 20~50퍼센트는 수분이 많은 설사병에 걸리는데, ETEC가 주범일 가능성이 크다.)

적, 적이 노리는 것, 그리고 그 여파

그렇다면 대장균 O157:H7은 어디서 왔을까? 분명한 것은 대장균 O157:H7은 새로운 미생물이 아니라는 점이다. 진화미생물학자들의 연구에 따르면 이 병원성 변종이 공생 대장균 선조와 분리된 지는 오래되지 않았다.[3] 언제 분리되었는지는 정확히 알지 못한다. 대략 400년에서 450만 년 전 사이로 추측할 뿐이다.

앞에서 살펴본 것처럼 대장균 O157:H7의 독성은 주로 시가독소를 생성할 때 나타난다. 시가독소 유전자는 박테리아를 감염시키는 바이러스가 '기부하는' 이동성 유전 인자mobile genetic element이다. 대장균 O157:H7을 비롯한 STEC의 다른 변종들은 언제, 그리고 어떻게 시가독소의 유전 암호를 지정하는 박테리오파지에 감염되는 것일까? 지금으로서는 알 수 없다. (우연하게도 독소의 이름은 최초로 세균성이질균Shigella dysenteriae이라는 박테리아에 의한 설사의 원인을 설명한 시가 기요시志賀潔의 이름에서 따왔다. 세균성이질균이라는 박테리아의 이름 역시 그의 이름에서 유래했다.)

2일에서 10일 정도의 잠복 기간이 지나면 대부분의 EHEC 대장염 환자들은 (대개 피가 많이 섞인) 급성설사병에 걸린다. 다른 증상으로는 위경련과 구토 등이 있다. 다소 놀라운 점은 발열 증상이 나타나지 않거나, 나타나더라도 심하지 않을 수 있다는 것이다. 대부분은 1주일 정도면 회복한다.

대장균 박테리아가 스스로 혈류에 들어가지는 않더라도, 약 4퍼센트의 시가독소는 그렇게 한다. HUS로의 진행은 보통 병에 걸린 지 1주일 정도 후에 나타난다. 이러한 심각한 합병증은 대개 검거나 어두운 빛깔의 소변, 소변 양 감소, (빈혈에 의해) 얼굴이 창백해지는 것으로 알 수 있다. 시가독소는 또한 신경계를 대상으로 삼아서 발작, 신경학적 손상, 뇌졸중 등을 일으킨다.

치료와 예방

모든 형태의 설사는 탈수를 막기 위해 수분을 많이 섭취해야 한다. 증상이 심하거나 혈변이 나오면 병원에 가야 한다.

EHEC는 세균성 감염이지만 놀랍게도 EHEC에 걸린 사람은 항생제를 복용해서는 안 된다. 연구 결과에 따르면, 항생제가 박테리아를 없앨 때 시가독소가 배출되어 실제로는 병을 악화시킨다.

HUS가 발병하면 수혈과 투석 외에는 할 수 있는 치료가 거의 없다. 하지만 시가독소와 결합하거나 중화시키는 실험적 방법이 연구되고 있다. 공생하는 박테리아의 성장을 촉진하는 프로바이오틱스 연구나 STEC의 독소 생성을 막는 연구도 진행 중이다.

지금까지 대장균 O157:H7을 근절하려는 노력은 성공하지 못했다. 이 강인한 미생물은 산酸이나 소금, 염소에 강하다. 추위도 견뎌내고 민물이나 해수, 조리대 위에서도 며칠씩 살 수 있다. 그리고 박테리아 5마리만 있으면 병을 일으킬 수 있다. 음식물을 매개로 하는 다른 병원균은 대부분 수백만 마리의 박테리아가 필요한데 말이다.

EHEC를 예방하기 위해서는 무엇을 해야 할까? 음식물을 준비하기 전에는 손을 씻어야 한다(그리고 아기 기저귀를 간 후나 소를 비롯한 가축과 접촉했을 때도 손을 씻자). 저온 살균을 하지 않은 우유나, 저온 살균하지 않은 우유로 만든 치즈 등 위험성이 있는 음식물을 피해야 한다. 무엇보다도 간 쇠고기를 덜 익힌 상태로 먹지 말아야 한다. 조금이라도 의심이 든다면, 음식 온도계를 사용해 내가 요리한 버거나 고기의 내부 온도가 섭씨 72도 이상인지 확인해야 한다. (이는 식당에서도 법적 요구 사항이다. 하지만 질병통제예방센터의 최근 연구에 따르면 식당 10곳 가운데 8곳의 관리자는 늘 온도계로 햄버거의 온도를 재지는 않는다고 말했다.4)

인간 EHEC 대장염을 예방하는 백신은 아직 존재하지 않는다. 하지만 최근 시험에서 사육장 가축에게 시험용 백신을 접종했을 때, 배설물에서 대장균 O157:H7의 양이 크게 줄었다.

식품 방사선 조사照射(식품의 살균, 발아 억제 따위를 위해 식품에 방사선을 쬐는 일)는 대장균 O157:H7과 다른 EHEC 변종을 비롯해 흔하게 음식물을 매개로 질병을 일으키는 다른 박테리아 종을 제거할 수 있는 또 하나의 유망한 식품 안전 기술이다. 식품의약국은 육류와 가금류를 비롯하여 신선한 과일, 채소, 향신료, 기타 음식물의 방사선 조사를 승인했다. 방사선 조사의 안전성은 40년 이상 집중적으로 연구되었다. 방사선 조사는 미생물의 수를 줄이거나 제거하면서 음식물의 영양학적 가치나 맛에는 영향을 미치지 않고, 음식물이나 그 음식물을 먹는 사람이 방사능에 노출되지 않는다. 그러나 이러한 식품 조사도 적절하고 올바른 식품 처리의 대체재가 되지는 못한다.

식품 조사가 좋다는 단서에도 불구하고 조사된 음식물은 아직 널리 보급되지 않았다. 낮은 소비자 수요가 이 식품 안전 기술의 사용 확산을 지연시키고 있는 듯하다.

미래를 위한 교훈

"신성한 소가 최고의 햄버거가 된다."

마크 트웨인 Mark Twain

───

EHEC 대장염은 음식물을 매개로 하는 다수의 감염병과 함께, 농가에서 저녁 식탁까지 우리의 식품유통시스템 전반에 걸쳐 포괄적인 음식물 안전 프로그램이 필요하다는 점을 강조하고 있다.

미국 농무부는 식품의약국과 함께 식품 방사선 조사 사용을 권장하고 있다. 또한 미국 농무부는 '유기농'이라는 단어를 식품에 함부로 쓰지 못하도록 통제한다. 현재 방사선 조사가 된 식품은 언제 어떻게 성장해 생산되었는지에 관계없이 미국 농무부가 허가한 유기농 식품이라는 딱지를 붙이지 못한다. 유기농 재배 농가와 유기농 식품 업계의 핵심 인사들은 단호하게 이 결정을 지지한다. 유기농 식품을 전문적으로 취급하는 홀푸드마켓 또한 방사선 조사는 유기농 식품 생산과 양립할 수 없다고 주장한다. 그렇지만 내가 보기에는 이러한 유기농 식품 산업의 신성한 소로 햄버거를 만들 때가 아닌가 싶다.

13

장에서 일어나는 일들

"전 세계 어린이들의 최다 사망 원인이 설사라는 게 아직까지도 믿기지 않습니다."

멀린다 게이츠 Melinda Gates

실제로 설사는 아직까지도 큰 문제이다. 세계보건기구는 2017년, 매년 17억 건의 설사병이 세계적으로 아이들을 괴롭혔다고 추정했다. 그리고 5세 이하의 아동 52만5000명이 매년 설사로 죽어 간다. 이는 매일 1400명이 넘는(한 시간에 거의 60명) 아이들이 죽어 가고 있다는 뜻이다. (개발도상국 23억 인구의 고민거리인) 안전하지 못한 식수와 부적절한 위생이 이러한 사망 원인의 90퍼센트를 차지한다.

하지만 설사는 선진국에 사는 이들 역시 괴롭힌다. 앞서 언급한 것처럼 나는 1971년에서 1973년 사이 뉴멕시코주 산타페에 있는 아메리카인디언 의료서비스에서 의사로 일했다. 감염병 분야의 고등교육을 받기로 결심한 것이 바로 이때였다. 감염병이 나는 물론이고 동료 의료 전문가들의 흥미를 일깨웠기 때문이다. 내가 맡은 일 중 하나는 인디언 마을의 최고의료책임자였다. 그곳에서 보통 1주일에 두 번씩 100명이 넘는 환자를 진료하다 보니, 나는 이 충직한 사람들을 좋아하게 되었다. 그래서 산타페의 인디언 병원으로 가는 교통편을 구하기가 어려워서 한 어린아이가 설사병으로 사망했을 때, 내 가슴은 찢어질 듯 아팠다.

위장염 권위자 허버트 듀폰트Herbert Dupont에 따르면, 매년 약 1억 7900만 건의 급성설사병(다 형성되지 않은 대변이 하루에 세 번 이상 최대 2주까지 지속되는 증상)이 미국에서 발생한다.[1] 이러한 사례들은 대부분 음식물 또는 물이 매개하는 병원균에 의해 일어난다.

하지만 물이 매개하는 감염에서 선진국과 개발도상국 사이의 차이는 크다. 선진국에서 물이 매개하는 감염은 대부분 수영장, 온수욕조, 분수, 해변 등 유흥시설에서 나오는 오염된 물에서 발생한다.

위장염을 일으키는 박테리아와 바이러스, 원생동물은 아주 많다. 때때로 위장염은 위 감기라고도 불리는데, 독감 바이러스와는 전혀 무관하다. 우리는 이미 주범 박테리아에 대해 알아보았다. 6장에서 살펴본 콜레라의 원인인 콜레라균과 12장에서 설명한 장출혈성대장균 대장염이라 불리는 새로운 감염의 원인 대장균 O157:H7이 그것이다.

이 장에서는 위장관에 문제를 일으키는 새로운 병원균 3종을 집중적으로 알아볼 것이다. 이들 감염원 가운데 2가지(작은와포자충 Cryptosporidium parvum이라는 원생동물과 노로바이러스[norovirus]라는 바이러스)는 오염된 물이나 음식물을 삼킬 때 안으로 들어올 수 있다. 노로바이러스는 종종 급성위장염을 일으킨다. 세 번째 감염원 클로스트리디오이데스 디피실[Clostridioides difficile] 박테리아[2]는 미국에서 가장 치명적인 위장염의 원인이다. 항생제에 대한 내성이 매우 강하며, 사람들이 때로 손 씻기를 잊었을 때 그 병원이나 시설에 출몰한다.

크립토스포리디아증

"3월의 비와 땅 위를 흐르는 빗물은 밀워키에 진흙 말고도 많은 것을 가져다주었다. 재난의 씨앗을 가져온 것이다."

로버트 D. 모리스[Robert D. Morris], 《푸른 죽음》의 저자

크립토스포리디아증 유행병

신종 병원균에게 1993년은 성공적인 한 해였다. 같은 해에 대장균 O157:H7이 전국 뉴스를 통해 데뷔했고, 마찬가지로 무명이었던 원

생동물인 작은와포자충도 집중 조명을 받았다.

작은와포자충은 위스콘신주 밀워키의 식수를 오염시켜 3월과 4
월 사이 약 2주에 걸쳐 밀워키 지역 161만 명 주민 중 40만3000명
이 이 기생충에 의해 위장염에 걸렸다. 전체 인구의 4분의 1에 해당
한다. 이 사태로 최소 104명이 사망했다. 대부분 에이즈 환자나 노
인처럼 면역계에 문제가 있는 사람들이었다.

위스콘신주와 질병통제예방센터의 공중보건 전문가들 덕분에 이
번 사태가 용수 처리 시설의 여과 시스템을 통과하는 크립토스포리
듐 난포낭*Cryptosporidium oocyst* 때문에 발생했다는 사실이 곧바로 밝혀
졌다. (난포낭은 매우 작고 단단하고 두꺼운 막으로 둘러싸인 포자로,
감염된 사람이나 동물의 대변에 사는 기생충을 포함하고 있다.) 밀워키
의 물은 미시간 호수에서 나오는데, 오염원은 폐수를 호수로 방출
하는 하수처리장의 배출구로 드러났다.

현재까지 1993년 밀워키의 크립토스포리디아증 사태는 미국에
서 물 매개 질병이 가장 크게 발병한 사례로 남아 있다. 잭인더박스
대장균 O157:H7 유행이 쇠고기 업계에 경각심을 일깨워 주었던 것
처럼, 밀워키 크립토스포리디아증 사태는 식수 품질 관리와 폐수
관리 규제 당국에 경종을 울렸다.

최초로 기술된 인간 크립토스포리디아증 사례는 1976년 테네시
시골에 사는 세 살짜리 여자아이로, 2주 동안 심한 설사에 시달렸다.
하지만 물이 매개하는 질병이 최초로 유행한 사례는 1984년 대변에
오염된 텍사스주의 공중 우물에서 비롯되었다.

그 시기에 나는 다른 감염병 전문의들과 마찬가지로 작은와포자

충이 에이즈 환자들을 괴롭히고 있는 모습을 보게 되었다. 그들이 감염된 원인은 대개 알려지지 않았다. 이처럼 면역계에 심각한 문제가 있는 환자들에게 설사는 지겹고, 고통스럽고, 어떠한 치료에도 반응이 없는 것이었다. 크립토스포리디아증 역시 많은 에이즈 환자의 목숨을 앗아 갔다.

그 이후 작은와포자충은 물로 매개하는 병원균 중 세상에서 가장 흔한 종류로 떠올랐다. 2012년에는 8008건의 사례가 질병통제예방센터에 보고되었다. 이 가운데 5.3퍼센트가 이미 감지된 감염 유행과 관련되어 있었다. 그리고 2016년 여름에는 오하이오주 콜럼버스와 애리조나주 마리코파카운티의 공공 수영장 이용자 수백 명이 몸에 들어온 작은와포자충에 의해 감염되었다. 병에 걸릴 확률이 가장 높은 사람들은 1세에서 4세 사이의 아이들, 그리고 그 뒤를 이어 80세 이상의 노인들이다. 최근 중국에서 수행된 연구에 따르면 개발도상국의 아이들은 작은와포자충에 감염될 위험이 크다.

오염된 물(식수와 유흥 시설에서 사용하는 물 모두)과 음식물(과일, 채소, 날고기)은 가장 일반적인 전파 수단이다. 인간은 작은와포자충 난포낭을 먹거나 마시는 방법으로 기생충을 몸 안에 들인다.

감염된 인간이나 동물 한 개체의 대변에는 수백만 개의 난포낭이 살 수 있다. 그러나 텍사스대학교의 어떤 실험에서는 인간 자원봉사자를 감염시켰을 때 불과 10개의 난포낭을 받은 실험 대상자의 40퍼센트에게서 설사병이 나타났다. 다른 연구에 따르면 단 하나의 난포낭만으로도 병이 발생했다고 한다. 증상이 시작되면 대변으로 난포낭이 배출되기 시작하며, 설사가 멈춘 후에도 여러 주 동안 배출이 지속될 수 있다.

　대부분의 새로운 감염과 마찬가지로 크립토스포리디아증은 인수공통감염병으로, 소가 작은와포자충의 주요 보균자인 것으로 보인다. 하지만 크립토스포리듐의 다른 종들은 다른 동물에게서 유래했을 수 있다.

적, 적이 노리는 것, 그리고 그 여파

크립토스포리듐은 미국의 의사이자 기생충학자 어니스트 타이저 Ernest Tyzzer에 의해 1907년 쥐의 내장에서 발견되었다. 하지만 크립토스포리듐의 수의학적·의학적 의미가 알려지게 된 것은 거의 70년이 지나 인간에게서 최초로 크립토스포리디아증이 발견되면서부터다. 크립토스포리듐에는 많은 종이 있지만, 작은와포자충과 크립토스포리듐이 인간을 가장 많이 감염시킨다.

　말라리아를 일으키는 열원충이나 바베시아처럼, 크립토스포리듐은 진핵생물 영역의 정단복합체충류Apicomplexa문에 속한다. 난포낭의 겉껍질(대변으로 배출되는 감염 형태)은 몸의 외부에서도 오랫동안 살아남고, 염소에 대한 내성도 갖추고 있다. 그리고 작은와포자충 또한 다른 많은 살균제를 견뎌 낼 수 있다. 일단 난포낭이 섭취되고 나면 소장 안에 있는 상피세포에 달라붙어 다른 형태의 기생충으로 변신한다.

　크립토스포리디아증의 증상은 매우 다양하게 나타난다. 증상이 전혀 나타나지 않기도 하지만,[3] 설사가 극도로 심해져서 사망에 이르기도 한다. 면역계가 온전하게 기능하는지 여부에 따라 병이 심각하게 진행될지 결정되는 경우가 많다. 에이즈와 장기이식 등으로 면역이 결핍되어 있다면 중증 진행 위험 요소로 작용할 수 있다.

크립토스포리디아증의 증상은 평균적으로 감염된 지 1주일 뒤에 나타난다. 가장 흔한 증상은 물설사다. 위경련, 메스꺼움, 구토, 발열, 탈수 등도 나타난다. 증상은 정상 면역계를 가졌을 경우 최대 2주까지 지속되지만, 면역계에 문제가 있는 환자들은 여러 달 동안 불규칙적으로 계속될 수 있다. 면역계가 손상되면 증상이 담낭, 담관, 췌장, 기도 등 다른 장기로 확산될 수 있다.

치료와 예방

식사를 준비하기 전과 식사하기 전, 동물이나 기저귀를 찬 아기를 만지고 난 후 손을 씻는 행위는 질병을 예방하는 가장 중요한 조치다.

시중에서 구할 수 있는 (전부는 아니지만) 많은 가정용 정수 필터는 크립토스포리듐을 제거한다. 면역 기능에 문제가 있는 사람은 질병통제예방센터 웹사이트에서 〈정수 필터 지침서〉의 구체적인 권고 사항을 읽어 보기 바란다.

유체 및 전해질 치환이 주요 치료 기법이고, 지사제는 설사를 늦추는 데 도움이 된다. 아이들과 임산부, 면역 기능에 문제가 있는 사람은 의사가 면밀히 관찰해야 한다.

니타조사나이드nitazoxanide라는 구충제는 환자의 면역계가 건강할 경우 치료용으로 사용할 수 있다는 식품의약국의 승인을 받았다. 하지만 면역 기능에 문제가 있는 환자에게도 효과가 있는지는 분명하지 않다.

지금까지 작은와포자충에 효과적으로 대응하는 백신은 상용화 되지 않았다.

질병통제예방센터 웹사이트에서는 물에 크립토스포리듐 난포낭이 없도록 관리하는 지침, 크립토스포리디아증에 대한 일반적인 예방법, 아이들을 위한 예방법, 면역계에 문제가 있는 사람을 위한 예방법을 확인할 수 있다.

미래를 위한 교훈

"수많은 사람이 사랑 없이 살 수 있지만, 물 없이는 단 한 명도 살 수 없다."

W. H. 오든W. H. Auden

———

지구의 72퍼센트는 물로 덮여 있다. 하지만 그 물의 97퍼센트는 식수로 사용하기에 적합하지 않은, 소금을 함유한 해수다. 신선한 물은 소중한 자원이다. 그리고 신선한 물에는 미생물이 가득해서, 티스푼 하나에 40만 마리에 달하는 박테리아가 들어 있다. (그러나 이는 해수 티스푼 하나에 존재하는 박테리아 수의 8퍼센트도 되지 않는다.) 다행히도 이 미생물들은 거의 무해하며, 그중에는 유익한 미생물도 있다.

하지만 레지오넬라 뉴모필라(10장을 보라)나 작은와포자충의 난포낭 같은 것들이 물에 있으면 인간에게 큰 문제를 일으킬 수 있다. 비록 이들처럼 물을 매개로 하는 병원균의 전파 방법은 서로 매우 다르기는 하지만(레지오넬라 뉴모필라는 에어로졸화된 비말, 크립토스포리듐은 오염된 물을 마시는 것으로 전파된다), 두 미생물은 우리에

제2부 · 인간의 적

게 같은 교훈을 준다.

우연히도 레지오넬라와 크립토스포리듐은 모두 1976년 인간에게 해를 끼치는 모습이 발견되었다. 그 후 두 병원균은 폐렴(레지오넬라병)과 위장염(크립토스포리듐)을 발생시키는 원인으로 지목되었다. 두 사례는 모두 적절한 배관과 수질 및 하수 관리, 공중보건 관계자들의 노력을 통해 우리가 사용하는 물을 관리하고 감시하는 일의 중요성을 일깨워 주었다.

노로바이러스

"진정하고 손이나 씻으세요. 자주 씻으세요. 비누칠도 하시고요."

내가 환자들(과 그 외에 들어주는 사람)에게 하는 말

———

노로바이러스 유행

노로바이러스는 오하이오주 노워크에서 발생한 위장염 유행의 원인으로서 최초로 인지되었다. (속명인 노로바이러스^{Norovirus}는 노워크 바이러스에서 유래했다.) 유행은 1968년에 일어났지만, 바이러스 자체는 1972년 전설적인 바이러스 학자 앨버트 카피키안$^{Albert\ Kapikian}$에 의해 발견되었다.

이후 수십 년에 걸쳐 노로바이러스는 전 세계적으로 중증 위장염의 주요 원인이 되었다. 현재 미국과 영국에서 노로바이러스는 가장 흔한 위장염 원인이다. 미국에서는 노로바이러스가 매년 약 2100만 건의 위장염을 일으킨다. 세계적으로는 매년 2억7100만 명이 감염되어, 20만 명 이상이 목숨을 잃는다. 이들은 대부분 어린아이들과 노인, 면역계에 이상이 있는 사람들이다. 현재 연구원들은 전 세계 위장염의 절반 이상이 노로바이러스에 의한 것으로 추정하고 있다.[4]

장기요양시설이나 병원, 학교, 감옥, 클럽, 기숙사, 식당처럼 전체 또는 일부가 폐쇄된 환경에서 자주 감염이 발생한다. 유람선에서 일어나는 감염은 언론의 많은 질타를 받지만(미국 항구에 정박하는 선박에서 매년 약 20건이 보고되고 있다), 유람선은 전체 감염 발생 중 겨우 1퍼센트에 해당하는 장소일 뿐이다. 또한 최근 들어 유람선에서 발생하는 감염이 점차 줄어들고 있다. 질병통제예방센터의 기록에 따르면 2018년 유람선에서 발생한 위장염은 10건에 불과했다. 2001년 이후의 기록에서 두 번째로 낮은 수치다.

한국의 평창에서 열린 2018 동계올림픽을 봤다면, 노로바이러스 때문에 많은 선수가 출전하지 못했다는 사실을 알 것이다. 2월 8일까지 128건이 확진되었다. 혹자는 저 선수들이 이 못된 바이러스 때문에 나가떨어지지 않았다면 얼마나 많은 메달이 그들 차지였을까 궁금해하기도 한다.

그렇다면 노로바이러스는 왜 그렇게 병원균으로서 성공했을까? 주된 이유는 매우 강한 전염성이다. 노로바이러스는 감염을 일으키는 데 18개의 바이러스 입자만을 필요로 한다. 그리고 감염된 사람에게서 나온 티스푼 하나 정도의 배설물에는 약 4500억 개의 바이러스 입자가 있다.

비록 최근 연구에서 굴과 개도 노로바이러스를 보균할 수 있다는 주장이 나왔지만, 인간은 노로바이러스가 서식할 수 있다고 확인된

제2부 · 인간의 적

유일한 생명체다. 전파는 일반적으로 3가지 경로를 통해 일어난다. 인간에게서 직접 인간으로, 또는 오염된 음식물이나 물을 통해 인간으로 전해지는 경로다.

노로바이러스 위장염은 겨울 구토병이라고 불리는 경우가 많다. 주로 겨울에 많이 발생하고 주요 증상이 구토이기 때문이다. 캐나다 연구원들은 최근 노로바이러스 RNA가 환자 입원실과 복도의 공기를 순환하고 있다는 사실을 발견했다. 이는 구토가 공기를 매개로 하는 전파를 촉진할 수도 있다는 뜻이다.

각종 샐러드 재료와 조개류는 식품을 매개로 하는 노로바이러스 감염과 가장 연관이 많은 식품이다. 발병을 조사할 때 감염 경로를 추적해 보면 70퍼센트는 감염된 식품을 취급한 사람이 나온다. (2015년 치포틀 레스토랑에서 식사한 500여 명에게서 노로바이러스 유행이 발생했다. 2016년 2월 8일, 식품 안전 문제를 해결하기 위한 전 직원 참여 회의를 개최하는 동안 치포틀 체인점 소속 대략 2000개 매장이 문을 닫았다.)

이와 같은 수치를 고려해 볼 때 노로바이러스로 인한 전 세계의 경제적 부담이 600억 달러에 이른다는 사실은 놀랍지 않다. 일부 전문가는 이마저도 보수적인 수치로 간주한다.

또한 노로바이러스는 재사용 용수와 관련된 위장염을 발생시키는 가장 주된 원인이다. 기타 발생 원인으로는 우물 물, 수돗물, 그리고 심지어 제빙기도 포함된다.

적, 적이 노리는 것, 그리고 그 여파

노로바이러스는 칼리시바이러스과에 속하는 단일가닥 RNA 바이러스로, 유전적으로 다양한 집단이다. 다른 RNA 바이러스와 마찬가지로 노로바이러스는 단백질 코딩 유전자가 9개에 불과한 단순 생명체다. 최근 연구에 따르면 노로바이러스는 보호막으로 덮인 소포 클러스터에 모여 있는데, 이는 노로바이러스가 치명적인 이유 중 하나다.

노로바이러스는 죽이기 어렵기로 악명이 높다. 식품이나 주방기기 표면, 각종 도구 등에서 2주일까지 살아남으며 추위나 섭씨 60도에 달하는 열도 견뎌 낸다. 또한 여러 가지 일반적인 용도의 소독제나 손 세정제도 견뎌 낸다.

인간이 감염되면, 노로바이러스는 소장 안에 자신을 복제한다. 감염된 사람의 최대 30퍼센트까지는 아무런 증상을 보이지 않는다. 하지만 나머지 70퍼센트에서 일반적으로 12시간에서 48시간의 잠복기를 거친 후 혈변이 없는 설사와 메스꺼움, 구토, 위경련 등의 증상이 나타나기 시작한다. 어떤 경우에는 설사나 구토 증상만 보이며, 낮은 수준의 발열이나 몸살이 나타날 수도 있다. 이러한 증상 때문에 위 감기라고도 부르지만, 사실 노로바이러스와 인플루엔자 바이러스는 전혀 관계가 없다.

증상이 심할 수도 있지만, 보통은 하루에서 사흘 안에 사라진다. 환자의 10퍼센트 정도만 병원을 찾을 수준으로 발병하지만 입원을 해야 하는 경우도 있으며, 노인 환자의 경우에는 노로바이러스로 인해 자주 사망한다. 장기요양시설에서 발병한 사례를 자주 볼 수 있다.

노로바이러스는 감염으로부터 약 4주 후에 대변으로 배출된다. 바이러스에 감염되었지만 발병하지 않은 사람도 대변을 통해 바이러스를 배출한다.

인간의 몸이 정확히 어떤 방법으로 노로바이러스에 맞서서 자신을 방어하는지는 아직 알려지지 않았다. 한 가지 가능성 있는 방어 메커니즘은 우리가 3장에서 상세히 살펴본 건강한 장 마이크로바이옴 미생물과 관련이 있다. 이와 관련해 줄리 파이퍼Julie Pfeiffer와 허버트 버진Herbert Virgin은 최근 《사이언스》에 실은 글에서 장내 박테리아, 고세균, 곰팡이, 바이러스, 진핵생물의 상호작용을 포함한 ("트랜스킹덤transkingdom"이라고도 부르는) 협응이 노로바이러스를 통제하는 역할을 할 수 있다는 주장을 제기했다. 이들의 가설은 노로바이러스를 비롯한 기타 장내 병원체들에 감염된 사람 중 많은 이들에게서 증상이 나타나지 않는 이유를 설명할지도 모른다.

치료와 예방

노로바이러스를 치료할 수 있는 특정한 약은 없다. 이 병은 바이러스 감염이기 때문에 항생제를 사용해서는 안 된다. 치료는 구토나 설사로 인한 체액 손실에서 오는 탈수를 예방하는 데 집중한다. 이러한 증상을 조절하는 약물이 도움이 된다.

질병통제예방센터는 노로바이러스 위장염 발생을 예방하고 통제하기 위한 근거 기반 최신 지침을 일반 환경과 의료 서비스 환경용으로 모두 제공하고 있다.

비누와 흐르는 물에 20초 이상 손 씻기는 노로바이러스 전파를 줄이는 효과적인 방법이다. 손 세정제(젤, 거품, 액체용액)보다는 비누와 물로 손을 씻는 것이 더 효과적으로 보인다. 화장실에 갈 때마다 손을 씻는 것은 물론이고, 식재료를 준비할 때 다음 식재료로 넘어가기 전에 모든 주방 도구와 표면을 비눗물로 소독해야 한다. 신선한 과일과 채소는 먹기 전에 철저히 씻고 고기, 생선, 가금류 등은 모두 익혀 먹도록 한다.

조리대는 가정용 표백제를 포함한 용액으로 소독할 수 있다. 맨 처음에 비누와 따뜻하고 깨끗한 물로 이물질을 없앤 다음 표백제로 소독해야 한다. 사용하는 가정용 제품의 안전 지시 사항을 읽고 따르도록 하자.

현재 노로바이러스 위장염을 예방하는 백신은 없다. 하지만 가능성이 큰 백신에 대한 임상 시험이 진행 중이라는 소식이 있다.

노로바이러스는 어떤 면에서 배설물-구강 경로에 의해 전파되는 또 다른 신종 RNA 바이러스 병원균인 로타바이러스rotavirus와 유사하다. 다행히도 로타바이러스는 등장하고 나서 곧바로 쇠퇴해 버렸다. 1973년 처음 발견된 로타바이러스는 얼마 지나지 않아 미국 입원 아동들에게 설사를 일으키는 가장 흔한 원인인 것으로 밝혀졌다. 하지만 로타바이러스 백신이 개발되어 2006년에 소개되자 미국에서 감염률이 75퍼센트 이상 떨어졌다. 이는 성공적인 백신 접종 노력의 장점을 보여 주는 훌륭한 사례. 그리고 비영리 단체와 정부 기관의 재정 지원으로 로타바이러스 백신은 아직까지 병이 널리 퍼져 있는 개발도상국에서도 구할 수 있다.

오늘날 노로바이러스는 모든 연령대에서 급성위장염의 주요 원인이다. 하지만 로타바이러스 백신의 개발과 성공은 곧 노로바이러스 역시 이에 버금가는 백신을 개발할 수 있으리라는 기대를 품게 한다.

미래를 위한 교훈

"노인병 연구는 소아병에서 시작한다."

무명씨

———

비록 노로바이러스의 노워크 종이 약 50년 전에 발견되기는 했지만, 실제로는 매우 오랫동안 우리와 함께 있었을 것이다. 바이러스를 식별하는 기술은 이전에도 있었지만, 연구원들의 관심을 끌기 위해서는 오하이오주의 노워크 사례처럼 대규모 발병이 필요했다. 바이러스가 어디서 어떻게 발생했는지는 아무도 모른다.

대부분의 신종 감염병과는 달리 노로바이러스 위장염은 동물에게서 인간으로 전파되지 않는다. 하지만 우리 주위를 떠도는 막대한 바이러스 입자를 고려하면 일부 동물에 바이러스가 살고 있을 가능성은 남아 있으며, 그러한 동물병원소animal reservoir를 찾는 연구가 계속되고 있다.

앞서 언급한 것처럼, 일부 단서에 따르면 굴에 노로바이러스가 살고 있을지도 모른다. 헬싱키대학의 식품위생 및 환경보건과 연구진은 최근 연구에서 1가지 형태의 노로바이러스가 반려견의 몸에 살고 있었다고 밝혔다. 하지만 이 연구 결과가 개에게서 사람으로,

또는 사람에서 개에게로 전파 가능한 인간유래 인수공통감염증을 증명하는지는 아직 확실하지 않다.

이 책을 읽으면서 아마도 한 번쯤은 왜 어린아이와 노인의 감염 및 사망 확률이 높은지 의문을 품었을 것이다. 이는 중요한 질문이다. 노로바이러스 위장염을 포함한 수많은 감염병에서 그 대답은 삶과 죽음을 갈라놓을 수 있다.

나는 20년 넘게 도심 지역의 병원에서 내과의와 감염병 컨설턴트로 일하면서 노인 감염병에 대한 임상 실험을 수행했다. 그러는 동안 이 의문은 내내 내 곁을 떠나지 않았다. 최선의 설명은 일부 노인의 면역계가 어린아이들의 면역계를 반영한다는 것이다.

4장 내용 중, 처음 보는 병원균과 마주했을 때 처음부터 나를 방어해 줄 면역의 특징을 선천면역이라고 한 것을 기억할 것이다. 하지만 면역계는 적응면역이라는 두 번째 특징을 구축해야 한다. 이러한 구축 과정은 새로운 병원균의 도전을 받을 때마다 나타난다. 이와 관련된 세포는 T림프구와 B림프구다. 이들은 병원균과의 첫 번째 만남으로 준비를 마치면, 다음에 다시 만났을 때 행동(즉 인지)하기 시작한다.

그러므로 내가 신생아라면 구축해야 할 과정을 많이 남겨 두고 있는 셈이다. 즉 나는 많은 감염원에 취약한 상태다. 그리고 모든 것이 그렇듯 나이가 들면서 우리의 적응면역 체계는 이전과 달라진다. 이처럼 일부 노인에게서 면역력이 약해지는 현상을 면역 노화라고 한다. 70세가 넘어가면 면역계는 점점 아이와 비슷해진다. 그리고 어린 시절에 최초로 인지했던 특정 병원균에게 쉽게 감염되는 특징이 되돌아온다. 많은 백신이 어린이와 노인층에게 효과가 없는 이유이다.

하지만 다행인 점은 모든 사람이 그렇지는 않다는 것이다. 70대, 80대, 90대, 그리고 100세가 넘은 많은 사람의 면역계는 중년의 면역계만큼이나 튼튼하다. 이들은 왜 운이 좋은 걸까? 아무도 모른다. 이는 면역의 여러 미스터리 중 하나이다.

노인 인구 급증은 분명 좋지 않은 소식이다. 2050년까지 65세가 넘는 사람들이 미국 인구의 20퍼센트 이상을 차지할 것이다. 이는 장기요양시설에 사는 사람들이 많아지고, 이로 인해 노로바이러스 위장염 같은 감염이 더 자주 발생할 것임을 암시한다.

클로스트리디오이데스 디피실 감염

"지난 5년 동안 클리스트리오이데스 디피실이 전 세계적으로 확산된 데에는 항공기 여행, 구입과 복용이 쉬워진 항생제, 인구 고령화 등의 도움이 컸다."

J. 토머스 라몬트J. Thomas LaMont, 《30분 클로스트리오이데스 디피실》 저자

———

클로스트리디오이데스 디피실 감염병 유행

나는 1977년 감염병 전문의로서 수련을 마치자마자 오투로라는 68세 환자를 보게 되었다. 은퇴 교사인 오투로는 상당히 위중한 설사병을 앓고 있었다. 동료들과 나는 오투로가 건강을 되찾을 수 있도록 최선을 다했으나, 충격적이게도 5일 만에 사망하고 말았다.

오투로는 내가 보살핀 최초의 환자 중 1명이었는데, 이후에 신

종 감염병을 앓고 있던 것으로 밝혀진다. 사망 후에 그를 죽음으로 몰고 간 병이 클로스트리디오이데스 디피실$^{Clostridioides\ difficile}$(C. diff)이라는 박테리아에 의해 생긴다는 사실을 발견하기까지는 시간이 필요했다. (당시에는 클로스트리듐이라고 불렀다.) 거짓막대장염 pseudomembranous colitis라는 이 병은 현재 매년 3만 명에 달하는 미국인의 목숨을 앗아 가고 있다.

당시에는 언젠가 이 병에 대변 미생물군 이식이라는, 인간의 배설물을 사용하는 치료법을 사용하게 될 것이라 생각했던 사람은 아무도 없었다.

또한 초년병 시절이었던 나는 칼 워즈에 대해 전혀 알지 못했다. 그가 고세균이라고 명명한 새로운 미생물 영역에 대해서도, 동료들과 함께 발명한 기술에 대해서도 전혀 몰랐다. 1장에서 보았듯이 그 기술은 생명의 나무를 새롭게 이해할 수 있게 해 주었고, 인간 마이크로바이옴에 대해 오늘날 우리가 아는 것의 대부분을 알려 주었다. 훗날 연구원들은 이러한 기술을 이용하여 C. 디피실이 쑥대밭으로 만들었던 오투로의 장에 수조 마리의 미생물이 살고 있으며, 그중에는 병원균도 막아 내는 능력이 있는 미생물이 있다는 것을 알게 되었다. 당시 의료진에게 현재의 인간 마이크로바이옴에 대한 지식이 있었더라면 아마도 오투로의 생명을 구할 수 있었을 것이다.

거짓막대장염 유행 초기에는 항생제와 C. 디피실의 등장, 그리고 대장염(결장의 염증) 발병 사이의 관계가 빠르게 설정되었다. 우리는 C. 디피실 감염$^{C.\ difficile\ infection}$(CDI)에 걸린 환자들만이 발병 전에 항생제를 먹었다는 사실을 분명히 확인했다. 당시 클린다마이신이라는 항생제가 미국 병원에서 널리 쓰이고 있었는데, 이 항생제와 관련된 문제처럼 보였다. 사실 이 항생제는 오투로의 치료에 사용된 것이었다. 연구원들은 훗날 클린다마이신이 다른 항생제와 함께 실제로 *C.* 디피실을 저지하는 박테리아를 장에서 제거한다는 사실을 알아냈다.

이제 시간을 40년 정도 뒤로 감아 현재로 돌아오자. 지금까지 모든 항생제는 CDI를 촉발하는 것으로 알려져 있고, 이는 북미와 유럽의 병원에서 발생한 설사의 주요 원인이 되었다. CDI 사례 건수는 미국에서만 연간 약 50만 건으로 급증했고, 설상가상으로 사망률은 20배 증가했다. 미국에서는 입원한 환자 중 1만5000명이 매년 CDI로 사망한다. 또한 병원에서 감염된 CDI는 치료비가 아주 비싸서 웬만한 입원비보다 4배 더 청구된다.

최근에는 CDI가 병원을 벗어나 도심지와 마을로 확산되어, 전체 사례의 30퍼센트를 차지하고 있다. CDI는 선진국에서 압도적으로 높은 비율로 치명적인 위장염의 원인이 되었다.

어찌 보면 *C.* 디피실이 병원균으로써 기념비적인 성공을 거둔 이유는 간단하다. *C.* 디피실은 배설물-구강 경로를 따라 인간에서 인간으로 전파되는데, 대개 의료 서비스 제공자의 오염된 손을 거치게 된다. 식품이나 물, 동물병원소도 필요하지 않다. 위험에 처하는 집단은 둘뿐이지만, 그 두 집단에 많은 사람이 속해 있다.

우선 항생제를 복용하는 사람은 누구나 CDI 감염 위험에 노출되어 있다. 항생제 치료를 받는 환자들이 많이 모여 있는 곳은 어디일까? 바로 병원과 장기요양시설이다. 전체 입원 환자의 절반 정도와 다수의 장기요양시설 거주인이 항생제 치료를 받는다.

노로바이러스 감염을 떠올리게 하는 두 번째 위험 요소는 바로 노령화다. 의료 서비스 관련 CDI 사례의 3분의 1 가량이 65세 이상으로, CDI로 사망한 사람의 80퍼센트 이상이 이 연령대이다. 2018년 《감염병 저널》에 보고된 버지니아대학교의 최근 연구에 따르면, 노인들의 CDI 발병 위험 증가는 연령에 따른 장 마이크로바이옴 변화 때문일 수 있다.[5] C. 디피실의 영향력 증가를 설명하는 추가적인 두 요소는 생물학과 관련되어 있다. C. 디피실은 스트레스를 받으면 포자를 형성하는데, 이 포자는 매우 질겨서 표면에서 5개월까지 휴면 상태로 생존할 수 있다. 포자는 혐기성 환경, 즉 산소가 부족한 환경에서 발아하는데, 가장 쉽게 볼 수 있는 혐기성 환경은 인간의 결장이다.

게다가 우리의 장내 미생물 연합은 물론이고 면역계 세포에 맞서 스스로를 방어하기 위해 C. 디피실은 결장을 손상시키는 독소를 생성한다. 좋은 미생물(우리 장 마이크로바이옴의 친밀한 친구들)과 나쁜 미생물(독소를 생성하는 C. 디피실) 사이에서 우리의 결장은 싸움에 휘말려 버린다.

CDI 유행은 두 번의 파도로 우리를 쓸어 버렸다. 21세기가 시작하기 전의 첫 번째 파도에서, CDI는 심각하지만 관리할 수 있는 문제로 여겨졌다. 하지만 2001년이 시작하면서 처음에는 미국에서, 그다음에는 캐나다와 유럽 국가들에서 CDI 감염 비율이 급증하기 시작했다. 이와 함께 응급결장수술이 필요한 사례도 늘어났고 사망률이 증가했다. 이러한 놀라운 전개는 BI/NAP1/027로 지정된 C. 디피실의 변종이 출현했기 때문이었다.

적, 적이 노리는 것, 그리고 그 여파

C. 디피실은 1935년 이반 홀Ivan Hall과 엘리자베스 오툴Elizabeth O'Toole
에 의해 건강한 신생아의 배설물에서 최초로 분리되었다. 그 이름은
실험실 배양을 통해 미생물을 성장시키는 것이 얼마나 어려운지 반
영하고 있다. 또한 이들은 C. 디피실이 생쥐에 매우 치명적인 독소를
생성한다는 사실을 보여 주었다. (우연하게도 속의 명칭인 클로스트리
듐Clostridium이 최근 분류학자에 의해 클로스트리디오이데스로 바뀐 반
면, 임상에서 쓰이는 별명인 C. diff는 변함없이 쓰일 것 같다.)

하지만 40년 넘게 지나서야 두 연구 팀(W. L. 조지W. L. George와 존
바틀렛John Bartlett과 동료들)이 C. 디피실과 항생제 치료, 거짓막대장
염 사이의 연관성을 밝혀냈다.

C. 디피실이 생성하는 (독창성 있는 이름은 아닌) 독소 A와 독소 B
라는 2가지 독소에 많은 관심이 집중되었다. 두 독소 가운데 독소 B
는 결장에 심각한 염증을 유발하는 강력한 독소이다. 간단히 NAP1
이라고 불리는, 새롭게 등장한 BI/NAP1/027 변종은 매우 치명적이
다. 이 변종은 이례적으로 많은 양의 강력한 독소를 생성하며, 덜
치명적인 변종보다 쉽게 전파된다. 또한 이 변종은 포자를 지나치
게 많이 생성한다.

데이비드 아르노프David Arnoff는 자신의 논문 《클로스트리듐 디피
실 감염에서 숙주와 병원균의 상호작용: 탱고를 추려면 두 사람이
필요하다》에서 CDI 사망률이 급격히 치솟는 이유로 NAP1 변종 확

산과 노인 입원 환자 수 증가를 지적한다.

지역사회에서 CDI에 걸린 사람들은 일반적으로 의료 기관에서 감염된 환자들보다 젊으며, 심각한 질병이나 사망에 이르는 가능성이 훨씬 낮다. 그럼에도 불구하고 이들 중 40퍼센트는 입원을 요구하는 수준으로 발병한다.

독성을 생성하는 C. 디피실이 지역사회의 정확히 어디서, 그리고 어떻게 사람의 몸에 들어가는지는 분명하지 않다. 클로스트리듐속에 속하는 박테리아는 자연 어디에나 있다. 토양, 물, 반려동물, 고기, 채소 등에 포자가 존재할 수 있다. C. 디피실이 이러한 환경에서 친족과 합류하는지는 알려져 있지 않다. (만일 그렇다면 불안해진다.)

위장관에서 C. 디피실과 맞서는 우리 몸의 면역 방어는 복잡하며, 장내 마이크로바이옴과 선천 및 적응면역계 세포 사이의 정교한 균형 등을 포함한다. 최근 앤아버의 미시간대학교 연구원들은 결장에 발판을 확보하려는 C. 디피실을 막을 수 있는 단일 미생물 종은 없다고 보고했다. 저항군은 오히려 결장 내에서 상호작용하는 미생물군 5가지로 구성되어 있음이 밝혀졌다.[6]

독소 B에 대한 항체는 CDI로부터 장을 보호한다고 알려져 있다. 그리고 버지니아대학교 연구원들의 최근 연구에 따르면, 독소는 역시나 C. 디피실로부터 장을 보호하는 백혈구의 한 유형인 호산구를 손상시킨다.

지금 생각해 보면 홀과 오툴이 초기에 건강한 신생아의 배설물에서 C. 디피실을 발견한 것은 놀라운 일이 아니었다. 유아 초기에 아이들은 대부분 몸 안에 C. 디피실의 변종을 지니고 있다. 그리고 대다수는 병의 증상이 나타나지 않는다. C. 디피실은 증상을 보이지 않는 전체 성인의 2~5퍼센트의 결장에도 존재한다.

병에 걸리게 되는 주요 원인은 우호적인 경쟁자를 제거하는 항생제에 의한 장 마이크로바이옴 장애 때문이다. 병은 단순한 물설사로 시작된다(24시간 안에 3회 이상의 묽은 변). 이러한 초기 증상은 항생제 치료를 받은 환자의 10~15퍼센트에게 일어나는 항생제 연관 설사Antibiotic-Associated Diarrhea(AAD)라고 불리는 양성 질환의 증상과 유사하다. C. 디피실이나 그 독소에 대한 배설물 테스트는 CDI에서 AAD를 분류하는 데 도움이 된다.

CDI가 진행되면 중증 거짓막대장염이 발생하고, 어떤 경우에는 결장의 뚜렷한 확장이 일어난다(독성거대결장으로 알려진 병이다). 중증 환자 중 최대 20퍼센트에게는 설사가 가라앉고 변비와 복부팽만감이 찾아온다. 중증 CDI 환자들은 저혈압, 신장 또는 호흡부전을 경험하며, 몸 전체에 손상의 증거가 남는다.

C. 디피실 자신은 보통 결장 안에 그대로 머물면서, (결장절제술이라고 하는) 응급결정제거가 필요할 수도 있는 과잉활성면역반응을 유발한다. CDI의 전반적인 사망률이 약 5퍼센트인 반면, 결장절제술 이후 사망률은 70퍼센트에 이른다.

치료와 예방

다소 역설적이지만 CDI 치료에서 가장 중요한 것은 항생제이다. 메트로니다졸metronidazole이나 반코마이신vancomycin을 경구 투여한다. 보다 심각한 감염일수록 반코마이신이 선호된다. 이 치료를 받은 환자 대부분에게서 긍정적인 반응이 나타나지만, 약 25퍼센트는 재발성 CDI로 알려진 더 나쁜 병에 걸린다. 이름에서 알 수 있듯이 이 병은 나타났다가 잠시 사라지고 다시 나타나는 만성질환이다. 심각한 결장염으로 발전하면 다른 항생제를 처방하거나 새로운 투여 경로(정맥이나 관장)를 시도한다. 사망 위험이 있다고 여겨지는 사람들에게는 결장 제거 수술이 필수적이다. 하지만 요즘에는 이처럼 사망 직전의 단계에 도달하기 전에 대변 미생물군 이식(감염 현장에 우리의 친밀한 미생물 친구들을 배달하는 수단)이 강력하게 권장된다. (대변 미생물군 이식에 관한 자세한 내용은 16장에서 다룬다.)

재발성 CDI 환자는 치료하기가 아주 까다롭다. 첫 번째 재발은 일반적으로 반코마이신과 CDI에 효과적이라고 입증된 다른 항생제를 조합하여 치료한다. 프로바이오틱스를 이용한 치료법은 매력적인 요법이다. 17장에서 논의하겠지만, 프로바이오틱스는 "적절한 양을 투여하면 숙주의 건강에 이로움을 전해 주는 살아 있는 미생물"로 정의된다. 프로바이오틱스(비병원성 박테리아 또는 곰팡이) 섭취를 통한 CDI 치료 및 예방이 시도되었지만, 이 글을 쓰는 시점에서 권장하기에는 데이터가 충분하지 않다.

안타깝지만 CDI를 예방하는 백신은 구할 수 없다. 하지만 재발성 CDI에 대한 새로운 면역학적 치료법의 성공은 고무적이다. 치료 전략 중 하나에서는 엡셀렌ebselen이라는 약물 유사 분자를 통해 항독소를 사용한다. 2017년 1월, *C.* 디피실 독소 B에 대한 인간단일클론항체인 베즐로토주맵bezlotoxumab의 무작위 임상 시험 두 건에서 양성적인 결과가 나왔다고 보고되었다. 또 다른 전략은 독소 A와

제2부 · 인간의 적

독소 B에 대한 면역에 성공한 소에서 얻은 고면역 초유hyperimmune colostrum(임신 말기에 생성된 우유의 한 형태)를 투여한다.

물론 예방이 감염과 치료보다 훨씬 선호되는 전략이다. *C.* 디피실이 인간에서 인간으로 전염될 때 오염된 손을 통해 전파되기 때문에, 꼼꼼하게 손 씻기와 장갑 사용은 주요한 예방법이다.

의료 서비스 제공자들은 모두 손 위생에 엄격할 것이라고 생각하겠지만, 안타깝게도 현실은 그렇지 않다. 의사, 간호사를 비롯해 환자와 접촉하는 사람들이 제대로 손을 씻거나 장갑을 착용하지 않는 경우가 빈번하다. 이것은 그들이 무관심하거나 질병 발생의 미생물 원인설을 믿지 않아서 그런 것이 아니라, 너무 바빠서 깜빡하는 경우가 많기 때문이다.

2016년 5월 질병통제예방센터는 깨끗한 손 캠페인을 시작했다. 이 감염 통제 프로그램이 손 위생을 장려하는 이전의 노력보다 효율적이었는지는 시간이 말해 줄 것이다. (이 캠페인은 또한 14장과 15장에서 이야기할 병원 관련한 새로운 감염병의 예방과 밀접하게 관계되어 있다.)

하지만 손 씻기를 완벽하게 하더라도 *C.* 디피실은 쉽게 포기하지 않는다. *C.* 디피실의 포자들은 산성인 데다 내열성이 있어서, 알코올 성분의 손 세척제나 일상적인 표면 세정으로는 죽지 않는다.

CDI 환자들은 통상적으로 감염 전파를 예방하기 위해 다른 환자들과 격리된다. 최근 캐나다에서 연구한 결과에 따르면, 입원할 때 모든 환자가 *C.* 디피실 검사를 받아 보균자를 격리하는 것으로 CDI 발생을 줄일 수 있다고 한다. 2016년 뉴욕시에서 수행된 연구로부터 우려스러운 결과가 보고되었는데, 병상 침대를 이전에 사용한 환자의 항생제 투약 여부에 따라 CDI에 걸릴 위험도가 증가했다.

좋은 박테리아를 사용하여 CDI를 예방하는 또 다른 방법은 *C.* 디피실의 포자 생성 능력을 이용한다. 하지만 이 경우 포자들은 독소를 생성하지 않는 *C.* 디피실 변종에서 나온다. 환자들은 이 포자들을 삼켜 장에서 경쟁하게 하여 독소 생성 박테리아 변종이 서식하는 것을 막는다.

이 방법에 대한 무작위 플라시보 조절 시험 결과가 2016년《미국 의학협회지》에 발표되었는데, 한 차례 치료를 받았다가 재발한 CDI 환자 가운데 비독소 생성 변종에서 나온 포자를 받은 CDI 환자들은 병이 재발하는 경우가 거의 없었다고 한다.

항생제가 CDI 발병을 촉발하고 항생제 사용 건수의 50퍼센트가 부적절한 사용으로 여겨지기 때문에, 항생제의 현명한 사용을 촉진하는 '항생제 관리antibiotics stewardship'가 훌륭한 CDI 예방 전략으로 인정받고 있다. 이를 위하여 질병통제예방센터에서는 병원 항생제 관리 프로그램의 핵심 요소를 만들었다. 이와 병행하여 의료 연구 및 서비스 기관에서는 CDI를 줄이기 위해 항생제 관리 프로그램을 구현할 수 있는 도구를 제공하고 있다. 그러한 프로그램은 CDI 같은 항생제의 부작용을 예방하는 데 도움이 된다.

CDC에서 제공한 2011년에서 2014년까지의 전국 데이터 예비 분석에 따르면 CDI 발생 건수가 줄어들고 있다. 이러한 고무적인 결과는 전국 병원에서 실행 중인 항생제 관리 프로그램 덕분이다. 하지만 역설적으로 2017년 7월 펜실베이니아대학교에서 수행한 대규모 후향 연구 결과에서는 재발성 CDI가 증가하고 있는 것으로 드러났다.

항생제 관리 프로그램은 현재 미국의 모든 병원과 장기요양시설에서 채택하고 있다. 항생제 관리 프로그램은 CDI뿐 아니라 항생물질 내성균 같은 매우 중요한 다른 건강 문제도 다루고 있다. 이와 관련한 내용은 14장과 15장에서 논의하겠다.

미래를 위한 교훈

"때로 무언가를 더 좋게 바꾸고 싶다면, 직접 손을 써야만 한다."

클린트 이스트우드Clint Eastwood

———

CDI와 노로바이러스 위장염 같은 감염병은 모두 주로 대변 - 구강 경로를 따라 확산하기 때문에 올바른 손 씻기법에 대한 관심을 불러일으켰다. 감염병을 예방하기 위해서는 화장실에 다녀오거나 식사를 하기 전에 비누를 이용해서 물로 최소 20초 동안 손을 씻어야 한다.

요즘 같은 환자 중심 시대에 의사들이 감염병과 싸우기 위해서는 여러분의 도움이 필요하다. 만일 입원 중이라면 병실로 들어오는 사람마다 즉시 손을 씻으라고 요청해야 한다. 만일 내가 다른 사람의 병실을 방문한다면, 나도 똑같이 행동해야 한다. 그리고 내가 찾아간 사람이 방에 들어오는 사람에게 똑같이 요구하지 않는다면, 그를 대신하여 내가 요구해야 한다. 싫어하는 사람도 있을 테지만 누군가의 생명을 구할 수도 있다. 병원에서는 비누와 물을 이용해서 40초에서 60초 동안 손을 문질러야 한다. 알코올 성분의 손 세척제는 그다지 강력하지 않다. 방에 CDI 환자가 있다면 그와 접촉하는 사람은 누구나 장갑과 가운을 착용해야 한다.

항생제 과다 사용을 막기 위해 싸울 때도 도움이 필요하다. 나나 내가 돌보는 사람(아이들, 나이 든 친척들, 병이 심해서 제대로 생각하지 못하는 누군가)에게 항생제가 처방되었다면 그 이유가 무엇인지, 정말 필요한 것인지, 항생제 없이 같은 효과를 내는 치료법은 없는지 물어봐야 한다.

항생제는 박테리아 감염에만 효과가 있다는 사실을 기억해야 한다. 노로바이러스 위장염 같은 바이러스 감염이나 칸디다증 같은 곰팡이 감염, 말라리아 같은 기생충 감염에는 항생제가 도움이 되지 않는다. 게다가 CDI로 이어져 사태가 악화될 수 있다.

CDI 덕분에 모두가 대변에 건강한 존경심을 갖게 될 것이다. 대변에 병원균이 서식할 수 있기 때문이기도 하지만, 주된 이유는 장 마이크로바이옴에 사는 우호적인 미생물의 부산물이기 때문이다. (16장에서 똥이 어떻게 재발성 CDI를 예방하는지 자세히 알아보자.)

설사에 관한 내용을 읽다가 완전히 녹초가 되었다면, 전해 주고 싶은 정말 좋은 소식이 있다. 《랜싯》에 발표된 2017년 한 연구에서는 설사 관련 사망자 수가 2005년 160만 명에서 약 20퍼센트 감소하여 2015년 130만 명이 되었다고 보고했다. CDI가 설사 관련 사망의 주요 원인인 미국처럼 부유한 국가에서는 사망률이 감소하지 않았지만, 저소득 국가에서는 특히 아이들의 사망률이 급격하게 떨어져 다섯 살 이하 어린아이들의 경우 설사병 사망자 수가 35퍼센트 줄었다.

14

겉모습이 다가 아니라면

———

"MRSA(메티실린 내성 황색포도상구균, 또는 약물에 내성이 있는 포도상구균)는 우리가 어떻게 항생제의 기적을 당연하게 여기게 되었고, 어떻게 인류의 가장 오랜 동반자인 박테리아의 창의적인 생존 전략을 기획하는 데 실패했는지 이야기해 준다."

메린 매케나 Maryn McKenna, 《슈퍼버그: MRSA의 치명적인 위협》 중에서

의사들이 황색포도상구균$^{Staphylococcus\ aureus}$보다 무서워하는 것은 거의 없다. 황색포도상구균은 1880년대에 발견된 최초의 병원균 중 하나이며, 그 후로 피부(봉와직염^{cellulitis})를 비롯하여 주변 연조직(농염 ^{abscesses})을 고통스럽게 하는 감염을 일으키는 가장 흔한 원인으로 인식되고 있다. 포도상구균은 혈류(패혈증 또는 균혈증), 심장판막(심내막염), 뼈(골수염), 폐(폐렴), 또는 뇌(수막염 또는 뇌농양)에서 작용하며, 항생제 이전의 시대에 이러한 감염범들은 보통 사형선고로 받아들여졌다.

역설적이지만, 우리는 1928년 알렉산더 플레밍$^{Alexander\ Fleming}$이 우연히 페니실린을 발견한 것과 관련해 포도상구균에게 감사해야 한다. 플레밍은 우연하게 배양 접시를 떠돌아다니던 페니실륨 곰팡이에 의해 생성된 어떤 물질이 접시에 있던 포도상구균을 죽이는 모습을 관찰했다. 1945년, 플레밍은 1941년에 최초로 페니실린을 임상에 사용한 하워드 플로리$^{Howard\ Florey}$, 언스트 체인$^{Ernst\ Chain}$과 함께 노벨생리의학상을 공동 수상했다.

페니실린은 분명히 기적의 약으로서 그 지위를 누릴 자격이 있지만, 플레밍은 1945년 박테리아가 "페니실린에 저항하는 방법을 배울지도 모른다"고 경고했다. 아니나 다를까 1950년대 말, 페니실린에 내성이 있는 포도상구균에 의한 감염이 확산했다.

다행히도 화학자들은 1959년 메티실린이라는 관련 항생제를 합성했다. 메티실린은 포도상구균이 생성하는 페니실린을 비활성화시키는 효소에 영향을 받지 않았다. 하지만 메티실린 내성 포도상구균$^{methicillin-resistant\ S.\ aureus}$(약어로 MRSA이며 '메르사'라고 발음한다)이

1960년대에 등장하기 시작했다. MRSA는 독성과 많은 항생제에 대한 내성 덕분에 최초의 슈퍼버그 중 하나로 여겨지고 있다. (15장에서 일반적인 슈퍼버그에 관해 이야기할 것이다).

1980년대에 MRSA는 환자들을 위협하기 시작했다. 처음에는 병원에서, 1990년대에는 지역사회로 확산되었다. 이 장에서는 피부와 연조직에 초점을 맞추어, 유사한 이 두 유행병의 등장에 관한 이야기를 할 것이다.

하지만 이들 유행병에 대해 논의하기 전에 MRSA의 공식적인 정의에 대해 알아보자. MRSA는 현재까지 나온 모든 베타락탐beta-lactam 항생제에 내성을 가지고 있는 포도상구균의 변종으로 페니실린, 암피실린, 메티실린, 그리고 페니실린에서 파생된 약물 등에 대한 내성을 가지고 있다. 또한 모든 세팔로스포린류cephalosporins(한때 포도상구균의 치료제로 입증된 항생제 목록)도 포함한다.

포도상구균 같은 박테리아가 어떻게 항생제 내성을 발달시켰는지에 관해 간략하게 논의해 보자. 항생제 내성의 기본 메커니즘은 박테리아의 DNA 변화와 관련이 있다.

1장과 2장에서 알아본 것처럼 박테리아는 거의 40억 년간 존재해 오는 동안, 다른 미생물 경쟁자와 싸우기 위해 항생제를 생성하거나 항생제의 활동에 저항하는 메커니즘을 개발하여 유전자를 진화시켜 왔다. 진화는 때로 항생제를 파괴하는 효소를 암호화하는 유전자와 어울리는 박테리아를 선택했다. 가장 좋은 예가 바로 페니실린을 파괴하는 페니실리나아제penicillinase이다. 페니실리나아제는 1950년대 초반 포도상구균과 함께 전국적인 문제로 떠올랐다.

메티실린 내성의 원인은 *mecA*라는 유전자다. 이 유전자는 메티실린의 결합을 방해하는 포도상구균의 세포벽에 있는 새로운 단백질을 암호화한다. 그 결과 메티실린과 메티실린 유사 항생제의 효과가 사라진다.

메티실린 내성 포도상구균^{MRSA}

"MRSA는 미국의 모든 병원에 존재한다. 단지 숨어서 기회를 노릴 뿐이다."

리사 맥기퍼트 Lisa McGiffert, 소비자동맹 환자보호프로젝트 책임자

MRSA 피부 및 연조직 감염병 유행

메티실린이 페니실린 내성 포도상구균의 치료제로서 열렬히 환영받은 지 얼마 지나지 않아, 1961년 영국에서 MRSA 변종이 발견되었다. 그리고 1968년 최초의 병원 내 MRSA 유행이 보스턴에서 보고되었다.

내가 10여 년 후 감염병 분야 수련을 마쳤을 때는 그러한 감염병 종류(병원 감염 MRSAhealthcare-associated MRSA, HA-MRSA)는 기이한 것이었다. 미국에서는 몇 안 되는 병원들만 화상 치료실이나 투석실에서 MRSA와 싸우고 있었다. 유럽에서도 이와 유사하게 몇몇 국가들에서 병원 감염 MRSA 감염병을 보고했다. 그리고 1980년대에 디트로이트의 정맥주사 약물 사용자 소집단을 제외하면 지역사회 감염 MRSAcommunity-associated MRSA(CA-MRSA)는 들어 본 적이 없었다.

이 시기는 2가지 유형의 MRSA 감염병 확산 초기에 해당한다. 그 후 1980년대에 병원 감염 MRSA가 빠르게 확산했고, 곧 미국을 비

롯한 많은 나라의 모든 병원에서 예외가 아닌 일반적인 현상이 되었다. 1998년 미국 최초의 지역사회 감염 MRSA 사례 중 하나(건강하던 7세 여자아이의 엉덩이에 감염이 발생해 결국 사망한 사례)를 상담한 후, 나는 지역사회 감염 MRSA가 병원과는 전혀 관계가 없는 다른 집단으로 놀랍게 확산하는 모습을 목격했다.

전체는 아니지만 대부분의 미국 도시에서 지역사회 감염 MRSA는 이제 응급실의 피부 및 연조직 감염 환자에게서 배양되는 가장 흔한 병원균이다. 질병통제예방센터에 따르면 2005년 미국에서 약 9만 건의 침습성 MRSA 감염병과 2만 명의 사망자가 발생했다. 하지만 이 수치들은 혈류나 신체 내부에서 일어난 감염병만을 포함한 것이며, 피부나 연조직이 포함된 다수의 지역사회 감염 MRSA 감염은 고려하지 않았다.

두 MRSA 유행병의 이면에는 무엇이 있을까? C. 디피실 감염을 다룬 13장에서 살펴본 것과 동일한 요소일 것이다. C. 디피실과 마찬가지로, MRSA는 일반적으로 의료 종사자들의 오염된 손에 의해 사람에서 사람으로 전파된다. 특히 MRSA의 입지가 확고한 병원에서는 틀림없다. 포도상구균 감염은 병원의 골칫거리다.

지역사회 감염 MRSA 환자에게 오염된 무생물 개체와의 접촉은 병원균 전파에 매우 중요한 역할을 하는 것처럼 보인다. 최근 뉴욕시에서 무작위로 선정한 가정을 대상으로 조사한 결과, 모든 가구의 20퍼센트에서 MRSA가 발견되었다.

일을 복잡하게 만드는 것은 포도상구균이 전체 건강한 인구 중약 3분의 1에 해당하는 사람의 콧구멍(신체에서 습기가 많은 부위)에

서식한다는 사실이다. 보통 이것은 메티실린에 민감한 포도상구균 methicillin-sensitive *S. aureus*(MSSA)으로, 메티실린이나 이와 유사한 무언 가에 의해 쉽게 죽는 페니실린에 내성이 있는 변종이다. 건강한 사람의 약 2~7퍼센트 정도만이 보다 치명적인 MRSA가 코에 서식한다. 그렇지만 MRSA 증상을 보이는 환자가 발생했을 때, 감염원이 환자의 코인지 아니면 주변 환경 표면인지 알기는 쉽지 않다.

병원 감염 MRSA와 지역사회 감염 MRSA 유행병은 일부 특성을 공유하지만, 뚜렷한 차이점 역시 존재한다.[1] 그중 한 가지는 피부(봉와직염) 또는 연조직(농염)과 관련된 감염병은 병원 감염 MRSA보다 지역사회 감염 MRSA에서 훨씬 많이 발생한다는 것이다. 병원 감염 MRSA에 의해 발생하는 주요 피부 및 연조직 감염은 수술 후 상처에 나타난다. 병원에서 가장 두려워하는(그리고 가장 위험한) 것은 폐렴과 혈류 감염이다. 혈류 감염은 대개 오염된 정맥주사 장치에 의한 결과이다.

또 다른 지역사회 감염 MRSA와 병원 감염 MRSA의 특징은 위험 집단이다. 정의에 따르면, 병원 감염 MRSA의 위험 집단은 입원 환자들이다. 대개 노인이며, 수술을 받았거나 만성 기저 질환을 앓고 있다. 많은 경우에 카테터나 정맥주사 바늘 등의 장비를 몸에 삽입하고 있다. 이와는 대조적으로 지역사회 감염 MRSA 환자는 누구나 될 수 있다.

많은 보고서에 따르면 MRSA는 가정이나 어린이 집, 군사 시설, 교도소, 탈의실 등 사람들이 밀접하게 접촉하는 장소에서 쉽게 전파된다. MRSA는 대학 및 프로 스포츠 팀들을 10년 이상 괴롭혀 왔다. 미식축구 선수처럼 피부에 상처가 많은 운동선수들은 특히 지역사회 감염 MRSA에 쉽게 노출된다. MRSA 때문에 수많은 유명 프로 미식축구 선수들이 경기에 나가지 못하거나 선수 생활을 그만두었다. (하나만 예를 들어 보자면, 로렌스 타인스는 탬파베이 버커니어스의 플레이스키커였으나 2014년 선수 생활을 그만두었다. MRSA 때문에 무릎이 감염되었기 때문이었다. 그 말고도 팀 동료 가운데 2명 이상이 MRSA 때문에 경기에 나가지 못했다.)

하지만 병원 감염 MRSA와 지역사회 감염 MRSA 사이의 가장 두드러진 차이는 유전자와 관계가 있다. 병원 및 지역사회 환경에서 항생제 사용 압력 차이는 서로 다른 저항 메커니즘을 암호화하는 유전자를 선택했다. 오늘날의 박테리아 분자 동정법(DNA 지문의 한 유형)에 따르면 미국 내의 지역사회 감염 MRSA 고립집단 대부분은 서로 연관되어 있다. '클론 USA 300'으로 알려진 이 집단은 항생제에 대한 내성을 결정하는 동일한 유전자를 가지고 있다. 서로 다른 병원 감염 MRSA 변종의 유전자 구성은 훨씬 더 다양하다. (흥미로우면서도 약간 의외인 것은, 유럽의 지역사회 MRSA 집단은 미국과 달리 유전적으로 매우 다양하다. 하지만 최근 연구에 따르면 지역사회 감염 MRSA인 USA 300 클론이 미국에서 스위스로 이동했기 때문에 결국에는 바뀔 수도 있다.)

병원 감염 MRSA와 지역사회 감염 MRSA 사이에는 매우 중요한 차이가 하나 있다. 지역사회 감염 MRSA는 구강 항생제 몇 가지만 복용하면 없앨 수 있으나, 병원 감염 MRSA는 이러한 모든 것에 내성이 있어서 정맥주사로 투여하는 아주 소규모의 항생제 그룹에 의해서만 퇴치할 수 있다.

최근 몇 년 사이에 MRSA 유행병에 새로운 특징 2가지가 생겼다. 첫 번째는 병원 감염 MRSA와 지역사회 감염 MRSA처럼 사례를 분류하기가 점점 어려워지고 있다는 것이다. 각자의 복제품이 남의 영역을 조금씩 침범하기 때문이다. 지역사회 감염 MRSA는 이제 병원을 침범하고, 병원 감염 MRSA는 지역사회로 전파되고 있다. 둘째는, MRSA의 새로운 변종이 가축에 등장하고 있다(주로 돼지지만 소와 가금류에서도 발견된다). 이 포도상구균 감염은 가축 감염 MRSA Livestock Associated MRSA(LA-MRSA)로서 인간에게 전파될 수 있다. 하지만 가축 감염 MRSA 같은 새로운 감염은 동물에서 인간으로 감염되는 경우가 많지만, 최근 노르웨이에서 수행한 연구에서는 돼지가 인간으로부터 MRSA를 획득할 위험이 있음을 보여 주었다(인간 유래 인수공통감염증의 한 사례).[2]

적, 적이 노리는 것, 그리고 그 여파

나는 1975년에 포도상구균이 가장 효과적인 이른바 항포도상구균 "항생제"인 호중구라는 인간 면역계의 세포를 회피하는 데 사용하는 메커니즘을 연구하면서 감염병 연구 경력을 시작했다. 4장에서 이미 소개한 바 있는 호중구(다형핵 백혈구 또는 PMN이라고도 불린다)는 포도상구균으로부터 신체를 방어하는 데 핵심적인 역할을 하는 선천적인 면역계의 구성원이다.

내가 집중해서 연구한 대상은 '단백질 A'라는 전혀 창의적이지 않은 이름으로 불렸던, 포도상구균 세포벽에 있는 단백질 가운데 하나였다. 이 분자는 호중구가 포도상구균의 세포를 인지하여 먹어 치우는 것을 방해한다. 하지만 나는 곧 포도상구균이 독성인자라는 것으로 가득하다는 사실을 알게 되었다. 4장에서 이야기했듯, 독성 인자라는 특징 때문에 미생물은 우리의 적이 된다. 독성인자는 우리 를 병들게 한다.

박테리아의 독성인자 중 눈에 띄는 것은 독소이다. (악명 높은 포 도상구균의 변종에 의해 생성된 것 중 하나인 포도상구균 독소충격증후 군 독소toxic shock syndrome toxin-1, 즉 TSST-1에 대해 들어 보았을 것이다. TSST-1을 배출하는 포도상구균 변종은 1980년에 독소충격증후군의 원 인인 것으로 드러났다. 독소충격증후군은 고흡수력 탐폰 사용과 연관되 어 있었다. 이 유행병은 1980년에서 1983년 사이에 2000명 이상의 여성 을 괴롭혔다.)[3]

지역사회 감염 MRSA가 등장한 후 연구원들은 왜 일부 환자가 극 심한 피부 및 연조직 감염에 시달리는지 궁금해했다. 이 중에는 언 론에서 "살 파먹는 박테리아"라고 불리는, 빠르게 확산되는 심각한 피부질환인 괴사성근막염necrotizing fasciitis도 포함된다. 곧 이 병에 대 해 더 알아보기로 한다.

또한 연구원들은 지역사회 감염 MRSA가 때로는 사람들의 혈류 에 침입해서 폐를 비롯한 다른 장기에 확산되는 이유와 방법을 궁 금해했다. 우리는 현재 클론 USA 300에는 팬톤-밸런타인-류코시 딘Panton-Valentine-leukocidin(PVL)이라는 독소를 암호화하는 유전자가 있 다는 사실을 알고 있다. 하지만 PVL이 병원균의 독성을 설명하는 지, 단지 지역사회 감염 MRSA와 관련된 표시일 뿐인지는 분명하지 않다.

인간의 피부는 포도상구균에 대한 강력한 물리적 장애물을 제공한다. 하지만 일단 상처나 찰과상 등으로 피부 상피세포의 물리적 장벽이 파괴되면 포도상구균은 잠재적인 기회를 얻는다. 포도상구균은 이후에 염증 반응(호중구를 비롯한 면역계 세포의 유입)을 자극할지도 모른다. 이는 봉와직염의 원인이 된다. (포도상구균은 가장 악명 높은 봉와직염의 원인이지만, 다른 박테리아도 유사한 감염병을 일으킬 수 있다.)

봉와직염의 증상과 징후에는 통증, 압통, 홍반, 부종, 그리고 간혹 발생하는 발열 등이 있다. 전체 지역사회 감염 MRSA 환자의 4분의 1에서 절반 정도는 봉와직염에 걸린다. (흥미롭게도 많은 지역사회 감염 MRSA 환자들은 베이거나 긁힌 것 같은 피부에 난 상처를 기억하지 못한다. 많은 경우 지역사회 감염 MRSA에 의한 초기 피부 병변의 외관이 거미가 문 상처와 비슷하기 때문에 거미에 물린 것으로 보고한다.)

연조직 감염은 피하조직과 관련된 질병이다. 농양이나 종기(호중구가 주성분인 고통스러운 고름 더미)와 관련이 있을 수도 있다. 지역사회 감염 MRSA 환자의 절반에서 4분의 3에게는 농양이 있다. 대략 16~44퍼센트의 사람들은 이 감염병 때문에 입원해야 한다.

근막筋膜이라 불리는 피부 아래 조직이 공격을 당해 죽으면(또는 의료 전문가들이 말하는 것처럼, 괴사하면) 괴사성근막염이라는 생명을 위협하는 질병이 발생한다. (A형 연쇄상구균이라는 새로운 미생물은 이 희귀하지만 매우 심각한 감염의 또 다른 원인이다.) 적절한 치료(죽은 조직을 제거하는 수술과 항생제 치료)를 받더라도 괴사성근막염에 걸리면 40퍼센트가 사망한다. 의사들은 생명을 위협하는 이 감염병의 징후(일반적으로 심한 통증과 환영)를 주의 깊게 관찰하라는 교육을 받는다. 괴사성근막염은 외과적 응급 상황이다. 즉각적인 절개 및 배출, 약화된 조직을 모두 제거하는 것이 매우 중요하다. 항생제 치료법 또한 필요하지만 그 자체만으로는 충분하지 않다.

당연한 말이지만 피부 및 연조직 감염은 입원 환자 중에 가장 흔하다. 그래서 환자들은 우리 감염병 전문의들에게 조언을 구한다. 우리는 담당의가 어떤 항생제를 선택해야 하는지 결정하는 데 도움을 준다. 하지만 괴사성근막염일 가능성이 있을 때는 무엇보다도 메스를 추천한다.

치료와 예방

병원 감염 MRSA 사례가 1980년대에 급속히 늘어나면서 반코마이신(메티실린과 같은 시기에 개발된 항생제)이 치료의 중심이 되었다. MRSA 이전 시대에는 메티실린과 메티실린 유사 약품이 가장 많이 사용되었다. 반코마이신보다 부작용이 적기 때문이었다. 하지만 병원 감염 MRSA 발병시 효과가 있는 항생제는 반코마이신과 트리메도프림-설파메독사졸trimethoprim-sulfamethoxazole(TMP/SMX) 2가지뿐이었다.

반코마이신에 관한 내용은 13장에서 이미 다루었다. 반코마이신은 CDI 치료에 널리 쓰인다. CDI의 경우에는 환자의 입을 통해 반코마이신을 투여한다. 하지만 반코마이신은 위장관을 통해 흡수가 되지 않기 때문에 병원 감염 MRSA나 지역사회 감염 MRSA 같은 전신 감염을 치료하는 데는 아무런 가치가 없다. 따라서 MRSA 감염을 치료하기 위해서는 반드시 정맥주사를 통해 반코마이신을 투약해야 한다.

2002년 미시간주의 한 환자에게 반코마이신 내성 포도상구균 vancomycin-resistant *S. aureus*(VRSA) 변종이 발견되었다는 보고가 있었을 때, 의사들은 잠시나마 공황에 빠졌다. 이 변종에는 메티실린 내성 유전자도 포함되어 있어, 항생제를 이용해서 MRSA를 치료하는 것에 허탈감을 남겼다.

다행히도 반코마이신에만 민감한 VRSA나 다른 변종은 드물다. 우리는 또한 1990년대에 책임을 느낀 제약회사들이 리네졸리드 linezolid, 키누프리스틴/달포프리스틴quinupristin/dalfopristin, 답토마이신 daptomycin 같은 새로운 항생제를 만든 것에 대해 감사해야 한다. 이 항생제들은 모두 MRSA에 효과적이었고, 일부 사례에서는 VRSA에도 효과가 있었다.

지역사회 감염 MRSA를 치료하는 데는 반코마이신, TMP/SMX, 클린다마이신, 독시사이클린 등 더 많은 선택지가 있다. 마지막 3가지 항생제는 경구 투여가 가능하다. TMP/SMX가 안전하고 상대적으로 비싸지 않아서 지역사회 감염 MRSA 치료에 많이 사용되고 있다.

그렇기는 하지만 항생제는 농양을 치료하는 데 큰 도움이 되지는 않는다. 호중구가 배치되고 고름이 가득한 부위에서 항생제가 효과를 발휘하지 못하는 이유는 불분명하다. 따라서 지역사회 감염 MRSA에 의해 생긴 연조직 감염에는 외과적 치료(절개incision와 배출 drainage, I&D)가 필요한 경우가 많다. 복잡하지 않은 종기에는 절개와 배출만으로도 대개 충분하다. 그 외의 경우에는 추가로 항생제가 필요하다.

포도상구균 감염을 예방하기 위하여 백신을 개발하는 것이 얼마 전부터 하나의 목표였지만, 백신은 아직 존재하지 않는다. 따라서 미국에서 병원 감염 MRSA 예방은 엄격한 손 위생(올바른 손 씻기와 장갑 착용)과 미생물이 살고 있는 환자를 격리하는 것에 달려 있다.

특이하게도 네덜란드, 덴마크, 핀란드 등 몇몇 유럽 국가는 병원 감염 MRSA 청정 상태를 유지하고 있다. 환자가 처음 병원에 입원하고 MRSA 테스트를 하게 되면 이들을 모두 격리하는 방침 때문인 것으로 보인다. 환자들은 테스트 결과 MRSA가 없어야만 격리 상태에서 벗어날 수 있다.

시카고 지역의 한 대형 병원 체인에서는 병원으로 들어오는 모든 환자를 대상으로 MRSA 검사를 실시해 몸 안에 MRSA가 숨어 있는 환자들을 격리하고, 그들 곁에 가려면 누구나 가운과 장갑을 착용해야 한다. 이로 인해 병원 감염 MRSA 감염률이 급격하게 줄었다. 병원 감염 MRSA로 인한 외과적 상처 감염의 위험이 높다는 것을 고려해, 다른 병원들은 수술하기 전에 정기적으로 모든 환자를 검사한다. MRSA가 있는 것으로 확인되면 다른 환자와 격리된 방으로 들어간다.

좋은 소식은 MRSA로부터 입원 환자들을 방어하려는 이러한 전략들이 성과를 거두고 있다는 것이다. 2013년 《미국의학협회지》에 발표된 질병통제예방센터의 연구에 따르면, 2005년에서 2011년까지 생명을 위협하는 미국 내 병원 감염 MRSA 감염이 54퍼센트 감소했고, 결과적으로 엄격한 감염 관리 조치의 가치를 입증했다. 하지만 질병통제예방센터에 따르면 병원 감염 MRSA 감염의 감소율은 2012년과 2017년 사이에 상당히 둔화되었다.[4]

지역사회 감염 MRSA 예방은 훨씬 더 어려운 문제다. 우리는 인간과의 긴밀한 접촉이 필요한 활동이나 피부에 상처가 생길 수 있는 활동을 없애거나 크게 줄일 수도 없다. 스포츠 대다수와 여러 운동들을 못 하게 막을 방법이 없기 때문이다.

지역사회 감염 MRSA를 예방할 수 있는 방법에는 2가지가 있다. 우선, 부상을 당하거나 피부에 상처가 생기면 비누와 물을 이용해서 즉시 꼼꼼하게 씻는다. (최근 연구에 따르면 물 온도는 상관없다.) 둘째, 봉와직염이나 연조직 감염의 어떠한 징후라도 발견하면 즉시 병원에 가야 한다.

미래를 위한 교훈

"예상치 못한 일에 불안해하지 않을 만큼 대담한 사람은 없다."

줄리어스 시저 Julius Caesar

———

수십 년 전, 이름은 밝힐 수 없지만 세계적으로 저명한 항생제 권위자는 내가 참석한 학회에 나와 포도상구균은 반코마이신에 절대 내성이 생길 리가 없다고 자신 있게 주장했다. 2002년 이 예측은 틀린 것으로 드러났고, 그 권위자는 당황할 수밖에 없었다. 하지만 좋은 소식은 2016년 현재 포도상구균이 반코마이신의 작용을 뒤엎어 버리지는 않았다는 것이다. 따라서 반코마이신은 여전히 MRSA 감염병 치료에 광범위하게 쓰이고 있다. 하지만 언젠가는 VRSA라는 시한폭탄이 결국 날아오르지 않을까 하는 불안감은 남아 있다.

그래도 더 좋은 소식은 제약업계에서 MRSA에 효과적인 신약을 개발했다는 것이다. 1990년대에 몇몇 신약이 시장에 나왔고, 이후 몇 가지가 추가되었다. 하지만 시간이 어느 정도 지나면 포도상구균은 우리를 앞지르고 말 것이다. (다음 장에서는 다른 미생물 집단에서 일어나는 훨씬 더 놀라운 항생제 내성 출현에 대해 다룰 것이다.)

질병통제예방센터는 병원 관련 감염을 알코올 관련 해악과 식품 안전 문제에 이어 3대 공중보건 관심사로 꼽고 있다. 마지막 좋은 소식은, 앞서서도 언급했지만 《미국의학협회지》에 발표된 최근 연구에 따르면 의료 서비스 환경에서 외과적인 수술이 필요하거나 생명을 위협하는 MRSA 감염이 감소하고 있다는 것이다. 침습형 MRSA 감염은 2005년에서 2011년 사이에 54퍼센트 감소했고, 중증 MRSA 감염은 3만800건이 줄었다.

여기에 더해 이 연구에서는 2005년에 비해 2011년에는 병원에서 사망한 환자가 9000명 감소했음을 보여 준다. 이러한 감소의 이유가 명확하지는 않지만, 개선된 감염병 관리 조치가 부분적으로 효과를 나타낸 것으로 보인다.

15

항생제 오용의 위험

———

"나는 언제나 서구 의학을 지지했다. 우리가 아무리 셀러리를 먹는다 해도, 항생제가 없었다면 우리 가운데 4분의 3은 이 자리에 없었을 것이다."

휴 로리 Hugh Laurie

"저는 자동차를 금지하는 것처럼 항생제나 제왕절개를 금지하자고 주장하는 것이 아닙니다. 단지 그것들이 좀 더 현명하게 사용되어야 하고, 최악의 부작용에 대비한 해독제를 개발해야 한다는 것뿐입니다. 돌이켜 생각하면 진실은 언제나 자명합니다. 어떻게 태양이 지구 주위를 돌거나 지구가 평평하다고 생각할 수 있겠습니까? 그러나 독단적인 주장은 강력하며, 추종자들에게는 절대적으로 옳습니다."

마틴 J. 블레이저

항생제 내성: 위기의 본질

2013년 영국 최고의료책임자인 데임 샐리 데이비스^{Dame Sally Davies}는 항균제 내성의 확산 방지에 대한 첫 번째 연례 보고에서 즉각적인 국제적 행동을 촉구했다. 데이비스는 20년 안에 항균제 내성으로 인하여 수천만 명의 환자가 간단한 수술로도 사망할 수 있으며, 또한 이 문제가 점점 커져서 영국 정부가 테러리즘과 기후변화와 나란히 국가의 가장 큰 위협으로 놓고 대응해야 할 것이라고 말했다.

매우 강력한 표현이지만, 이 장에서는 저 말들이 충분히 타당한 이유를 보게 될 것이다. 먼저 항생제와 항생제 내성이 어떤 의미인지 자세히 살펴보자.

메리엄 웹스터 사전에 따르면 항생제의 단순 정의는 "해로운 박테리아를 죽이고 감염병을 치유하는 데 사용하는 약물"이다. 세부 정의는 "미생물에 의해 생성된 물질, 또는 미생물에서 얻은 반합성 물질로 희석 용액 상태에서 다른 미생물을 억제하거나 죽일 수 있다"이다.

데이비스의 경고는 단순 정의에 해당하는 박테리아(이른바 슈퍼버그)에 의해 일어난다. 하지만 계속해서 읽다 보면 이 현상이 단지 박테리아만이 아니라 바이러스나 원생생물, 곰팡이 등 병원균 전체에 적용된다는 사실을 알게 될 것이다.

항생제 내성이라는 용어는 여러 가지 유전자에 기반을 둔 전략을 통해 항생제의 효과를 회피하는 미생물의 능력을 일컫는다.

데이비스는 문제를 과장하지 않았다. 약물에 내성이 생긴 병원균 때문에 이미 많은 사람이 죽었다. 비영리 단체인 웰컴트러스트 재단이 후원하는 한 프로젝트는 2016년 항생제 내성 관련 전 세계 사망자 수가 70만 명에 이른다고 추정했다. 그리고 새로운 방법, 또는 더 효과적인 새로운 약물이 나타나지 않는다면 사망자 수는 2050년에 1000만 명에 이를 것으로 추정했다. 이는 대략 항생제 내성 미생물에 의해 3초에 한 명씩 사망한다는 의미다. 현재 암으로 죽는 사람의 2배가 되는 수치다.

2013년 질병통제예방센터는 미국에서 항생제 내성 박테리아에 의한 감염으로 연간 200만 건 이상의 질병과 2만3000명 이상의 사망자가 발생한 것으로 추정했다. 현재 항생제 내성으로 인한 미국 내 재원 일수가 800만 일 추가되었고, 200억 달러의 의료 비용이 증가했으며, 최소 350억 달러의 생산성 손실이 발생한 것으로 추정되었다. 그리고 이 문제가 적절하게 해결되지 않는다면 항생제 내성 박테리아로 인한 전 세계적인 손실 비용이 2050년까지 100조 달러라는 엄청난 액수에 이를 것이라고 추정한 보고서가 2016년 발표되었다.

세계보건기구는 114개국의 데이터를 분석하고 나서, 2014년 항생제 내성이 전 세계 공중보건에 큰 위협이 되고 있다고 결론 내렸다. 세계보건기구는 항생제 내성을 '세계 어느 지역'에서나 발견할 수 있었다. 이 연구는 폐렴, 설사, 혈류 감염 등 일반적인 중증 질병의 원인이 되는 7가지 박테리아에 초점을 맞추었다. 보고서에 따르면, 우리는 수십 년에 걸쳐 완치할 수 있는 간단한 감염으로 사람들이 죽어 가는 '후 항생제 시대'에 진입했다.

전 세계적인 항생제 내성 문제보다 미래에 관한 공포심을 더 커지게 한 주제는 거의 없다. 나를 포함한 많은 감염병 전문의들은 이를 현재 우리가 직면하고 있는 최대의 감염병 문제로 여긴다.

세계보건기구는 2018년 항생제 내성에 관한 첫 감시보고서에서 이 문제의 중대성을 강조했다. 세계보건기구가 추정한 바에 따르면 22개국의 50만 명이 항생제의 일부 카테고리에 대한 내성을 보였다. (당시 71개국만 국제 항균제 감시 시스템에 가입해 있었다.)[1]

현대의 다른 세계적 유행병처럼 이들 항생제 내성 미생물은 아무것도 모르는 여행객의 손이나 장, 비뇨생식기 등을 통해서 이 나라에서 저 나라로 옮겨진다. 때로는 동물이나 음식물을 통해 확산되기도 한다.

슈퍼버그가 어떻게 이동하는지에 대한 가장 무서운 최근 사례는 "최후의 항생제"라고 불린 콜리스틴colistin에 내성을 보인 대장균 변종이다.[2] 콜리스틴은 모든 항생제에 내성이 있어(그리고 감염시킨 사람의 절반 정도가 사망한) 질병통제예방센터에서 "악몽의 박테리아"라고 간주하는 박테리아에 의해 발생한 감염을 치료하는 데 사용된 항생제였다.

최초의 콜리스틴 내성 대장균 변종은 2015년 한 연구 팀에 의해 중국의 돼지에게서 발견되었다. (이곳에서는 콜리스틴이 농장 가축에게 사용되고 있었다.) 2016년 초 같은 연구원들은 박테리아가 항균제에 내성이 생기게 하는 mcr-1이라고 이름 붙인 유전자를 발견했다. 이 유전자는 날고기의 15퍼센트, 동물의 21퍼센트, 그리고 중국에서 검사한 입원 환자의 1퍼센트에게서 발견되었다. 그리고 2017년에는 오염된 반려동물의 먹이가 베이징의 개와 고양이들이 보유한

mcr-1 보유 박테리아의 잠재적 원천이라고 보고되었다.

중국에서 mcr-1 유전자가 발견되고 얼마 지나지 않아, 30개국 이상에서 이 유전자가 발견되었다. 2016년 5월 미국 질병통제예방센터는 펜실베이니아에 거주하는 한 여성의 소변 샘플에서 mcr-1 유전자를 보유한 대장균을 분리했다고 발표했다. 9월 질병통제예방센터는 내성이 상당히 강한 이 대장균에 감염된 네 번째 미국인을 보고했다. 코네티컷에 거주하는 2세 여아의 대변에서 이 대장균이 발견되었는데, 이 아이는 카리브해를 여행하고 돌아온 참이었다. 그리고 2017년 1월 로스앤젤레스카운티 병원의 한 환자에게서 mcr-1이 나타났다. (이 경우는 아시아의 환자에게서 옮았을 가능성이 커 보인다.)

mcr-1 유전자의 정말 놀라운 측면은 플라스미드plasmid라는 것에 존재한다는 점이다. 플라스미드는 한 박테리아에서 다른 박테리아로 이동할 수 있어, 결과적으로 서로 다른 박테리아 사이에서 항생제 내성을 전파한다. 2장에서 다룬 진화를 일으키는 메커니즘인 '수평적 유전자 이동'이라는 현상을 기억하는가? 그렇다면 이제 다시 mcr-1 유전자가 무서운 이유라는 주제로 되돌아가자.

이러한 항생제 내성 위기가 어떻게 나타난 것일까? 문제의 근원을 이해하기 위해서 2장의 핵심적인 통찰을 다시 살펴보자.

모든 생물이 그러하듯 미생물도 약 38억 년 전 지구에 처음 나타난 이래 생존하기 위해 싸워 왔다. 경쟁자들로부터 스스로를 보호하기 위하여 유전자들은 항생제 생성을 지시하는 방향으로 진화했다. 푸른곰팡이에 의해 만들어진 항균제 페니실린이 대표적인 사례다.

2장에서 티스푼 하나 정도의 흙에는 약 2억4000만 마리의 박테리아가 있다고 언급한 것을 기억할 것이다. 따라서 새로운 항생제를 찾는 작업이 전 세계의 토양 샘플 검사와 관련이 있다는 사실은 놀라운 일이 아니다. (오늘날 임상에서 사용하는 항생제의 80퍼센트 이상이 토양에서—천연물을 통해 직접적으로, 또는 일부 합성된 파생물을 통해—기원했다.)

2018년 2월 《네이처 미생물학》에 실린 뉴욕시의 록펠러대학교 연구원들의 보고서는 중대한 혁신이 있을 것임을 예고했다.[3] 연구원들은 토양 샘플에서 말라시딘malacidin(라틴어로 '나쁜 놈들을 죽이는 킬러'라는 뜻)이라는 "절대 본 적이 없는" 부류에 속하는 항생제를 발견했다. 이들이 흥분하는 데는 이유가 있었다. 첫째, 1987년 이후 진정한 새로운 항생제가 발견되지 않았다. 둘째, 말라시딘은 MRSA에 대해 효과적이다. 셋째, 인간에게 독성이 없어 보인다. 넷째, 메타지노믹스metagenomics를 이용해서 발견되었다. 이것은 다른 항생제 내성 박테리아를 약화시키고, 피해를 주고, 죽일 수 있는 요인들을 생성하는 다른 미생물을 찾는 문을 열었다.

하지만 평범한 토양에 항생제가 포함되어 있는 것처럼, 토양에는 항생제 내성 유전자 또한 가득하다. 최근의 한 연구에 따르면 박테리아 병원균이 항생제에 저항할 수 있게 해 주는 것과 똑같은 7가지 유전자가 존재하는 토양 샘플이 발견되었다. 이 유전자들은 5가지 주요 약물에 대한 미생물의 항생제 내성 이면에 존재하는 것과 같은 종류다.

프랑스의 리옹대학교 출신 연구원들은 인간의 대변, 닭의 내장,

바닷물, 심지어 북극의 눈 등 71가지 서로 다른 환경에서 박테리아 DNA 서열을 분석했다. 연구원들은 이러한 환경에서 추출한 박테리아의 DNA와, 항생제 내성에 기여한 것으로 알려진 2999가지의 유전자 조각에 대한 데이터를 가지고 있는 일련의 항생제 내성 데이터베이스Antibiotic Resistance Database의 서열을 비교했다. 그들이 테스트한 모든 환경에는 수많은 항생제 내성 유전자가 존재하고 있었다.[4] 다시 말하자면 항생제 내성 유전자는 어디에나 있다.

따라서 새로운 항생물질을 생성하기 위한 유전자가 등장하는 동시에 항생물질에 내성을 제공하는 유전자도 진화한다.

항균제 내성 대장균처럼 어떤 경우에는 내성 유전자가 플라스미드에 전달되고, 때로는 내성 유전자가 박테리아를 감염시키는 바이러스에 존재한다. 또 다른 경우에는 박테리아 염색체에서 스스로 발생한다.

내성을 부여하는 유전적 변화는 여러 독창적인 방식으로 작용한다. 콜리스틴이 대장균의 세포벽에 결합하는 것처럼, mcr-1 유전자는 항생물질이 그들의 목표물에 달라붙는 것을 막는다. 다른 유전자산물은 항생물질이 일단 박테리아 안으로 들어오면 항생물질의 행동을 방해한다. 일부는 실제로 항생물질을 박테리아 바깥으로 퍼낸다. 그리고 항생물질을 없애 버리는 (효소라는 이름의) 단백질을 암호화하는 유전자가 있다.

간단히 말하면, 항생물질의 내성은 진화가 진행되는 모습을 볼 수 있는 최고의 사례다. 우리 주변에 항생물질이 많아질수록 박테리아는 내성을 키우라는 압력을 받는다. 달리 표현하면, 항생물질의 압력이 적자생존으로 이어지는 것이다. 따라서 항생물질 내성 위기의 주요한 이유는 항생물질이 너무 많기 때문이다.

이 책임은 누구에게 있을까? 안타깝게도 호모 사피엔스로 구성된 두 집단이다. 의사와 농부, 이 두 집단이 항생물질을 막대하게 남용하고 있다.

한 예로 미국에서는 약 4000만 명이 매년 호흡기 감염으로 항생제 처방을 받는다. 그러나 그들 가운데 절반에서 3분의 2는 항생제 처방을 받아서는 안 된다. 바이러스성 감염병에 걸렸을 가능성이 높은데, 항생제는 거기에 전혀 쓸모가 없기 때문이다. 처방전 없이 항생제를 구할 수 있는 개발도상국에서는 문제가 더욱 심각하다.

선진국이나 개발도상국 모두 항생제는 가축(대부분 돼지, 소, 가금류)에게 먹이는 성장 보조제로도 널리 사용된다. 전 세계에서 매년 10만 톤의 항생제가 팔리는데, 이 중 절반이 넘는 양이 동물을 살찌우는 데 쓰인다. 미국에서는 전체 항생제의 약 70퍼센트에서 80퍼센트가 농축 산업에서 주로 동물의 성장을 촉진하는 데 사용된다.

이러한 항생물질은 결국 환경오염으로 이어질 뿐 아니라, 최근 연구 결과에 따르면 항생제를 투여한 가축을 재료로 한 식품을 섭취할 때 다량의 항생제 내성 박테리아를 섭취할 수도 있다.

항생제 내성 위기에 영향을 미치는 또 다른 요인은 수요와 공급의 불일치가 확대되고 있다는 점이다. 감염병 전문의로서 첫 25년 동안(1975-2000) 제약업계는 다양한 박테리아에 효과적이라고 입증된 수십 가지의 새로운 항생제를 개발했다. 하지만 2000년 이후 항생제 내성 슈퍼버그로 인해 항생제 수요가 급증하기 시작한 것과

제2부 · 인간의 적

대조적으로, 새 항생제 개발은 조금씩 맥이 끊기기 시작했다.

대형 제약회사들이 연 400억 달러에 달하는 항생제 시장을 포기하는 이유는 복잡하지만, 그중 하나는 수익이다. 오늘날 약을 팔아서 벌 수 있는 큰돈은 스타틴statin(혈관 내 콜레스테롤 억제제)이나 고혈압방지제처럼 오랜 기간, 가급적 평생 복용해야 하는 약에서 나온다. 그러나 항생제 복용 기간은 일반적으로 며칠이나 몇 주밖에 되지 않는다. 그래서 제약회사들은 주로 같은 사람에게 지속적으로 팔 수 있는 약에 연구를 집중하기 시작했고, 그 결과 슈퍼버그 위기를 물리칠 새로운 항생제가 줄어들었다.

슈퍼버그란 무엇인가?

슈퍼버그superbug라는 용어는 다수의 항생제에 내성이 있는 박테리아를 표현하기 위해 언론이 만든 것이다. 우리는 14장에서 최초의 슈퍼버그 중 하나인 MRSA에 대해 살펴보았다. 모든 슈퍼버그는 MRSA처럼 대단히 치명적이다.

이 책의 초반부에서 우리는 페스트의 원인인 페스트균, 콜레라의 원인인 콜레라균처럼 인간에게 어마어마한 피해를 주었던 박테리아에 대해서 알아보았다. 또한 레지오넬라증의 원인인 레지오넬라 뉴모필라, 미국에서 설사병으로 많은 사람이 사망했던 C. 디피실처럼 수많은 사람을 죽게 한 신종 박테리아 병원균도 자세히 살펴보았다. 하지만 이들 박테리아는 모두 다수의 항생물질에 내성을 보이지는 않기 때문에 슈퍼버그라고 할 수 없다.

슈퍼박테리아

오늘날 미생물학자들은 박테리아의 수많은 유형을 크게 두 그룹으로 나눈다. 덴마크의 박테리아학자 한스 크리스티안 그람Hans Christian Gram이 19세기에 발명한 기법을 사용하여 염색된 박테리아는 색에 따라 구분된다. 그람양성 박테리아는 현미경 아래에서 보라색, 그람음성 박테리아는 빨간색으로 보인다. (이렇게 구분되는 원인은 그람양성 박테리아와 그람음성 박테리아의 세포벽의 차이 때문이다.)

항생물질에 내성이 있는 그람음성 박테리아가 최근 들어 큰 주목을 받았지만, 20세기 말에 등장한 초기 박테리아 슈퍼버그 MRSA와 반코마이신 내성 장구균vancomycin resistant enterococci(VRE)은 그람양성이었다. VRE는 요로, 복강 내, 혈류 감염의 일반적인 원인이다. (폐렴의 제1원인이자 세 번째 그람양성 박테리아인 폐렴구균Streptococcus pneumoniae이 페니실린에 내성이 있는 것으로 보고되었을 때 모든 사람이 우려했다. 하지만 지금까지 다른 많은 항생제가 이 균을 죽이는 데 효과적이다.)

병원 감염 MRSA처럼 VRE도 병원에서 나타났다. VRE는 대부분의 페니실린과 모든 세팔로스포린을 비롯하여 다른 많은 항생제에 내성을 지니고 있다. 또한 그 이름에서 알 수 있듯, MRSA와 달리 반코마이신에게도 내성이 있다.

다행히도 제약업계가 이에 대한 대응으로 1990년대와 21세기 초에 이러한 슈퍼버그를 치료하기 위해 FDA의 승인을 받은 항생제를 출시했다. 리네졸리드, 답토마이신, 티게사이클린tigecycline 등이 바로 그것이다.

이미페넴imipenem은 1985년 승인되었다. 페니실린과 유사한 이 항생제는 카바페넴carbapenem이라는 계열에 속한다. 카바페넴은 거의 모든 그람양성 및 그람음성 박테리아에 반응을 보였기 때문에 의사들에게 열렬히 환영받았다. 카바페넴은 항생제 내성 그람음성 박테리아와의 싸움에서 유일하게 효과적인 무기로, 카바페넴이 효과를 잃는다면 큰 문제에 봉착하게 될 것이었다.

아니나 다를까, 카바페넴을 파괴할 수 있는 최초의 폐렴막대균 변종이 미국에 소개되면서 2001년 이 문제가 고개를 들기 시작했다. 카바페넴 내성 장내세균carbapenem-resistant Enterobacteriaceae(CRE)의 등장이었다. 이후 이를 비롯한 기타 관련 종이 확산되었고, 일부 지역은 큰 피해를 입었다.[5]

의료 관료들은 때때로 CRE를 "악몽 박테리아"라고 부르는데, CRE가 카바페넴에 내성이 있을 뿐만 아니라 혈류, 폐, 요로, 복강 등에 생명을 위협하는 다양한 감염과 신경외과 수술 후 감염을 일으키기 때문이다. 이러한 슈퍼버그들은 갈수록 병원과 요양원에서 감염의 원인이 되고 있다. (가장 흔한 CRE는 대장균, 폐렴막대균, 엔테로박터Enterobacter의 변종들이다.)

현재 박테리아 슈퍼버그에 관해서 정말 걱정되는 것(공황 상태에 가깝다)은 콜리스틴에 내성이 있는 대장균에 의해 야기되는 공포심이다. 콜리스틴과 관련 약물 폴리믹신 B가 CRE에 효과적인 유일한 항생제이기 때문이다.

그래서 콜리스틴에 내성이 있는 대장균이 2015년 등장하자 전 세계에 경보가 울렸다. 설상가상으로 같은 해에 또 다른 콜리스틴 내성 그람음성 박테리아 슈퍼버그 아시네토박터 바우마니 Acinetobacter baumannii가 22명의 환자를 감염시킨 원인으로 보고되었다.[6] 앞서 언급한 것처럼 콜리스틴 내성은 mcr-1 유전자를 지니고 있는 플라스미드에 의해 부여되며, 2015년 중국에서 처음 발견되었다. 그리고 2016년 유럽 과학자들이 돼지에서 두 번째 콜리스틴 내성 유전자 mcr-2를 발견하면서 우리의 불안은 더욱 커졌다. mcr-2는 mcr-1보다 훨씬 수월하게 서로 다른 박테리아 사이를 이동한다는 점에서 우려를 증폭시키고 있다. 2017년 중국과 유럽의 연구원들이 돼지의 대변 샘플에서 세 번째인 mcr-3와 네 번째 mcr-4 이동성 콜리스틴 내성 유전자를 발견하면서 상황은 더욱 악화되었다.

공중보건 책임자들을 잠 못 들게 하는 가장 큰 걱정거리는 이러한 이동성 유전자가 CRE로 전파되는 것이다. 한동안 유럽과 아시아의 가축에서 발견되던 CRE는 2016년 미국의 돼지에게서 처음 나타났다. 따라서 이 무서운 항생제 내성 시나리오의 등장을 위한 무대가 미국의 농장에 마련되었다.

여기에 더해 mcr-1 유전자가 숨어 있는 대장균 분리주가 2015년 뉴욕의 입원 환자에게서 발견되었다. 그리고 이탈리아 연구원들은 백혈병을 앓고 있는 아이에게서 mcr-1 유전자의 변종을 지니고 있는 폐렴막대균을 발견했다고 발표했다.

또 다른 연구 팀은 동물에서 인간으로 감염될 가능성이 있다는 사실을 확인하면서 걱정거리를 하나 더했다. 그들은 리투아니아와 아르헨티나의 갈매기 엉덩이에서 mcr-1 유전자를 회수했다.[7]

최근에는 장티푸스, 이질, 임질 등을 일으키는 다른 그람음성 박테리아 균주가 등장했는데, 다양한 항생제에 내성을 지니고 있다.

신문에는 거의 실리지 않지만 가장 무서운 박테리아 슈퍼버그는 결핵을 일으키는 결핵균이다. 전 세계 병원균 중 결핵균은 단연 선두에 선 살인마다. 지난 20년 동안 등장한 항생제 내성 균주는 2가지이다. 첫 번째는 다중 약물내성 결핵^{multidrug-resistant TB}(MDR-TB)이고, 그 뒤를 광범위 약물내성 결핵^{extensively drug-resistant TB}(XDR-TB)이 따르고 있다.

1940년대에 치료제가 나오기 전까지 결핵은 발병 환자 중 절반에게 사형선고였다. 오늘날에도 매년 1040만 명이 결핵에 걸리고, 180만 명이 사망한다. 결핵 환자 또는 사망자 중 다수가 개발도상국에서 살기 때문에 결핵으로 인한 지속적인 피해는 부유한 국가의 레이더망에는 대부분 걸리지 않는다.

효과 좋은 결핵 치료제인 스트렙토마이신^{streptomycin}은 1944년 처음 소개되었을 때 "기적의 약"이라며 환영받았다. (발견자 셀먼 왁스먼^{Selman Waksman}은 1952년 노벨생리의학상을 수상했다.) 하지만 곧바로 결핵균은 스트렙토마이신에 내성을 갖췄다. 다행히도 효과적인 신종 항생제 2가지가 나왔다. 1950년대에 출시된 이소니아지드^{isoniazid}((INH)와 1960년대에 나온 리팜핀^{rifampin}이었다. 이 두 항생제는 광범위하고 효과적인 결핵 치료를 위한 길을 열었다.

수십 년 동안 항결핵제가 추가로 개발되었지만, 그 항결핵제들은 늘 다른 항생제와 함께 처방되었다.

인류는 결핵을 치료하면서 항생제 내성을 예방하는 근본적인 원칙을 처음 깨달았다. 동시에 서로 다른 목표물을 공격하거나, 다른 방식으로 행동하는 다수의 항생제를 이용해야 한다는 것이다. 이렇게 하면 결핵균이 죽기 전에 내성이 생기기는 어렵다.

그럼에도 불구하고 MDR-TB(최소한 INH와 리팜핀에는 내성이 있는 균주)와 XDR-TB(INH와 리팜핀과 2가지 이상의 추가적인 약물에 내성이 있는 균주)가 나타났다. 안타깝게도 전 세계에서 매년 발생하는 MDR-TB 48만 건 중 4분의 3이 치료되지 않는다. 추정컨대 MDR-TB로 인하여 2050년까지 16조7000억 달러라는 충격적인 경제적 손실이 발생할 수 있다.

XDR-TB의 경우는 현재 10개국 이상에서 나타나고 있다. XDR-TB가 유행하게 된다면 우리는 전체 결핵 환자의 절반이 사망하는 항생제 이전 시대로 되돌아갈지도 모른다.

다행히도 MDR-TB와 XDR-TB에 의한 대혼란을 여러 정부에서 인지하고 있다. (예를 들면 2015년 오바마 대통령은 이 두 슈퍼버그 문제를 해결하기 위한 국가 차원의 실행 계획을 시작했다.) 빌 앤드 멀린다 게이츠 재단 같은 비영리 단체는 이 문제를 해결하기 위한 노력을 지원하고 있으며, 이들의 도움을 받은 제약회사들이 인간의 적을 효과적으로 없애고 억제할 수 있는 새로운 항결핵제를 개발하고 있다. 새롭게 개발한 XDR-TB 약물 치료법 3가지에 대한 임상 시험 결과는 고무적이다. 의학저널 《랜싯》에 실린 최근 보고서에 따르면 진단, 치료, 예방 등에 적절하게 투자한다면 이 오래된 재앙은 2045년까지 정복될 수 있다.[8] CRE가 나타나기 훨씬 오래전에도 또 다른 그람음성 박테리아 슈퍼버그들이 있었다는 사실은 어찌 보면 당연하다. 병원 관련 감염의 가장 흔한 원인이자 낭포성 섬유증 환자에게 큰 위협인 그람음성 박테리아 녹농균*Pseudomonas aeruginosa*도 여러 가지 항생제에 내성이 있다. 1980년대에는 광범위 베타락탐 분해효소extended spectrum beta-lactamases(ESBLs)라는 새로운 박테리아 효소 집단이 최초로 발견됐다. ESBL 생성 그람음성 박테리아는 페니실린과 대부분의 세팔로스포린에 내성이 있다. 하지만 카바페넴은 처음 소개된 이후로 꾸준히 이 슈퍼버그들에 대하여 매우 효과적이다.

2017년 세계보건기구는 처음으로 인간의 건강에 가장 큰 위협이 되는, 약물에 내성이 있는 박테리아의 명단을 발표했다. 문제는 명단에 이름을 올린 숫자가 12가지라는 것이다. (셋은 그람양성인 MRSA, VRE, 폐렴구균이며 나머지 아홉은 그람음성인 장내세균*Enterobacteriaceae*, 아시네토박터 바우마니*A. baumannii*, 녹농균*P. aeruginosa*, 이질균*Shigella spp*, 캄필로박터*Campylobacter spp*, 살모넬라*Salmonellae*, 헤모필루스 인플루엔자*Haemophilus influenza*, 임질구균*Neisseria gonorrhoeae*, 헬리코박터 파일로리*Helicobacter pylori*다.)

슈퍼바이러스

바이러스 감염병은 매우 흔하지만, 항바이러스제를 구할 수 있는 바이러스는 놀랄 만큼 적다. 이런 이유 때문에 상대적으로 슈퍼바이러스, 즉 다수의 항바이러스제에 내성이 있는 바이러스가 별로 없는 것이다.

불운하게도 전 세계적으로 가장 많은 사상자를 낸 바이러스가 이러한 극소수의 슈퍼바이러스 가운데 하나이다. 바로 인간 면역결핍 바이러스, HIV다.

7장에서 우리는 항HIV 치료의 간략한 역사에 관해 살펴보았다. 7장에서 최초의 항레트로바이러스제인 지도부딘이 1987년에 첫 선을 보였다는 내용을 기억할 것이다. HIV가 유전자 돌연변이를 빠르게 일으키는 RNA 바이러스이기 때문에 지도부딘에 대한 내성은 금세 등장했다.

항결핵 치료법을 흉내 내어, 다른 유전자와 CD4 림프구의 바이러스 성장 메커니즘을 목표로 하는 항HIV제가 빠르게 개발되었다. 1996년에는 고활성 항레트로바이러스 치료법(2가지 이상의 항HIV제의 조합)이 표준이 되었다. 2019년에는 26가지 이상의 서로 다른 매우 효과적인 항HIV제가 시장에 나와 있다. 그러나 개발도상국, 특히 아프리카, 아시아, 아메리카대륙에서 약물에 대한 내성이 높은 HIV 변종이 등장해, 결국 항생제 내성 박테리아와 똑같은 관계를 HIV와도 맺게 되는 것은 아닌지 많은 이가 우려하고 있다.

왜 바이러스성 슈퍼버그를 다룰 때에는 어마어마한 성공을 거두면서, 박테리아 슈퍼버그와 싸울 때에는 성공하지 못하는 걸까? 답은 주로 돈 때문인 것 같다. 항HIV 약물 중에 바이러스를 근절하는 것은 없기 때문에 HIV 감염 환자들은 평생 치료를 받아야 한다. 그리고 치료비가 비싸다. 미국에서는 매년 환자당 약 2만 달러가 들고, 100만 명 이상이 HIV와 함께 살아간다.

다른 바이러스 감염(예를 들어 인플루엔자와 헤르페스 바이러스에 의한 감염)을 치료하던 약물에 대한 내성 또한 최근 몇 년 사이에 나타났다. 하지만 이들 바이러스 가운데 슈퍼바이러스의 위치에 오른 것은 없다. 아직까지는 말이다.

슈퍼프로토조아

6장에서 살펴보았던 것처럼, 말라리아원충속에 속하는 원생동물 protozoa(말라리아의 원인)은 인류 역사상 최고의 살인자 중 하나다. 21세기 초에 말라리아를 예방하고 치료하는 데 상당한 진전이 있었지만 매년 거의 2억 건의 말라리아 감염이 여전히 발생하며, 50만 명에 가까운 사람들이 말라리아로 사망한다.

항말라리아제 퀴닌은 17세기에 도입되었다. 오늘날 퀴닌의 사용은 제한되어 있는데, 말라리아 미생물에 의한 내성보다는 주로 독성 때문이다.

수년에 걸쳐 말라리아 예방과 치료를 위해 적어도 35가지의 약물이 소개되었다. 하지만 클로로퀸chloroquine처럼 과거에 매우 효과적이었던 일부 약물은 오늘날 거의 사용되지 않는다. 전 세계 대부분 지역의 기생충들이 그 약물에 대한 내성을 갖췄기 때문이다.

말라리아를 일으키는 5종 가운데 가장 치명적인 열대열원충에 활성화되는 약물인 아르테미시닌artemisinin은 2004년 시장에 나왔다. 처음에 이 약은 단독으로 쓰였지만, 점차 내성이 발달하며 아르테미시닌을 기반으로 약을 조합하는 치료법이 표준이 되었다. 이 역시 다른 슈퍼버그들과 마찬가지로, 미생물의 독창성과 화학자들 간의 끊임없는 따라잡기 게임이 벌어지고 있는 셈이다.

슈퍼곰팡이

20세기 후반에 들어서며 면역 체계에 이상이 있는 환자(장기 및 골수 이식 환자, 암 환자, 에이즈 환자)의 수가 급증했다. 그러자 적응력이 뛰어난 곰팡이가 끼어들었다.

칭찬받아 마땅한 것은, 제약회사들이 책임감 있게 빠른 속도로 다양한 항진균제를 개발했다는 점이다.

항진균제의 광범위한 사용으로, 지금까지 슈퍼곰팡이는 상대적으로 극소수에 불과했다. 하지만 최근 한 슈퍼곰팡이가 신고식을 마쳤다. 바로 칸디다속 진균$^{Candida\ auris}$이다. 2009년 어느 일본 여성의 귀에서 처음 발견된 이 곰팡이는 의사들을 긴장시켰고, 이후 세계 곳곳의 의료 시설에 난데없이 등장해 혈류 및 상처에 감염을 일으켰다.

칸디다속 진균은 미국에서 흔히 사용하는 항진균제인 플루나코졸^{fluconazole}에 내성을 보이며, 뉴욕에서 가장 많은 감염을 발생시켰다. 2018년 뉴욕에서 발생한 감염은 사망률이 45퍼센트였는데, 병원의 통제 절차에 문제가 있었던 것으로 보인다. 그리고 영국 옥스퍼드의 한 중환자실에서 플루코나졸에 내성이 있는 칸디다속 진균 감염이 대규모 발생했다는 사실이 2018년 10월 《뉴잉글랜드 의학 저널》에 보고됐다.[9] 이 감염은 재사용 온도계를 매개로 전파된 것으로 보인다.

미국에서는 2017년 중반까지 122명 이상이 이 곰팡이에 의하여 감염됐고, 대부분 사망했다. 칸디다속 진균은 플로코나졸뿐 아니라 다른 2가지 항진균제에도 내성이 있다. 이 곰팡이가 어떻게 세계 각국에서 독립적으로, 일제히 발생했는지는 수수께끼가 아닐 수 없다. 적어도 이 글을 쓰고 있는 2019년 현재까지는 말이다.

슈퍼버그에 관한 새로운 전쟁

항생제에 대한 내성이 생기지 않게 하여 병원균을 죽이는 새로운 항생물질에 관한 최근 보고에도 불구하고, 경험에 따르면 내성이 생기지 않는 방법으로 미생물을 죽이는 약물을 연구하는 일은 성배 찾기만큼이나 쓸데없는 노력이다. 미생물에게는 항생제를 좌절시키는 전략을 개발해 온 수십억 년 동안의 경험이 있기 때문이다.

그렇기는 하지만 여전히 많은 미스터리가 남아 있다. 예를 들어 연쇄상구균 인두염의 원인인 화농성 연쇄상구균Streptococcus pyogenes 같은 박테리아는 왜 한결같이 페니실린에 약한 채로 남아 있는지 나는 도무지 알 수가 없다. 왜 지금까지 내성을 키우지 않은 걸까?

희망적인 점은, 슈퍼버그 위기의 중대성을 이제 관계자 모두가 인지하고 있다는 것이다. 의사, 농부, 수의사, 공중보건 종사자, 정부 관료, 제약회사, 투자자, 식품 산업, 소비자가 모두 힘을 합치자는 메시지가 효과를 보이고 있다. 환자들조차 그 메시지를 이해하기 시작했다.

긍정적인 점을 한 가지 더 말하자면, 슈퍼버그의 등장을 국제적인 문제로 보고 있다는 것이다. 모든 이해관계자 사이에서 인식을 높이고 유지하기 위하여 국제 비영리 단체인 항생제 반대 국제연맹World Alliance Against Antibiotic Resistance이 2012년 창립되었다. 그리고 2016년 9월 유엔총회는 역사상 네 번째로 건강 위기(항생제 내성) 문제를 다루었다.

또한 항생제 내성 문제를 원헬스 관점에서 접근해야 한다는 인식이 커지고 있는 점도 고무적이다. 5장에서 살펴본 것처럼, 우리는 모두 한배를 탔다.

의사들에게는 항생제 과다 처방에 대한 책임이 있기 때문에 이러한 관행을 억제하기 위한 조치가 필요하다. 이와 관련한 좋은 소식이 또 있다. 이제 대부분의 병원에서 항생제 관리 프로그램^{antibiotic} stewardship programs(ASPs)을 실행하고 있으며, 보편화될 가능성이 크다. 블루크로스블루실드 보험사는 최근 전반적인 항생제 처방이 줄어들고 있다고 보고했다. 이는 이 프로그램이 작동하고 있다는 것을 의미한다.

ASPs는 고등교육을 받은 의사(대부분 감염병 전문의)들과 병원 약사들로 구성되어 있다. 이들은 입원 환자들이 복용하는 항생제를 감독하지만, 외래 환자에게서도 눈을 떼지 않는다. 과다 처방은 대부분 그들에게 일어나기 때문이다. 과다 처방이 큰 문제가 되고 있는 장기요양시설 역시 그 뒤를 따르기 시작했다.

ASPs의 주된 목표는 감염병을 치료할 때 어떤 항생제가 필요하고 어떤 항생제가 필요하지 않은지 조언해 환자의 결과를 개선하는 동시에, 약물의 독성과 항생제 내성, 치료 비용을 모두 줄여 환자를 더 잘 돌보는 것에 있다. 2016년 퓨 자선신탁에서 발행한 보고서 〈입원 환자 환경에서 항생제 관리를 개선하는 길〉에서는 ASPs가 효과가 있음을 지적하고 있다. 다음은 몇 가지 기대되는 발전이다.

- 항생제 관리는 수의학과 동물 농업에서도 강화되고 있다. (항생제의 70~80퍼센트가 농업, 그중에서도 가축을 살찌우는 데 주로 사용되고 있다는 사실을 떠올려 보라.)

제2부 · 인간의 적

- 갈수록 많은 식품 기업들이 이제는 무항생제 상품을 생산하여 판매하고, 이를 홍보하고 있다. 2017년 미국 최대 닭고기 제조사인 타이슨과 3위 업체 샌더슨팜스는 자사의 닭고기에 항생제를 사용하지 않겠다고 발표했다. 2017년 9월 가장 유명한 패스트푸드 기업 맥도널드는 전 세계 닭고기 공급에서 항생제를 줄이는 계획을 발표했다. (공장식 닭고기 농장에서 어떻게 수십 년 동안 항생제를 남용해 왔는지, 그래서 결과적으로 항생제에 내성이 있는 박테리아를 길러 왔는지에 대해 상세히 알고 싶다면 메린 매케나의 훌륭한 저서 《빅 치킨》을 읽어 보기 바란다.) 그리고 거의 같은 시기에 버거킹과 KFC는 자사 제품에 항생제가 들어 있지 않다고(그리고 앞으로도 그럴 것이라고) 자랑스럽게 보고했다. 이러한 바람직한 변화의 이면에는 소비자의 압력이 있었음이 분명하다.
- 2015년 식품의약국의 주도하에 미국 정부는 '수의사 사료 지시 최종 규정Veterinary Feed Directive Final Rule'을 제정했다. 이 규정에 따라 수의사들은 동물에 항생제를 사용할 때 관리자 역할을 제공한다. 이 프로그램의 주요 목표는 동물의 성장을 촉진하기 위한 항생제 사용을 단계적으로 폐지하는 것이다. 이러한 전략은 이미 몇몇 유럽 국가에 의해 시행되고 있다.
- 항생제 내성을 줄이기 위한 노력 또한 세계보건기구와 질병통제예방센터를 비롯한 많은 미국 주정부의 보건부서, 다른 국가의 많은 공중보건 조직들의 협력하에 이루어지고 있다. 항생제 과다 사용을 억제하고 신약 개발을 방해하는 문제에 대해서는 윌리엄 홀, 앤서니 맥도넬, 짐 오닐이 쓴 신작 《슈퍼버그: 박테리아와의 군비 경쟁》에서 살펴볼 수 있다.

하지만 개발도상국에서는 항생제 내성 문제에 더하여 항생제를 구하는 것이 오히려 더 큰 문제라는 인식이 있다. 현재 개발도상국에서는 항생제 내성보다 항생제를 구하지 못해서 사망하는 사람이 더 많다. 예를 들어 2018년 사하라 이남 아프리카의 아지트로마이신에 대한 대규모 위약통제 연구는 무작위로 할당한 지역사회에 아지트로마이신을 배포했을 때, 아동 사망률이 상당히 낮아졌다는 결과를 보고했다.[10] 이러한 혜택은 아지트로마이신을 복용한 사람의 내장 마이크로바이옴 내의 이로운 변화와 관련이 있는 것으로 보인다.

분명한 것은 항생제 내성을 줄이거나 없애기 위한 정부의 지원과 정치적 의지가 없다면 성공하기 어렵다는 것이다. 미국에서는 2015년 3월 오바마 대통령의 행정명령으로 항생제 내성을 퇴치하는 데 필요한 지원금이 두 배가 되었다. 이후 같은 해에 전문가 패널로 구성된 항생제 내성 박테리아 퇴치에 관한 대통령고문위원회가 첫 모임을 가졌다. 하지만 안타깝게도 내가 이 글을 쓰고 있는 2019년 초이 중대한 계획의 운명은 불확실하다.

2016년, 영국의 항생제 내성에 관한 대책위원회는 항생제 내성 문제를 해결하는 데 400억 달러를 요청했다. 그리고 G7과 G20 회원국은 모두 세계보건기구와 함께 항생제 연구 및 개발 자금 조달 방식에 대규모 변화를 꾀했다.

가장 기대가 되는 것은 2016년 7월 국제 파트너십인 항생제 내성 박테리아 퇴치 가속화Combating Antibiotic-Resistant Bacteria Biopharmaceutical Accelerator(CARB-X)가 발표되었다는 점이다. 다수의 정부 기관, 보건 자선단체, 미국과 영국의 개인 파트너 등으로 구성된 CARB-X는 유망한 새 항생제 후보를 의료 서비스 제공자에게 제공하는 과정을 가속화하기 위하여 향후 5년 동안 수억 달러의 자금을 약속했다.

항생제 남용을 퇴치하기 위한 싸움에서 가장 중요한 집단인 일반 대중은 가장 늦게 대열에 합류하고 있다. 의사들이 바이러스 감염에 대한 부적절한 항생제 처방을 (때로는 이 '기적의 약'을 원하는 환자의 진짜 또는 인지된 압력 때문에) 써 줄 때, 우리는 관습을 역전시켜 환자가 이러한 항생제 처방에 따른 바이러스 감염 단서를 요구하는 모습을 보기를 원한다. 지금 필요한 것은 환자와 비환자가 모두 참여하는 '항생제 남용 금지' 캠페인이다.

다행히도 질병통제예방센터를 비롯한 대중보건 조직에서는 의학과 무관한 커뮤니티에 소중한 정보를 제공한다. 질병통제예방센터 웹사이트의 '항생제 알아보기' 링크를 잘 살펴보기 바란다.

우리는 슈퍼버그로부터 자신을 지키기 위해 개인적으로 무엇을 할 수 있을까? 슈퍼버그는 그다지 '슈퍼' 하지 않은 미생물들과 마찬가지로 대부분 인간의 손으로 옮겨진다. 그러므로 가장 먼저 해야 할 가장 중요한 일은 화장실에 가거나 기저귀를 갈고 나서, 또는 음식물을 만들거나 식사하기 전에 비누칠을 해 꼼꼼하게 손을 씻는 것이다. (손 씻기에 관한 더 자세하고 정확한 정보를 원한다면 세계보건기구의 6단계 손 위생법이나, 이보다 더 단순한 질병통제예방센터의 3단계법을 검색해 보기 바란다.)

둘째, 바이러스성 인두염(대부분의 인두염의 원인), 급성 정맥동염, 급성 기관지염, 급성 이염(중이염) 등의 바이러스 감염 치료에서 항생제는 전혀 쓸모가 없을 뿐만 아니라, 박테리아 내성을 촉진하여 알레르기 또는 매년 약 1만5000명의 미국인의 목숨을 앗아 가는

C. 디피실 같은 심각한 부작용을 나타낼 수 있다(13장을 보라).

우리는 지금 환자 중심 치료 시대에 살고 있다. 우리는 환자로서 주도권을 잡고 치료에 관한 모든 결정을 내려야 한다. 그러므로 의사가 환자분은 항생제가 필요 없다고 말하면서 이유를 설명해 준다면 그 의사에게 감사하도록 하자! 그리고 치료 만족도를 평가해 달라고 부탁하면 충분한 보상을 해 주어야 한다.

항생제 처방을 받았다면 처방의 이유뿐만 아니라, 항생제를 쓰시 않고 똑같은 효과를 낼 수 있는 치료는 없는지 물어봐야 한다. 특정 약물이 항생제인지 잘 모르겠다면 그냥 물어보라.

그리고 병원에 있을 때 문을 열고 들어오는 사람이라면 누구에게나 손을 씻었는지 묻고, 또 묻고, 또 물어야 한다. 안아 주며 인사를 하려 할 때는 말할 필요도 없다.

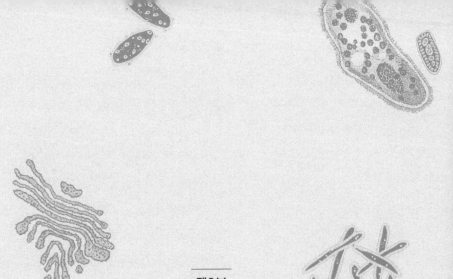

제3부

미생물의
미래

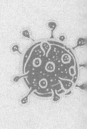

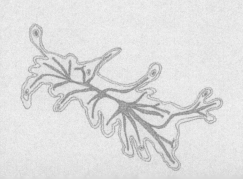

16

대변 이식에 관한 솔직한 이야기

"내가 먹는 것이 내가 아니라, 내가 싸지 않은 것이 나다."

웨비 그레이비|Wavy Gravy

대변 미생물군 이식

"똥은 돈으로 살 수 있는 가장 건전하고, 아름답고, 자연스러운 경
험 중 하나이다."

스티브 마틴Steve MArtin

———

의과대학에 다니던 시절 중 가장 기억에 남는 시기는, 한국의 작은
마을에 있는 병원에서 임상 선택 실습을 했던 4학년 때이다. 그때가
1970년이었는데, 당시 한국은 개발도상국이었다. 아내와 함께 갔는
데, 그곳에 있는 동안 아내는 입원 환자들의 대변을 관찰하는 연구를
수행했다. 아내는 현미경을 이용해 기생충의 알을 찾았는데, 조사하
는 대변 샘플 대부분에 알이 있었다. 이 말은 한국인 대다수가 어떤
기생충에 감염되어 있다는 의미였다.

이에 대한 설명은 가까운 곳에 있었다. 매일 아침 우리는 한 일꾼
이 "꿀통"을 지고 "밤 비료"를 모으는 모습을 보았다. 저 말들은 우
리 미국인이 완곡하게 표현한 것으로, 그 일꾼은 변소에서 근처 밭
에 비료로 쓸 인간의 배설물을 모으고 있었다.

아내와 나는 2005년 운 좋게도 다시 한국에 갈 수 있었다. 그때
한국은 세계에서 가장 발전한 나라가 되어 있었다. 분뇨를 모으고
실외 변소가 널리 쓰이던 시절은 이미 옛날이야기였다. 기생충도 마
찬가지였다.

1970년에는 언젠가 인간의 대변이 아픈 사람을 치료하는 데 쓰
이리라고는 꿈도 꾸지 못했다. 당시 나는 (동물에서 나온 것이든 인간
에게서 나온 것이든) 거름이 어떻게 식물에게 이로운 미생물의 활동

을 장려하는지, 그리고 간접적으로 인간을 포함하여 그 식물을 먹는 생명체에게 이로운 미생물의 활동을 장려하는지 알지 못했다.

FMT란 무엇이고, 어떻게 작동하는가?

대변 세균요법, 또는 대변 이식으로도 알려져 있는 대변 미생물군 이식fecal microbiota transfer(FMT)은 건강한 기증자로부터 수혜자에게 대변을 이식하는 과정이다. 엉뚱하고 원시적이고 야만적인 소리로 들릴지 모르지만, 전혀 그렇지 않다. 실제로 효과가 있는 요법이다.

대변을 이용하여 위장 질환을 치료한다는 생각은 4세기 중국으로 거슬러 올라가며, 그로부터 12세기 뒤 유명한 중국 의사 이시진李時珍은 심한 설사를 치료하는 데 배설물이 들어 있는 '노란 수프'를 사용했다. 그리고 제2차 세계대전 동안 독일 병사들은 낙타의 신선한 배설물을 먹어 설사를 낫게 하는 베두인족 치료법의 혜택을 톡톡히 보았다.

하지만 최초로 FMT에 관한 설명이 출간된 것은 1958년 콜로라도의 외과의사 벤 아이스먼Ben Eiseman과 그의 동료들에 의해서였다. 그들은 중증 거짓막대장염에 시달리던 환자 4명을 성공적으로 치료했다.

그로부터 20년이 더 흐르고 나서야 우리가 13장에서 접했던 C. 디피실이라는 박테리아 병원균이 거짓막대장염의 원인이라는 사실이 밝혀졌다. C. 디피실은 능력 있고 친절한 박테리아를 쓰러트리는 항생제를 투여한 뒤에 결장에서 나타난다.

FMT가 어떻게 작동하는지 이해하기 위해 인간 마이크로바이옴을 집중적으로 다루었던 3장의 내용을 떠올려 보자. 건강한 사람의 대장 마이크로바이옴은 약 39조 마리의 박테리아 세포로 구성되어 있다. 이들 박테리아는 일반적으로 후벽균Firmicutes, 의간균류Bacteroidetes, 방선균Actinobacteria, 프로테오박테리아Proteobacteria 4개의 문에 속한다. 또한 대장 마이크로바이옴은 어마어마한 수의 고세균, 바이러스, 진균, 원생생물을 포함한다. 하지만 현재 FMT의 진정한 가치는 박테리아 전쟁에 있다고 여겨진다. 좋은 박테리아들 C. 니피실 같은 인간의 적과 싸우게 하는 것이다.

FMT는 디스바이오시스(미생물 불균형)인 인간의 내장이 미생물의 건강한 균형, 즉 유바이오시스를 회복하도록 도움을 주는 방식으로 작용한다. 과학자들은 그러기 위해서는 장에 우호적인 박테리아를 서식하게 하여 악의적인 박테리아를 압도할 수 있어야 한다고 믿는다. 장내 마이크로바이옴이 엄청나게 복잡하다는 사실을 고려하면, 이 가설은 지나치게 단순할지도 모른다. 그럼에도 불구하고 지난 7년 동안의 연구에서 FMT가 재발성 CDI에 대단히 성공적인 치료법이라는 사실이 밝혀졌다.

FMT의 적용 대상은 위장 내 감염증 치료에만 국한되지 않는다. 3장에서 말한 것처럼 2형 당뇨병, 비만, 심장혈관질환, 크론병, 궤양성 대장염, 과민성대장증후군, 일부 암, 자가면역질환, 천식, 알레르기, 특정 신경정신장애 등 많은 인간의 병이 디스바이오시스에 뿌리를 두고 있을 수 있다.

FMT의 기초

FMT 연구는 여전히 비교적 초기 단계이다. 그럼에도 불구하고 FMT가 재발성 CDI를 치료한다는 증거가 빠른 속도로 쌓여 가고 있다. CDI에 대한 FMT의 첫 번째 무작위 통제 시험이 네덜란드에서 수행되었는데, 2013년 《뉴잉글랜드 의학저널》에 발표된 결과는 FMT가 통제군에 주어진 항생제 반코마이신보다 우수함을 보여 주었다.[1] 이 연구는 과거에 수행된 다수의 테스트와 임상보고서의 결과를 뒷받침해 주었다.

잠시 이러한 연구를 수행하고, 환자가 FMT 치료에 동의하도록 하기 위해 연구원들이 제거해야 할 장애물을 상상해 보자. 첫 번째 장애물은 이른바 더럽다고 느끼게 하거나 웃음을 유발하는 요소들이다. 하지만 연구원들은 일찍이 2012년에도, 특히 의사가 권유했을 때에는 환자들이 FMT를 재발성 CDI에 대한 치료법으로 고려하는 데 거부감이 없다는 사실을 보여 주었다.

미국에서는 매년 약 50만 명의 사람들이 CDI에 걸리고, 대략 3퍼센트인 약 1만5000명이 사망한다는 사실을 기억해야 한다. 항생제 치료법이 대부분의 사례에서 초기 치료로써 효과를 발휘하지만, 최소 25퍼센트가 재발한다. 이 환자들은 모두 설사, 복통, 전신 증상 등에 시달린다. 그들은 대개 또 다른(때로는 두세 가지) 항생제 치료를 선택하지만, 잠재적으로 더 효과적일 수도 있는 FMT를 제안받는다면 그 기회를 잡으려 할 것이다.

두 번째이자 훨씬 어려운 일련의 장애물은 규제 문제와 관련되어 있다. 미국에서 이 말은 식품의약국의 허가를 받아야 한다는 의미이다. 첫 번째는 임상 시험을 하기 위해, 그다음으로는 모든 일이 순조롭게 진행된다면 FMT를 치료의 한 형태로 언제나 사용할 수 있도록 허가를 받기 위해서다. (식품의약국은 인간의 대변을 생물학적 약제로 분류한다. 환자의 안전을 보장하기 위해 식품의약국은 FMT 요법과 기타 연구에서 인간의 대변 사용을 규제한다.) 현재 재발성 CDI를 치료하기 위해 FMT를 사용하는 미국의 의사들은 신약 임상 시험 investigational new drug(IND) 허가를 받지 않아도 되지만, 식품의약국은 받을 것을 강력히 장려하고 있다.

다음은 연구원들이 고려해야 하는 몇 가지 문제들이다.

문제 1: 대변 기증자를 어디서 구할 것인가? 현재 FMT를 실행하는 센터들은 대부분 건강한 사람, 특히 호의적인 가족 구성원에게서 대변을 제공받았다. 기증자는 건강에 해로운 마이크로바이옴과 관련된 질병이 없는지 선별하는 과정을 거친다. 기증자들의 대변은 또한 정기적으로 병원균이 있는지 테스트된다. (다행히 냉동된 대변도 신선한 대변만큼이나 효과가 있다는 사실이 입증되었다. 대변을 구하고 처리하는 현실적인 어려움 때문에 MIT에서는 비영리 대변은행인 오픈바이옴OpenBiome을 개발했다. 이 대변은행은 FMT 치료에 필요한 안전한 배설물을 제공하는 것으로 알려져 있다.)

문제 2: 투여 경로는 어떻게 되는가? 지금까지 FMT는 일반적으로 튜브를 이용해서 코에서 소장까지 배설물을 주입하거나, 대장내시경 또는 관장제를 이용해 대장으로 주입하는 2가지 방법 중 하나를 사용했다. 수술은 불필요하다. (캡슐을 이용해서 경구 투여하는 방법—이른바 '똥약'—은 당연히 환자와 의료 전문가들이 모두 선호하지만, 이

제3부 · 미생물의 미래

와 같은 형태의 FMT는 여전히 연구 중인 상태여서 아직 승인을 받지 못했다. 하지만 캘거리대학교 등에서 수행한 경구 투약 연구 결과는 고무적이다.)

문제 3: 투여되는 물질의 생물학적 특성은 어떠한가? 인간 마이크로바이옴에 대해 자세히 알게 될수록 치료법은 보다 정교해진다. 예를 들어 현재 연구되고 있는 한 가지 방법은 왕성하게 성장하는 박테리아보다는 박테리아 포자를 투여하는 것이다. 13장에서 언급한 것처럼, 이러한 연구들은 포자가 재발성 CDI 치료에 효과적이라는 사실을 입증했다. (환자에게는 CDI를 일으키는 독소를 생성하지 않는 *C.* 디피실 변종에서 나온 포자를 투여한다. 그 결과 CDI 재발이 상당히 감소한다. 독소를 생성하지 않는 *C.* 디피실이 독소를 생성하는 *C.* 디피실이 대장 안에서 차지하고 있던 자리를 넘겨받는 것으로 보인다.)

2016년 《감염병 저널》에 소개된 또 다른 FDA 승인 임상 시험도 마찬가지로 기대를 모으고 있다.[2] 이 시험에서는 약 50종의 후벽균 문에 속하는 세균으로부터 만들어진 포자를 캡슐에 넣어 환자들이 삼키게 했는데, 치료받은 환자의 약 90퍼센트가 차도를 보였다.

하지만 FMT는 특효가 있거나 기적을 일으키는 요법은 아니다. 몇 가지 실패 사례가 보고된 바 있는데, 한 연구에서 FMT는 약 75퍼센트에서 효과를 보였다. 확실히 치료를 받지 않았을 때보다는 좋아졌지만, 의료 전문가들이 원하는 정도에 한참 모자랐다. (실패는 대개 입원 환자에게서 일어났다. 이는 나이가 많고 병든 CDI 환자들에게 FMT가 효과가 없을 수도 있다는 것을 의미한다.) 감염병 분야의 전문가 스튜어트 존슨Stuart Johnson과 데일 거딩Dale Gerding은 2017년 여섯 차례의 무작위 통제 시험을 검토하고 나서 "더 만족스럽고 안전하고 명확한 제품으로 만들기 위해서는" FMT에 개선이 분명히 필요하다는 결론을 내렸다.[3] 〈샴푸ShamPoo 대실패하다〉라는 제목으로 《아틀란틱》에 실린 최근 임상 시험의 결과는 더욱 실망스럽다.[4] 젊은 벤처기업 세레스 세라퓨틱스의 후원을 받은 이 연구에서는 장내 박테리아 50종의 포자 1억 개가 들어 있는 하나의 캡슐로 구성된 주력상품 SER-109와 위약을 테스트하기 위해 89명의 재발성 CDI 환자가 참여했다. 안타깝게도 시작할 때 가졌던 희망은 2016년 7월 위약(sham, '가짜'라는 의미—옮긴이)과 비교해 나은 점이 전혀 없다는 결과가 나오면서 사라지고 말았다. 이 놀라운 실패의 원인은 현재 밝혀지지 않았다. (2017년 6월 ClinicalTrials.gov에 등록된 320명의 환자를 대상으로 SER-109의 두 번째 임상 시험이 시작됐다는 사실은, 처음에 실패한 이유를 찾아내서 이번에는 실패하지 않으려 한다는 것을 시사한다.)

또한 FMT는 일반적으로 안전하다고 여겨지지만, 이따금 합병증이 발생한다. 이식을 통해 다수의 약물에 내성을 가진 대장균을 얻은 FMT 수용자가 사망한 최근 사건의 영향으로, 식품의약국은 기증된 대변을 다수의 약물에 내성이 있는 박테리아에 대해 테스트하라고 경고했다.

특별히 관심이 가는 사례는 재발성 CDI 때문에 FMT를 받은 32세 여성에 관한 2015년 보고서에서 확인할 수 있다. 여성의 요청에 따라 체중 63킬로그램에 체질량 지수가 26.4이지만 건강한 16세의 딸이 대변 기증자가 되었다. FMT를 하던 당시 환자는 체중 61킬로

제3부 · 미생물의 미래

그램에 체질량 지수는 26이었다. (체질량 지수가 18.5에서 24.9 사이일 경우 정상으로 간주한다. 따라서 기증자와 수용자 모두 약간 과체중인 것으로 여겨진다.) 좋은 소식은 FMT가 그 환자를 치유했다는 것이다. 나쁜 소식은 이후 16개월 동안 의학적으로 조절된 식단과 운동 프로그램을 따르는 동안 환자의 체중이 15킬로그램 늘었다는 것이다. 그로부터 20개월이 지난 후에는 3킬로그램이 더 늘었다. 체중 증가가 대변 이식 때문일까? 또는 대변 이식과 관계가 있을까? 확실히 알 수는 없지만 그럴 가능성이 크다. 3장에서 장내 마이크로바이옴과 비만 사이의 잠재적인 관계에 대해 살펴본 것을 떠올려 보라.

FMT 적용의 미래

"나는 완전히 새로운 과학이 탄생하고 있다는 것을 깨달았다. 그리고 실제로 나는 부러워서 군침이 나올 지경이었다. 아, 나도 그 분야에 있었으면 좋겠다! 그리고 우연하게도 위장병 전문의로서 그 분야의 중심에 있게 되었다. 그래서 나는 그 분야에 들어가는 것을 거부할 수 없었다. 우리는 이 새로운 과학이 시작하는 모습을 보고 있다. 이것은 누구에게나 열린 새로운 개척지다."

알렉산더 코러츠 Alexander Khoruts

———

미네소타대학교 미생물군 치료 프로그램의 의학 책임자 알렉산더 코러츠는 대표적인 FMT 선구자이다. 코러츠와 함께 환경미생물학자 마이클 사도스키Michael Sadowsky와 컴퓨터미생물학자 대니얼 나이트Daniel Knight는 FMT가 작용하는 방식을 이해하는 데 도움을 주고 어떻게 쓰일 수 있는지에 대한 통찰을 제공하기 위하여 협력해 왔다. 그들은 내 동료이기에 나는 즐거운 마음으로 그들의 수업에 참석했다. FMT 분야에 대한 열정은 분명하게 느낄 수 있었지만, 그들은 FMT를 학문과 임상에 적용하는 것은 아직까지 걸음마 단계라고 경고한다. 그리고 세 명 모두 상관관계가 인과관계를 의미하는 것은 아니라고 강조한다.

FMT가 재발성 CDI에 대해 증명된 치료법으로 빠르고 성공적으로 발전하자, 장내 마이크로바이옴 문제와 관련된 다른 질환을 치료할 수 있다는 열정이 타오르기 시작했다. 하지만 CDI로 시작해서 운이 좋았던 것일 수도 있다. CDI는 이미 알려진 인간의 적 *C.* 디피실에 의해 생기는 질병이다. 그리고 지금까지 나온 단서들에 따르면 우리의 장에 있는 다른 박테리아들이 당연히 CDI를 없애기 위해 노력할 것이다.

하지만 디스바이오시스에 의해 발생할 수 있는 질병은 수없이 많다. 그리고 대부분의 경우 우리는 관련된 미생물의 적이나 친구를 알지 못한다. 게다가 인간의 장에는 고세균, 바이러스, 곰팡이, 원생생물 등 엄청나게 많은 박테리아 종이 서식한다. 우리는 거대한 모래밭에 떨어진 작은 모래알을 찾고 있을 수도 있다. 그렇기는 하지만, 미국 국립보건원의 서비스인 ClinicalTrials.gov에 등록된 다수의 FMT 임상 시험을 보면 기운이 난다. 시험 중 다수는 FMT의 폭넓은 가치와 적용을 뒷받침하는 증거를 제공했다.

진행 중인 대조군 임상 시험들은 비만, 신진대사장애, 궤양성대장염, 크론병, 과민성대장증후군, 파킨슨병, 자폐 스펙트럼 장애 등을 대상으로 삼는다.[5] 마이크로바이옴과 암 면역요법(3장을 보라) 사이의 연관 관계를 고려하면 FMT가 종양학 분야에 진출하는 것 역시 놀랄 일은 아니다.[6]

재발성CDI에 시달리는 사람이나 디스바이오시스 관련 장애가 있는 환자들은 FMT를 고려해야 할까? 내 조언은 "의사와 상의하세요"다. 내가 만약 재발성 CDI에 시달린다면 FMT 사용 경력이 있는 전문의를 소개해 달라고 부탁할 생각이다.

디스바이오시스가 있거나 의심되는 다른 모든 환자에게는 계속 지켜보라고 당부하고 싶다. FMT 분야는 현재 1800년대 중반의 미국 개척시대와 비슷하다. 온라인에서 '혼자서 할 수 있는 대변 이식법' 영상을 찾을 수 있는데, 부디 혼자서 하지는 말기를 바란다. (아무리 손재주가 좋다 하더라도 FMT가 늘 효과가 있고 합병증이 없는 것은 아니다.) 또한 입증되지 않은 수많은 목표를 위해 FMT를 홍보하는 광신도 같은 집단과 연락할 수도 있다. 부디 이것 역시 피하길 바란다. FMT의 가치에 관한 질문의 진짜 해답은 무작위 임상 시험을 올바르게 실행할 때에만 나올 것이다. 무작위 임상 시험은 내가 이 장을 쓰고 있을 때에도 수행되고 있다. 그러므로 새로운 똥이 나오는지 계속 주시하기 바란다.

17

우호적인 박테리아와 곰팡이로 치유하기

"덧붙이자면 효소와 발효의 특성을 완전히 이해한 사람은 아마도 그렇지 못한 사람보다, 발효의 원칙에 관한 통찰 없이는 절대 완전히 이해할 수 없는 (발열 등) 몇 가지 질병의 다양한 현상을 더 잘 설명할 수 있을 것이다."

로버트 보일 Robert Boyle, 18세기 화학자

프로바이오틱스란 무엇이고, 어떻게 작용하는가?

이 책의 앞부분에서 우리의 위장관이 약 2000가지 서로 다른 종에 속하는 약 40조 개의 박테리아 세포로 이루어져 있다고 말한 사실을 기억할 것이다. 여기에 더해 주로 다양한 효모로 구성된 100가지가 넘는 곰팡이 종이 서식하고 있다. 건강한 사람이라면 사실상 이들 세균 모두가 공생(자신에게 이롭고 남에게도 문제를 일으키지 않음) 또는 상리공생(자신과 남에게 모두 이로움)을 하고 있다.

프로바이오틱스에서 가장 중요한 것은 상리공생, 즉 우리의 친밀한 친구들이다.

프로바이오틱스probiotics라는 말은 '촉진한다'는 뜻의 그리스어 *pro*와 '생명'이라는 뜻의 *biotic*이 합쳐진 것이다. 유엔 식량농업기구와 세계보건기구는 프로바이오틱스를 "적절한 양을 투여했을 때 숙주의 건강에 도움을 주는 살아 있는 미생물"로 정의하고 있다.

다양한 프로바이오틱스 외에도 프리바이오틱스prebiotics(장의 미생물군에 영양분을 공급해 주는 소화되지 않는 탄수화물)와 신바이오틱스synbiotics(프로바이오틱스와 프리바이오틱스를 모두 포함하는 제품)를 구입할 수 있다.

프로바이오틱스는 다양한 식품(요구르트와 케피르가 가장 흔하다)에서 볼 수 있으며 식이보충제로도 구입할 수 있다. 비록 미국 식품의약국에서 승인받은 것은 없지만 프로바이오틱스와 프리바이오틱스, 신바이오틱스 등은 건강에 도움이 된다는 인식 때문에 널리 사용되고 있다.

내가 '건강에 이롭다고 입증되었다'라는 표현 대신 '건강에 도움이 된다는 인식'이라고 한 이유는 식품의약국이 지금까지 승인을 보류했기 때문이다. 하지만 이들 우호적인 박테리아와 곰팡이가 건강에 정말 도움이 된다는 증거는 많다. 루이 파스퇴르가 19세기에 세균을 발견하기 오래전부터 미생물 배양은 수천 년 동안 식품과 알코올을 발효시키는 데 사용되어 왔다.

사실 파스퇴르는 질병을 일으키는 미생물에 관심을 갖기 전인 1850년대와 1860년대에 미생물의 일부가 발효 과정에 영향을 끼친다는 사실을 밝혀냈다. 파스퇴르는 또한 맥주와 포도주에 열을 가하면 부패를 일으키는 박테리아를 대부분 죽일 수 있다는 사실도 발견했다. 이 가열 과정은 '저온 살균pasteurization'으로 알려지게 되며, 오늘날까지 우유나 주스 등의 잠재적으로 해로운 미생물을 죽이는 데 쓰인다.

사람들은 대부분 맥주나 포도주, 요구르트, 치즈, 절인 양배추, 발효시킨 빵 등이 발효되었다는 사실은 알고 있다. 하지만 발효의 이면에 미생물이 있다는 사실은 모를지도 모른다. 이러한 식품에 들어 있는 특정한 효모균들이 설탕을 산이나 기체, 알코올로 바꾼다.

세포면역학의 창시자이자 파스퇴르가 자신의 연구소에서 일하게 했던, 우리가 4장에서 잠시 만났던 엘리 메치니코프는 프로바이오틱스의 아버지로서 널리 인정받고 있다. 메치니코프는 우리의 소장에 서식하는 해로운 박테리아가 노화의 원인이 되는 독소를 배출한다고 주장했다. 훗날 메치니코프는 장내 미생물의 불균형(좋은 미생물의 부족, 또는 해로운 미생물의 과도한 성장)이 건강하지 않은 상태의 근본적 원인이라는 더 일반적인 개념을 지지했다. 갈수록 늘어 가는 증거는 메치니코프가 옳았음을 지지하고 있다.

1800년대 후반 메치니코프가 연구하던 시절에 불가리아인들은 장수로 유명했다. (오늘날 불가리아인들의 기대수명은 평균에 불과하다.) 당시 불가리아인들은 또한 요구르트 섭취량이 많은 것으로도 유명했다. 메치니코프는 요구르트 같은 발효된 낙농업 제품에 들어 있는 젖산을 생성하는 박테리아를 섭취하는 것이 불가리아 농부의 건강과 장수에 도움을 주었다는 의견을 제시했다. 그는 1907년 논문《인간의 자연: 낙관주의 철학 연구》에서 섭생orthobiosis이라는 과정을 통해 장에 있는 해로운 미생물을 우호적인 박테리아로 교체해야 한다고 제안했다. 그는 요구르트, 특히 불가리아 요구르트에 해로운 박테리아를 죽인 2가지 유형의 박테리아가 포함되어 있다는 사실을 발견했으며, 이것이 불가리아 요구르트의 의학적 특성에 내재되어 있는 것으로 보았다.

20세기 초에 이 개념은 내장의 일부를 제거하는 외과 의사들에 의해 왜곡되어 극단적으로 해롭게 바뀌었다. 또 다른 증명되지 않은, 하지만 훨씬 극단적이지 않은 방법에는 장내 청소, 또는 대장 수치료법colon hydrotherapy 등이 있었다. 이른바 '결장세척'은 안전하고 이롭다는 증거가 없음에도 오늘날까지 일부 대체의학자들이 추천하는 방법이다. 이처럼 해로운 박테리아가 있는 장을 제거하는 과격한 방법들은 그 무엇도 도움이 되지 않는 것으로 드러났다. 하지만 우리의 내장에 사는 것이 우리의 건강에 근본적인 영향을 미친다는 기본적인 개념은 여전히 의학적으로나 과학적으로 올바르다.

프로바이오틱스가 장내에서 작용하는 방법에는 3가지가 있다.

제3부 · 미생물의 미래

병원균을 물리치거나 쓰러뜨리는 것, 장 내벽을 완전한 상태로 강화하는 것, 염증을 억제하는 것이다.

프로바이오틱스의 미생물이 효과가 있으려면, 위의 산성 환경과 상부 내장의 담즙산염에서 살아남아야 한다. 그런 뒤에도 장내에 살아서 오래 머물지 않기 때문에 우리는 대부분의 프로바이오틱스를 계속 섭취해야 한다.

케피르^{Kefir}는 예외라는 주장도 있다. 케피르의 미생물은 장내에 머물며 서식한다고 하는데, 이 주장을 뒷받침하는 과학적 증거는 찾기 어렵다.

상업적으로 구할 수 있는 프로바이오틱스에는 8가지 이상의 종과 가장 많이 사용되는 박테리아속인 락토바실러스^{Lactobacillus} 균주가 포함되어 있다. 흔히 볼 수 있는 다른 프로바이오틱 박테리아는 비피도박테리움^{Bifidobacterium}, 스트렙토코쿠스^{Streptococcus}, 대장균속 ^{Escherichia} 등이 있다. 프로바이오틱스에서 가장 흔한 이로운 곰팡이는 사카로마이세스 보울라디$^{Saccharomyces\ boulardi}$이다.

프로바이오틱스는 대부분 장 문제를 바로잡으려고 하지만 뇌, 질, 호흡기관, 피부 같은 다른 장기가 간접적으로 혜택을 받을 수도 있다.

프로바이오틱스는 효과가 있는가?

"이론에서는 이론과 실천 사이에 차이가 없다. 실천에서는 차이가 있다."

요기 베라$^{Yogi\ Berra}$

———

2016년 세계 프로바이오틱스 시장은 약 460억 달러로 추정됐다. 그러나 시장에 나와 있는 수백, 수천 가지의 프로바이오틱스 중 어떤 건강 문제에 대하여 치료용이든 예방용이든 미국 식품의약국의 승인을 받은 것은 없다. (모든 프로바이오틱스는 식품의약국에 의해 식이보충제로 인식된다.) 최근 전국 145곳의 병원을 상대로 실시한 설문조사에서 환자의 96퍼센트가 프로바이오틱스 처방을 받았다고 답했다. 그리고 2012년에 실시한 건강 설문조사 결과 미국 성인 390만 명이 프로바이오틱스나 프리바이오틱스를 복용하는 것으로 나타났다. 이후 그 수치는 급격하게 증가한 것으로 보인다.

그렇다면 이처럼 건강에 좋은 프로바이오틱스의 인기가 뜨거운데도 왜 식품의약국의 허가를 못 받는 것일까? 어쨌든 프로바이오틱스의 효과에 대한 (인간 마이크로바이옴 프로젝트로부터 새롭게 지원되는 과학적 후원을 포함한) 이론적인 근거는 명확히 확립되어 있다. 내가 보기에는 돈이 문제인 것 같다.

터프츠 센터의 최근 연구에서는 식품의약국의 사전 승인을 받을 수 있는 처방약을 개발하는 데 14억 달러의 비용이 드는 것으로 추정했다. 비용의 상당 부분은 식품의약국의 시험 중 조정 요구 사항 때문에 발생한다. 개발 비용이 너무 크다 보니 잠재적 치료 및 예방조치 다수가 제대로 테스트되기보다는 포기되거나 무시된다.

이러한 현실적인 어려움에도 불구하고 놀라울 정도로 많은 프로바이오틱스 연구가 진행되었다. 1990년대 초, 엄격한 조건 아래 수행되는 무작위 임상 시험randomized clinical trials(RCTs)을 중추로 하는 근거기반의학evidence-based medicine이라는 것이 약물 및 식이보충제의 위험과 이점을 평가하는 표준이 되었다.

무작위 임상 시험이 더 필요한 것은 분명하지만, 예비연구에 따르면 프로바이오틱스가 특정한 유형의 설사병, 이를테면 우리가 13장에서 살펴보았던 *C.* 디피실 감염 같은 매우 심각한 위장관 감염 치료(와 예방)에 도움이 될 수도 있다고 한다.

프로바이오틱스는 또한 세계적으로 심한 설사의 주요 원인인 로타바이러스로 인한 위장염 치료에도 효과적인 것으로 보인다. 미숙아의 장에 영향을 미쳐 생명을 위협하는 병인 괴사성장염도 프로바이오틱 치료에 반응하는 것으로 보인다. (하지만 최근 조산아에 대한 프로바이오틱 비피도박테리아*Bifidobacterium* BBG-001의 대규모 무작위 임상 시험에서 부정적인 결과가 나온 것은 모든 프로바이오틱 균주가 이처럼 심각한 질병을 예방하는 것은 아니라는 점을 시사한다.)[1]

2018년 11월 《뉴잉글랜드 의학저널》에 보고된 어린이 급성위장염 치료를 위한 락토바실러스 기반 프로바이오틱스의 대규모 위약 대조군 무작위 임상 시험의 부정적인 결과도 실망스러웠다.[2] 그리고 이스라엘 연구원들의 최근 연구 결과는 건강을 증진하고, 항생제 사용 후에 장내 마이크로바이옴을 회복하는 데 프로바이오틱스를 폭넓게 사용하는 것에 의문을 제기했다.[3]

신생아의 생명을 위협하는 감염병 예방에서 프로바이오틱스가 보이는 이점에 대한 기대되는 연구가 2017년 《네이처》에 실렸다.[4] 인도의 시골에서 피나키 파니그라히Pinaki Panigrahi와 그의 동료들이 수행한 이 무작위 임상 시험에서는 신생아에게 신바이오틱(락토바실러스 플랜타럼*Lactobacillus plantarum*과 프럭토올리고당fructooligosaccharide의 조합)을 주었다. 60일 동안 관찰한 후 그들은 이 치료법이 혈류 감염과 사망자 수를 상당히 줄였다는 사실을 발견했다. 만일 파니그라히의 연구가 다른 개발도상국에서도 재연된다면 이것은 획기적인 의학적 돌파구가 될 것이다.

2017년 미국인 5명 중 1명이 소화 장애로 프로바이오틱스를 복용했다. 과민성대장증후군irritable bowel syndrome(IBS)은 일반적으로 통증이나 불편함을 포함하며 설사, 변비, 또는 두 증상이 모두 나타나고 팽만감이나 복부 팽창 등의 증상을 보이기도 하는 내장실환 중 하나이다. 미국 성인의 3~20퍼센트가 IBS를 앓고 있다. 원인은 모르지만 변형된 장 마이크로바이옴이 중요한 역할을 하는 것으로 여겨진다. 지금까지 IBS 치료제로서 프로바이오틱스를 연구한 결과들은 고무적이다. 이들은 복통을 비롯한 다른 증상이 크게 감소하는 모습을 보여 주고 있다.

프로바이오틱스는 여러 가지 방법으로 인간의 건강을 개선한다. 다수의 연구에서 프로바이오틱스는 일반적인 감기 같은 상부 호흡기 감염에서 위약보다 좋은 결과를 얻었다. 또 다른 연구에서는 요구르트 등의 프로바이오틱스가 고혈압 환자의 혈압을 약간 낮출 수 있다고 주장했다. 예비 결과에서는 또한 프로바이오틱스가 효모 칸디다에 의한 구강 및 질 감염, 모유 수유와 관련된 유방 감염, 세균성 질염, 간성뇌변증, 고콜레스테롤 혈증, 알레르기 및 습진 등 많은 의학적 질환을 치료하거나 예방하는 데 도움이 될 수 있다고 주장한다. 하지만 이 글을 쓰고 있는 2019년 6월 우리는 잘 설계된 무작위 통제 연구에서 이에 대한 명확한 증거를 (아직) 찾아내지 못했다.

프로바이오틱스가 어떻게 기분을 좋게 해 주는지를 알고 싶다면 《심리생물학적 혁명: 기분, 식품, 그리고 장과 뇌의 관계에 관한 새로운 과학》이라는 책을 추천한다.[5] 이 책은 미국의 과학 저술가인 스콧 앤더슨Scott Anderson, 아일랜드 코크에 위치한 유니버시티칼리지의 신경과학자 존 크라이언John Cryan, 정신과의사 테드 디난Ted Dinan이 함께 집필했다. 이들은 박테리아가 뇌와 어떻게 대화하는지, 그리고 우울증이나 불안 같은 정신장애 치료에 대한 최근 연구 결과의 의미를 설명한다.

하지만 7가지의 무작위 임상 시험에 관한 코펜하겐대학교 연구원들의 최신 논평에 따르면, 프로바이오틱스는 건강한 실험 복용 대상자의 대변 미생물군을 변화시키지 않았다.[6] 놀라운 결과는 아니다. 프로바이오틱스의 박테리아는 일반적으로 장에 서식하지 않기 때문이다.

프로바이오틱스는 안전한가?

프로바이오틱스는 일반적으로 안전하다고 여겨지지만, 콜럼비아대학교 의료센터의 셀리악병 센터 연구원들은 최근 많이 판매되는 프로바이오틱스들을 검사한 결과, 그중 55퍼센트에 글루텐이 함유되어 있었다고 보고했다. 따라서 글루텐 과민증이 있는 사람들, 특히 셀리악병 환자들은 프로바이오틱스 섭취에 주의해야 한다.

2015년 식이보충제의 위험에 관한 연방정부의 대규모 연구 결과가 《뉴잉글랜드 의학저널》에 발표되었다.[7] 결과에 따르면 식이보충제로 인한 손상으로 응급실을 방문한 수가 연간 2만 건 이상, 입원을 한 경우는 2000건 이상이었다. 2015년 11월, 법무부는 유사 암페타민이 함유된 운동보조제 판매와 관련해 117개 회사 및 개인을 대상으로 형사 및 민사 소송을 제기했다. 2018년에 발표된 한 연구역시 무작위 통제 연구에서도 프로바이오틱스, 프리바이오틱스, 신바이오틱스의 유해함이 과소 보고되었음을 밝혀 우리를 불안하게 한다.[8]

이 보고서들은 위험한 부작용이 나타날 수 있는 식이보충제를 지속적으로 모니터링하는 일이 중요하다고 강조한다. 또한 이 보고서는 모든 식이보충제에 붙어 있는 라벨을 주의 깊게 읽어야 한다는 점을 일깨운다. 하지만 라벨에 표기되어 있지 않은 성분이나 오염물질이 부작용의 원인인 경우가 많기 때문에, 라벨을 읽는 것만으로는 충분하지 않을 수 있다.

지금까지 본 것처럼 프로바이오틱 식품이나 보충제가 식품의약국의 승인을 얻는 절차는 복잡하고 돈이 많이 든다. 하지만 나를 포함한 대부분의 의사들이 특정한 프로바이오틱스 사용을 권장하기 위해서는 이러한 승인이 반드시 필요하다. 그럼에도 불구하고 미국의 병원 내부에서도 프로바이오틱스가 널리 사용된다는 사실을 볼 때, 희망은 때로 명백한 과학적 단서 부족을 능가한다.

제3부 · 미생물의 미래

18

우호적인 바이러스로 치유하기

"우리는 춤추는 바이러스의 간질間質에서 살고 있다. 바이러스는 마치 벌처럼 돌진한다. 유기체에서 유기체로, 식물에서 곤충으로, 포유동물로, 내게로, 그리고 다시 반복한다. 바다를 향해 이 유전체 조각, 유전자의 끈을 끌어 DNA를 이식하고, 마치 멋진 파티에 온 것처럼 유전 형질을 나누어 준다."

루이스 토머스 Lewis Thomas, 미국의 의사이자 작가

박테리오파지 알기

"인큐베이터를 열었을 때 나는 모든 연구원들의 고통을 보상해 주는 흔치 않은 강력한 감정의 순간을 체험했다. 얼핏 보기에 전날 밤에는 탁했던 배양액이 맑아져 있었다. 박테리아가 모두 사라졌다. (......) 다른 생각도 들었다. 이것이 사실이라면 똑같은 일이 병자에게 일어날 것이다. 시험관에 있을 때처럼, 이질균은 병자의 장에서 기생충의 작용으로 사라져 버리고, 그는 이제 치유될 것이다."
펠릭스 데렐Félix d'Herelle

———

박테리아bacterio와 고대 그리스어 phagein('먹다'라는 의미)에서 유래한 박테리오파지bacteriophage라는 단어는, 작은 생물을 발견하던 프랑스 미생물학자 펠릭스 데렐이 만들었다.

'파지phage'라고도 자주 불리는 박테리오파지는 박테리아를 감염시키는 거대한 바이러스 집단이다. 이 책의 앞부분에서 본 것처럼 박테리오파지는 박테리아나 고세균들이 있는 모든 환경에서 볼 수 있다. 이 말은 (칼 짐머Carl Zimmer가 저서 《바이러스 행성》에서 지적한 것처럼) 지구 어느 곳에나 살고 있다는 뜻이다.[1]

기억하겠지만, 과학자들은 숫자로 보나 체중으로 보나 박테리아가 지구상의 모든 동물을 압도할 것으로 추정하고 있다. 박테리오파지를 연구하는 생물학자들의 계산에 따르면 지구상에는 박테리아보다 더 많은 바이러스가 존재하며, 대다수가 박테리오파지다. 바이러스는 단연 지구상에서 가장 많은 생명체이다. 그리고 박테리오파지는 부지런해서 생물학자들은 48시간마다 전 세계 박테리아의 절반을 파괴한다고 추정하고 있다.

박테리오파지의 존재를 처음 가정한 사람은 어니스트 행킨Ernest Hankin으로, 그는 1896년 인도의 갠지스 강물에 있는 무언가가 콜레라를 일으키는 박테리아에게 해를 끼치고 있는 것 같다고 보고했다. 그것이 무엇인지는 모르겠지만 행킨은 아주 작다고 생각했다. 모든 박테리아를 걸러 내는 도자기 필터를 쉽게 통과했기 때문이다.

실제로 박테리오파지를 발견하고 그것이 무엇인지 밝혀낸 사람은 영국의 박테리아학자 프레데릭 트워트Frederick Twort(1915년)와 펠릭스 데렐이었다. 두 사람은 모두 1910년대에 선구적인 연구를 수행했다. 데렐은 또한 박테리오파지를 이용해서 질병을 치유하고 예방하는 치료법의 개념을 제시했다.

박테리오파지는 용균성 파지lytic phage와 용원성 파지lysogenic phage의 2가지 유형으로 박테리아 세포를 감염시킨다.

용균성 파지는 박테리아 세포를 부수고, 세포 안에서 증식하고, 즉시 파괴한다. 그런 다음 박테리오파지의 후손들은 감염시킬 새 박테리아 세포를 찾기 위해 계속해서 이동한다.

이와는 대조적으로 용원성 파지의 유전체는 숙주의 박테리아 세포 DNA에 통합된다. 그곳에서 박테리오파지 유전체는 한동안 해를 끼치지 않으면서 복제를 하거나, 플라스미드로 알려진 별도의 DNA 분자로 세포 내부에 자리 잡는다. 어느 경우이든 박테리오파지는 직접적인 해를 가하지 않는다. 사실 용원성 파지는 실제로 유전체에 새로운 기능을 더하여 숙주에게 도움을 준다. 하지만 (주로 손상에 의해서) 숙주세포의 상태가 악화되면, 박테리오파지는 활성

상태가 되어 자신을 복제하여 숙주세포를 파괴하고 죽인다.

한 유형의 박테리오파지는 매우 특정한 박테리아만 감염시킨다. 이러한 경이로운 정확도 덕분에 박테리오파지는 치료제로서 매우 매력적이다. 우호적인 박테리아는 그대로 두고 적대적인 특정 박테리아만 쓰러뜨리기 때문이다. 반대로 항생제는 적대적이든 우호적이든, 해를 끼치든 무고하든 가리지 않고 수많은 박테리아를 억제하거나 죽인다.

박테리오파지 치료법

"이런 무의미한 일은 지긋지긋해. 진정한 치유를 해 보자!"

의사 드와이트 터브스, 싱클레어 루이스의 소설 《애로스미스》 중에서

1920년대와 1930년대에는 의사들이 다양한 감염병을 치료하기 위해 박테리오파지를 이용했다. 엘리 릴리 앤드 컴퍼니 같은 제약회사들은 박테리오파지를 정규 상품으로 판매했고, 박테리오파지의 인기는 싱클레어 루이스Sinclair Lewis의 1925년 퓰리처상 수상 소설 《애로스미스》에서 두드러졌다.

하지만 1935년 술폰아미드sulfonamide, 1942년 페니실린이 시장에 나오자 항박테리아제로서 박테리오파지에 대한 관심은 대부분 사라져 버렸다(흥미롭게도 소련과 동유럽은 예외였다).

1923년 동유럽의 조지아 출신인 조지 엘리아바George Eliava는 파리의 파스퇴르 연구소에서 데렐을 만났다. 같은 해인 1923년 엘리아바는 조지아의 트빌리시에 엘리아바 연구소를 창립했는데, 이곳은

오늘날까지도 박테리오파지 요법의 중심으로 남아 있다. 2012년에서 2014년까지 5000명이 넘는 환자들이 엘리아바 연구소의 박테리오파지 치료 센터를 찾았다. 환자들은 MRSA 같은 항생제 내성 박테리아에 의한 감염을 포함한 다양한 박테리아 감염병을 가지고 있었다. 연구소 측은 환자의 95퍼센트 이상이 상당한 차도를 보였다고 주장했다. 오늘날에도 박테리오파지 치료 센터는 전 세계에서 온 환자들을 맞이하고 있다.

15장에서 우리는 항생제에 내성이 생기도록 진화하는 박테리아 때문에 발생하는 문제에 관해 살펴보았다. 하지만 박테리오파지 역시 꽤 빠르게 진화한다. 결과적으로 항생제로는 죽이지 못하는 많은 박테리아가 박테리오파지의 공격에는 취약해진다. (치료 중에 박테리아가 박테리오파지에 내성이 생기는 문제를 피하기 위해 여러 유형의 박테리오파지를 혼합하여 사용하는 경우가 많다. 이러한 전략은 결핵 같은 박테리아 감염을 치료하기 위해 항생제를 조합해 투여하는 것을 연상시킨다.)

미국 식품의약국 표준을 충족하는, 인간을 대상으로 하는 박테리오파지 치료법에 관한 첫 번째 연구가 이제 수행되었다. 지금까지는 결과가 기대가 된다. 박테리오파지는 치료하기 어려운 것으로 유명한, 녹농균에 의해 발생하는 만성세균성 귀 감염병인 외이염과 설사, 하지정맥과 연관된 감염성 궤양 등을 잘 치료했다. 화상 치료 및 당뇨성 족부감염 치료를 위해 적절하게 통제된 임상 시험들 또한 수행되었거나 계획 단계에 있다.[2] 2015년 6월 유럽의약품청European Medicines Agency(EMA)은 박테리오파지를 치료에 사용하는 것에 관한 워크숍을 개최했고, 한 달 뒤에는 미국 국립보건원에서 유사한 워크숍을 개최했다. 같은 해에 국립보건원의 국립 알레르기 및 감염병연구소에서는 박테리오파지 치료법이 항생제 내성을 퇴치하기 위한 계획의 일곱 갈래 중 하나라고 발표했다.

항생제 내성 박테리아로 인해 치명적인 감염병에 걸린 환자를 기적적으로 치유하는 내용의 임상 보고서가 계속 공개되고 있다. 2017년 《항균제와 화학요법》 저널에 발표된 최근 사례에서는 모든 항생제에 내성이 있는 아시네토박터 바우마니균에 의한 강력한 감염이 발생한 68세 당뇨병 환자를 기술하고 있다.[3] 캘리포니아대학교 샌디에이고 감염병 부서의 부서장 로버트 스쿨리Robert Schooley는 자포자기한 심정으로 이러한 박테리아에 효과가 있는 박테리오파지를 적절하게 혼합하는 박테리오파지 전문가들에게 도움을 요청했다. 박테리오파지는 최초로 정맥을 통해 투여되었고, 그들은 환자의 생명을 구했다. (우리는 15장에서 아시네토박터 바우마니균에 대해 살펴보았다. 이 박테리아는 갈수록 그 수가 늘어 가는, 항생제를 구할 수 없는 박테리아 중하나이다.) 이러한 인상적인 사례에 더해 몇 건의 유사 사례에 힘입어, 캘리포니아대학교 샌디에이고는 2018년 박테리오파지 치료를 개선하고 기업의 시장 출시를 돕기 위한 임상 센터의 문을 열었다.

또 다른 주목할 만한 사례가 2019년 보고되었다. 낭포성 섬유증 환자인 15세 소녀는 이중 폐이식 이후 발생한 항생제 내성 마이코박테리움 압세수스Mycobacterium abscessus 감염에 시달리고 있었다.[4] 항생제는 효과가 없을 뿐 아니라, 장기이식 거부를 예방하기 위해서 주어진 약물 때문에 환자의 면역계는 감염과 싸울 수 없었다. 유전적으로 조작된 박테리오파지가 주어지자 환자는 감염에서 놀라울 정도로 완전히 회복되었다.

이 책을 쓰는 동안, 콜레라는 계속해서 1년에 10만 명 이상의 사망자를 내고 있었다. 게다가 전 세계에서 7억5000만 명 이상이 정기적으로 안전한 물을 마시지 못하고 있다. 단서에 따르면 박테리오파지는 언젠가 콜레라처럼 물이 매개하는 감염병을 예방하는 데 이용될 수 있을 것이다. (어니스트 행킨이 1896년 갠지스강에서 콜레라균을 죽이는 무언가를 발견했던 것을 떠올려 보라.) 만일 그렇게 된다면 이는 공중보건 역사상 획기적인 사건이 될 것이다.

아마도 인간의 건강에서 박테리오파지에게 거는 가장 큰 기대는 우리가 먹는 것과 관련되어 있다. 2006년 미국 식품의약국과 농무부는 식품 처리를 위한 몇 가지 박테리오파지를 승인했다. 인트라리틱스사는 식품이 매개하는 감염을 예방하기 위한 제품 3종을 시장에 출시했다. 리스트실드는 리스테리아 모노사이토제니스*Listeria monocytogenes*를 없애기 위하여 식품에 뿌리는 박테리오파지 혼합물이고, 에코실드는 붉은 고기를 갈아서 햄버거로 만들기 전에 대장균을 없애기 위해 뿌리는 박테리오파지다. 세 번째 제품 살모프레시는 가금류를 비롯한 식품에 있는 살모넬라를 대상으로 한다.

또 다른 기대되는 연구는 녹농균처럼 치료하기 어렵기로 악명 높은 박테리아를 목표로 삼아 박테리오파지와 항생제를 혼합하고 있다.[5] 지금까지는 그러한 조합이 효과가 있는 것처럼 보인다.

항생제 내성의 등장이라는 엄청난 문제를 고려하면, 박테리오파지 치료법이 르네상스를 맞고 있다는 사실은 결코 놀랍지 않다.

19
백신의 미래

—

"백신은 한 번에 몇 달러만 내면 생명을 구하고 가난을 줄이는 데도 도움이 된다. 의학적인 치료와는 달리 백신은 치명적이고 몸을 쇠약하게 하는 질병으로부터 평생을 보호해 준다. 백신은 안전하고 효과적이다. 건강 관리 및 치료에 드는 비용, 병원에 가는 횟수를 줄여 아이들과 가족, 지역사회 건강을 보장해 준다."

세스 버클리 Seth Berkley, 세계백신면역연합 대표이사

백신이란 무엇이고 어떻게 작용하는가?

"백신은 예방 보건을 이끄는 예인선이다."

윌리엄 페이기^{William Foege}, 질병통제예방센터 천연두 퇴치 프로그램 의장

백신의 간략한 역사

마이클 오스터홈이 자신의 저서 《살인 미생물과의 전쟁》에 쓴 것처럼 "인간의 역사와 삶에 백신이 미치는 영향은 아무리 강조해도 지나치지 않다". 내가 보기에 백신은 의학 전체를 통틀어 가장 중요한 발전이다.

백신은 특정 감염병에 대한 후천성 면역을 제공하는 (죽거나 약해진 미생물 또는 미생물의 성분에서 나오는) 생물학적 제제다.

6장에서 말했듯, 백신이라는 용어는 18세기 말 에드워드 제너에 의해 만들어졌다. 제너가 여덟 살 소년 제임스 핍스를 접종하기 위해 사용한 물질은 우두를 앓고 있던 우유 짜는 여자에게서 얻은 것이었다. 제너의 가설대로 우두 백신은 이후로 천연두를 일으키는 관련 바이러스로부터 소년을 지켜 주었다.

이러한 하나의 임상 실험을 통해 백신의 시대가 시작되었다. 미생물이 질병을 일으킨다는 발견 이후 대략 75년 만에, 그리고 바이러스의 존재가 알려진 지 1세기만의 일이었다.

이제와 돌이켜 보면 천연두는 백신의 출발점이 되기에 좋은 지점이었다. 왜냐하면 인류 역사를 통틀어 천연두로 사망한 사람이 전쟁에서 사망한 사람을 모두 더한 것보다 많기 때문이다. 20세기에만 천연두를 일으키는 바리올라 마요르 바이러스로 인하여 세계적으

로 3억에서 5억 명이 사망했다.

1980년 세계보건기구는 전 세계적인 백신 접종의 결과 천연두가 근절되었다고 발표했고, 이 순간은 길이 축하해 마땅하다. 사실 나는 백신이야말로 의학 역사에서 가장 큰 성과라고 생각한다.

오늘날까지 천연두는 지구에서 사라진 유일한 인간 감염병으로 남아 있다. 이 기념비적인 성과를 이루는 데는 세계보건기구와 윌리엄 페이기, D. A. 헨더슨D. A.Henderson 등 여러 공중보건 선구자들의 협력이 필요했다.

좋은 소식은 또 다른 바이러스성 재앙(급성회백수염, 흔히 소아마비라고 한다)도 곧 지구 밖으로 사라진다고 한다. 이 역시 국제적인 백신 접종 계획의 결과다. 세계보건기구, 유니세프, 로터리 재단 등이 참여한 민관 협력체인 국제소아마비근절계획이 앞장선 결과 소아마비 발생 건수는 급감했다. 1988년에는 최소 125개국에서 약 35만 건의 소아마비 사례가 보고되었지만, 2015년에는 2개국에서 74건만이 보고되었다. 99.9퍼센트 이상이 감소한 것이다. 비록 2018년에는 사례 수가 약간 상승하긴 했지만, 소아마비 근절은 그야말로 눈앞에 다가와 있다. 백신 분야의 또 다른 발전은 존 로드John Rhode의 훌륭한 저서 《전염병의 종말》에서 자세히 다루고 있다.[1] 이 책을 읽어 보면 인명사전에 나올 법한 의사, 과학자, 주요 공중보건 인사들이 백신 개발에 기여했고, 그중 많은 사람이 노벨생리의학상을 수상했음을 알 수 있다.

하지만 1901년 노벨상 프로그램이 시작되었을 때 이미 세상을 떠난 프랑스 과학자 루이 파스퇴르는 수상의 영예를 누리지 못했다.

파스퇴르는 질병 발생의 미생물 원인설을 창시한 사람 중 하나일 뿐 아니라 백신의 예방 효과 이면에 있는 면역계의 자극이라는 메커니즘을 입증한 거장이다.[2]

백신 접종vaccination과 면역immunization은 같은 뜻으로 사용되는 경우가 많다. 하지만 과학적으로 이들의 의미는 다르다. 질병통제예방센터에 따르면 백신 접종은 특정 질병에 대한 면역력을 생성하기 위해 신체에 백신을 투여하는 것을 일컫는다. 면역은 어떤 사람이 백신 접종을 통해 특정 질병으로부터 보호받게 되는 과정이다. 백신 접종이 성공적으로 끝나면 면역이 생긴다.

우리가 살펴본 것처럼 지금까지 사람을 병들게 하는 약 1400가지 감염병 중 1가지만 (또는, 아마도 곧 2가지만) 백신에 의해 근절됐다. 가야 할 길이 아직도 멀다는 뜻이다. 세계보건기구가 명시한 일반 감염을 막아 주는 백신은 25종이 있다. 그러나 이 책의 〈인간의 적〉 부분에서 이야기한 신종 병원균 중 백신이 개발된 것은 인플루엔자와 뎅기열, 겨우 2종 뿐이다. 그나마도 두 백신 모두 개선이 필요하다.

하지만 더 많은 백신, 더 좋은 백신에 대한 지속적인 필요성이 현재 구할 수 있는 백신의 이점을 무색하게 해서는 안 된다. 질병통제예방센터는 지난 20년 동안 유아와 어린이에게 백신을 접종하여 평생에 걸쳐 3억2200만 건의 질병과 2100만 건의 입원, 73만2000건의 사망을 예방한 것으로 추정했다. 그리고 세계보건기구는 홍역 예방 접종으로만 2000년 이후 1710만 명의 생명을 구했다고 추정하고 있다.

현재의 백신과 최근의 승리

당신이 아이에게 정기 백신 접종을 맞춰야 하는 부모이든 자신이 맞아야 하는 백신이 무엇인지 궁금한 (또는 해외여행을 계획 중인) 성인이든, 백신 접종에 대한 여러 정보는 언제 어떤 백신을 맞아야 하는지 갈피를 잡지 못하게 할 가능성이 크다. 나는 감염병 전문의지만, 만약 누가 보츠와나나 투르크메니스탄, 파타고니아에 가기 전에 어떤 백신을 맞아야 하는지 묻는다면 이렇게 대답할 것이다. "잘 모르겠는데요, 검색해 보세요." 질병통제예방센터의 예방접종자문위원회에서 제공하는 권고를 확인해 보면 더욱 좋을 것이다. 종합적인 최신 정보가 온라인으로 제공되고 있다.

2018년 0세에서 18세까지 미국인들의 백신 접종 표준 일정에는 19가지 바이러스와 박테리아에 대한 백신이 포함되었다. 다행히도 백신 접종을 19번 해야 한다는 의미는 아니다. 홍역과 볼거리, 풍진에 대한 백신은 (MMR 백신을 통해) 함께 투여되며 파상풍, 디프테리아, 백일해 또한 (Tdap 백신을 통해) 한 번만 투여된다.

19세 이상 성인의 경우, 예방접종자문위원회는 더 적은 수의 미생물을 목표로 삼는다. 예방 접종 일정은 나이와 성별, 그리고 어릴 때 기본적인 백신 접종을 했는지 여부(와 언제 했는지)에 따라 달라진다.

백신 분야의 발전이 너무 자주 일어나서 획기적인 발견도 일반 대중에게 알려지지 않는 경우가 있다. 다음은 지난 40년, 그러니까 내가 감염병 전문의로서 일하는 동안 일어났던 주요 사건을 간략하게 정리한 것이다.

- B형 헤모필루스 인플루엔자Haemophilus influenzae type b(Hib) 백신은 당시 미국에서 세균성수막염을 가장 많이 일으키는 감염원을 방어하기 위해 1985년 허가되었다. 결과적으로 주로 어린이들이 걸리던 이 병은 거의 소멸되었다.

- 현재 아이들과 성인에서 세균성수막염과 폐렴의 가장 흔한 원인인 폐렴구균을 목표로 하는 백신들은 병원균으로 인한 질병과 사망을 크게 줄였다. 백신은 여러 차례 재설계되었다. 현재 추천되는 백신 PCV13은 13가시 뉴형의 폐렴구균에게 활성화된다.

- 수두 대상포진 백신varicella zoster vaccine(VZV)은 1995년 미국에서 사용이 허가되었고, 결과적으로 수두가 크게 줄었다. 이 백신은 성인의 대상포진도 예방해 준다. 2006년 허가된 이후, 50세 이상 성인에게서 가장 흔하게 나타나는 이 고통스러운 질병의 발생 건수가 뚜렷하게 감소했다.

- 일반적인 바이러스성 감염과 바이러스로 인한 암을 예방하는 2가지 백신이 승인되었다. 1981년 B형 간염과 간암을 예방하는 B형 감염 백신과 2006년 성기 사마귀와 자궁경부, 음경, 항문의 암을 예방하는는 인유두종human papilloma virus(HPV) 백신이 그것이다.

- 어린아이들에게 심한 설사를 일으키는 대표적인 바이러스를 목표로 하는 로타바이러스 백신은 미국에서 1998년 허가되었다. 이 백신은 개발도상국에서 심한 설사의 약 15~34퍼센트를, 선진국에서는 37~ 96퍼센트를 예방해 준다.

- 빌 앤드 멀린다 게이츠 재단과 선진 세계의 기부국들이 후원하는 국제적인 민관 협력 기관인 세계백신면역연합Global Alliance for Vaccines and Immunization(Gavi)이 2000년 출범했다. 창립 이후 거의 5억 명에 달하

는 개발도상국 아이들의 생명을 위협하는 병원균을 막아 내기 위해 백신 접종을 했고, 700만 명 이상의 사망을 예방했다.

- 아프리카의 수막염 사례가 1996년 25만 건 이상에서 2015년 80건으로 급락했다. 이는 빌 앤드 멀린다 게이츠 재단과 세계백신면역연합의 후원으로 2001년 설립된 비영리조직 수막염 백신 프로젝트Meningitis Vaccine Project(MVP)의 성과다. A형 수막염균 백신(MenAfriVac)은 한 번 복용하는 데 5센트의 비용으로, 아프리카 전역에 매년 수막염 유행병을 일으키는 수막염균 A혈청군을 목표로 삼는다.

미래의 백신

효과적인 백신은 왜 극소수일까? 첫째, 우리는 아직까지 병원균과 우리의 면역계가 어떻게 상호작용하는지 완전히 이해하지 못한다. 둘째, 백신을 개발하고 배급하는 데 넘어야 할 현실적인 거대한 장애물이 늘 존재한다. 백신은 대부분 특별히 좋아하는 사람이 없는 접종법, 즉 주사로 투여되지만 구강 소아마비 백신처럼 경구 투여하거나 코를 통해 투여되기도 한다. 열대 국가에서는 백신의 배급과 보관이 매우 어렵다. 셋째, 직업적인 견해를 말하자면 정부나 재단, 비영리 단체, 제약회사 등이 백신 개발을 위해 투입하는 연구 자금이 충분하지 않다.

다음은 또 다른 결정적인 질문이다. 새 백신에 대한 기회와 수요가 충분하다 하더라도, 연구원과 자금 제공자는 어떻게 우선순위를 결정해야 할까?

40년에 걸쳐 나는 기존의 백신을 개선하거나 신종 병원균에 대한 새 백신을 개발하려는 시도를 많이 목격했다. 한 가지 중요한 요소는 미생물이 인류에게 가하는 위협이 얼마나 크고 강렬한가이다. 가장 최근의 예로 에볼라와 지카 바이러스를 들어 보자.

에볼라와 지카 바이러스는 모두 세계보건기구에 의해 '국제적으로 우려할 만한 수준의 공중보건 비상사태Public Health Emergency of International Concern(PHEIC)'가 선언되었다(에볼라는 2014년 8월, 지카는 2016년 2월). 그리고 두 바이러스는 전 세계를 공황에 빠트렸다. 에볼라는 50퍼센트 이상의 높은 사망률 때문이었고, 지카는 전광석화처럼 퍼지는 확산 속도와 신생아들의 비극적인 뇌손상이라는 후유증 때문이었다. 놀랍게도 2016년 3월 세계보건기구는 에볼라의 PHEIC 상태를 종료했다. 이는 엄격한 공중보건조치에 의한 것이지 백신에 의한 결과는 아니었다. 하지만 서부 아프리카에서 유행이 끝나기 전에 기대되는 백신이 개발되었고, 2018년 콩고민주공화국에서 에볼라 바이러스가 다시 고개를 들었을 때 이 백신은 싸울 준비가 되어 있었다(7장을 참조하기 바란다).

백신 개발, 특히 가난한 나라 주민들에게 영향을 미치는 질병에 대한 백신을 개발하는 결정에는 잠재적인 투자 자본 수익률이 영향을 미친다. 다행히도 최근 민관 협업이나 빌 앤드 멀린다 게이츠 재단 같은 비영리 단체의 자금 지원이 이러한 불평등을 해결했다. 이러한 지원이 없었다면 매년 수백만 명이 목숨을 잃고, 말라리아나 결핵처럼 수많은 사람의 목숨을 앗아 갔던 질병에 대항하는 백신 개발도 중단되었을 것이다.

탐욕스럽고 냉정하게 들릴지도 모르지만, 사실 상업용 백신 개발의 경제성은 본질적으로 이치에 맞지 않는다. 사람들이 병에 걸리지 않도록 하는 본질적 특성 때문에, 백신은 개발자들로 하여금 시장을 축소시키도록 만든다. (예를 들어 지금은 천연두 예방 백신에 투자하기에 좋은 시기는 아니다.)

항생제에 내성이 있는 '슈퍼버그'를 목표로 하는 백신 개발도 마찬가지다. 15장에서 논의한 것처럼, 많은 전문가들은 대부분 또는 모든 항생제에 내성이 있는 박테리아의 등장으로 인간의 삶을 위협하는 최악의 감염병이 발생할 것이라고 생각하고 있다. 그러한 병을 예방하는 백신이 만들어진다면, 새로운 항생제에 대한 수요는 시장 규모와 함께 줄어들 것이다. 2017년 7월 빌 앤드 멀린다 게이츠 재단은 백신을 항생제 내성 퇴치를 위한 주요 전략으로 삼았다고 발표했다.

백신 분야에서 최근 가장 흥미로운 발전은 2017년 1월 18일 스위스 다보스에서 열린 세계경제포럼에서 출범한 10억 달러 규모 민관 협력체인 감염병혁신연합Coalition for Epidemic Preparedness Innovations(CEPI)이다. CEPI의 첫 목표는 사스, 에볼라, 지카와 비슷한 규모의 발병을 일으킬 수 있는 니파 바이러스, 중동호흡기증후군, 라사열Lassa fever 등을 예방하는 백신이다.

다수의 과학자, 의사, 공중보건 지지자들이 관여하고 있다는 사실을 고려하면, 이른바 3대 대유행병인 후천성면역결핍증, 결핵, 말라리아에 대한 새로운 또는 효과가 개선된 백신이 몇 년 안에 나오리라고 믿는다. 또한 같은 이유로 백일해를 일으키는 백일해균, 대학생과 게이 남성에게 자주 발생하는 수막염의 원인인 B형 수막염균, 신생아에게 심각한 영향을 미치는 B군 연쇄상구균에 대한 새로운 또는 효과가 개선된 백신도 나올 것이라고 믿는다.

하지만 가장 시급한 과제는 모든 유형의 인플루엔자 바이러스를 예방하는 범용 인플루엔자 백신 개발이다. 현재 새로운 조류독감 대유행병은 많은 전문가들에 의해 가장 큰 잠재적 위협으로 인식되고 있다. 그리고 일상적인 계절 독감으로 미국에서만 매년 3만 명에서 9만 명이 사망하고 있다는 사실을 잊지 말자. 따라서 2018년 발표된 범용 백신 개발을 위한 국회 법안 발의는 올바른 방향으로 가는 중요한 발걸음이다.

왜 논란이 되고 있는가?

"백신이 안전하고 효과적이라는 말은 역대급 거짓말이다."

레너드 G. 호로비츠 Leonard G. Horowitz, 전직 치과의사이자 자기계발서 저자

백신이 효과가 있는가?

바라건대 지금까지 읽은 내용이 백신이 매우 효과적이며 소중하다는 확신을 주었으면 좋겠다. (만일 나처럼 여러분이 65세 이상이고 현재 19개인 정기 백신 중 3가지만 접종했다면, 아마도 그다지 공감이 가지 않을 수도 있다. 나처럼 홍역이나 볼거리, 풍진, 수두를 앓았고 친구나 친척 중에 소아마비에 걸려 호흡보조기를 이용하거나, 생명을 위협하는 중풍에 시달린 사람이 있을지도 모르니까.)

하지만 이제까지 백신이 얼마나 성공적이었는지와는 별개로, 완벽한 백신은 없다. 주목할 만한 사례는 인플루엔자, 백일해, 볼거리

백신이다.

9장에서 언급했듯, 인플루엔자 백신은 다음 계절 독감을 유행시킬 바이러스 균주를 대상으로 매년 조정된다. 어떤 해에는 과학자들의 예측이 적중하지만, 어떤 해에는 상당히 빗나가기도 한다.

현재 사용되고 있는 백일해 예방 백신(디프테리아와 파상풍을 예방하는 백신의 조합)은 예전 백신보다 안전하지만 효과적이지는 않다. 그래서 백일해가 발생했다는 소식이 갈수록 뉴스에 많이 나오는 것이다. 질병통제예방센터 연구원들이 이 백신의 약효가 떨어진 이유를 보고했는데, 백일해를 일으키는 박테리아인 백일해균 *Bordetella pertussis*이 돌연변이를 일으켰기 때문이었다.[3]

또한 미국 전역에서, 특히 대학 캠퍼스에서 볼거리가 발생했다는 최신 뉴스를 보았을지도 모르겠다.[4] 이러한 상승세의 이유는 아직 분명하지 않다. 면역력 전하와 성인의 추가 백신 접종 필요성에 관해 연구원들이 논의하는 중이다. 질병통제예방센터의 크리스티나 카데밀Cristina Cardemil은 "모든 사람이 백신을 접종한 최상의 시나리오일지라도 다수의 볼거리가 매년 나타날 것"이라고 말한다. 2017년 백신 전문가들은 볼거리가 발생했을 때 걸릴 위험이 높은 사람들은, 이미 백신을 접종했더라도 추가 백신을 접종하는 편이 좋다고 조언했다.

백신은 안전한가?

백신과 관련해 지속적으로 논란이 일어나는 주요 주제는 백신의 유효성이 아닌, 안전에 관해서다.

마크 호닉스바움Mark Honigsbaum이 2016년 《랜싯》에 실은 〈백신 접종: 혼돈의 역사〉에서 지적한 것처럼, 백신의 안전성에 관한 우려는 새로운 이야기가 아니다.[5] 내 사무실 벽에 복사본이 걸려 있는, 대영박물관에 전시된 1802년 판화 작품은 백신 접종을 한 사람의 머리와 팔에서 소가 나오는 모습을 묘사하고 있다. 이는 인간이 동물질로 오염되는 것에 대한 공포를 반영하고 있다.

백신에 대한 공포는 독립전쟁 때까지 거슬러 올라갈 수 있다. 조지 워싱턴은 천연두를 '적의 검'보다 더 큰 잠재력을 지닌, 보이지 않는 살인자로 인식했다. 워싱턴은 진심으로 예방 접종의 효능을 믿었지만, 1776년 5월 그는 경미한 부작용이 예상될 수 있다는 이유로 자신의 군대 내의 누구도 예방 접종을 하지 말 것을 명령했다. 워싱턴은 모든 병사가 건강한 상태로 전투에 임하기를 바랐다. (백신 반대 운동의 역사에 대해 훑어보려면 숀 오토의 책 《과학과의 전쟁: 누가 벌이는가, 왜 중요한가, 우리가 할 수 있는 일은 무엇인가》를 추천한다.)[6]

백신이 언제나 효과적이라고 주장할 공중보건 권위자는 없는 것처럼, 백신에 부작용이 전혀 없다고 주장하지도 않을 것이다. 비록 흔히 일어나는 일이 아니고 일어나더라도 경미한 반응으로 그치지만, 일부 사람들은 정말로 부작용을 경험한다. 부작용의 예로는 발열, 통증, 주사 부위 주변의 통증, 근육통 등이 있다. 백신에 포함된 일부 성분에 알레르기 반응을 일으키는 사람도 있다. 달걀에서 추출한 달걀 단백질에 알레르기를 일으키는 이들이 그 예다. 부작용이 심한 경우는 아주 드물다. 하지만 면역계에 문제가 있는 상태라면

제3부 · 미생물의 미래

병원에 가야 한다. 살아 있는 바이러스 백신이 실수로 내게 주어진다면, 또는 면역 반응이 약한 누군가에게 주어진다면 생명을 위협하는 감염을 초래할 수 있기 때문이다.

질병통제예방센터는 '백신 안전의 역사'에서 "식품의약국에 의해 백신이 승인되기 전에 과학자들은 백신이 효과가 있고 안전한지 확인하기 위해 광범위한 테스트를 하며, 백신이 주는 혜택은 백신으로 인한 위험보다 훨씬 크다"고 말한다. 일반적으로 이 말은 사실이지만, 면역계의 이상으로 심각한 부작용이 일어날 수 있는 상황이라면 백신 접종을 하지 않는 편이 좋을 수 있다.

1970년대와 1980년대에는 명백한 증거가 없는 소송에서 패한 일부 제약회사가 백신 생산을 멈추었다. 이에 대응하여 미국 의회는 법적인 부담감을 줄이고 공중보건 문제에 대응하기 위해 1986년에 국가아동백신상해보상법National Childhood Vaccine Injury Act(NCVIA)을 통과시켰다.[7] NCVIA와 대법원의 후속 판결로 아동 백신의 심각한 부작용 때문에 제약회사를 상대로 소송을 거는 행위가 연방법에 의해 금지되었다. 이는 이른바 '건강의 자유'를 지지하는 백신 반대 집단의 분노를 부채질했다. 건강자유연합Health Freedom Coalition 웹사이트에 따르면 그들은 자기 결정권과 자유 선택에 관한 개인의 권리와 공공안전을 위한 정부 우려 사이의 수용 가능한 균형을 지지한다고 한다.

보육시설이나 학교에 들어가는 아동의 의무 백신에 관한 법적인 요구 사항은 주마다 다르다. 그 내용은 온라인에서 쉽게 찾을 수 있으며, 의료공제 및 양심적 면제에 대한 설명도 제공된다.

오토바이를 탈 때 헬멧을 착용하지 않을 개인의 권리와 담배를 피울 권리, 그리고 의무 백신을 접종하지 않을 권리 사이에 무슨 차이가 있을까? 우선 폐기종과 머리 부상은 전염되지 않는다. 하지만 홍역이나 백일해 같은 질병은 전염이 된다.

이는 중요한 공공보건 문제다. 전염성이 있는 감염병 예방 백신을 접종하지 않는 행동은 나를 위험에 빠트릴 뿐만 아니라, 내가 앓고 있는 병을 남에게 옮겨 다른 이들까지 위험에 처하게 할 수 있다. 이것은 면역계가 손상되어 백신 접종으로 스스로를 방어하지 못하는 사람들에게 특히 문제가 될 수 있다. 이들이 감염되면 죽거나 심각한 병에 걸릴 수 있기 때문이다.

집단 면역이란 무엇인가, 그리고 왜 중요한가?

무리 면역herd immunity이라고도 하는 집단 면역community immunity은 높은 비율의 획득 면역성을 기반으로 하는 병원균에 대한 인간(이나 동물) 집단의 일반적인 면역이다. 전염성 질병을 예방하는 백신 접종을 받으면 집단 면역 때문에 나 자신뿐만 아니라 면역이 없는 내 주변의 다른 사람에게도 도움이 된다.

국립보건원은 다음과 같이 말한다. "어느 지역사회의 일부가 특정 전염병에 면역을 형성하게 되면 구성원 대부분은 그 전염병으로부터 보호될 수 있다. 전염병이 발생할 기회가 거의 없기 때문이다. 유아, 임신부, 면역계에 문제가 있는 개인 등 특정 백신을 접종할 수 없는 사람들도 어느 정도 예방 효과를 볼 수 있다. 전염병의 확산이 억제되기 때문이다."

그러므로 내가 전염병 예방 백신을 접종하면 나뿐만 아니라 전염병에 취약한 지역사회 구성원까지 보호되는 것이다.

다른 측면도 생각할 수 있다. 나 자신과 내 아이들에게 면역이 생기지 않는다면, 나나 내 아이들만 위험해지는 것이 아니라 지역사회의 다른 구성원까지 위험에 빠뜨릴 수 있다.

홍역은 백신과 관련한 대부분의 논란을 불러일으킨 전염병이다. 여러 가지 이유가 있겠지만, 최근 몇 년 동안 몇몇 지역사회에서 일어났던 홍역 유행이 법적 조치로 이어진 것도 한몫했다. 가장 널리 알려진 사례는 2014년 캘리포니아 애너하임의 디즈니랜드에서 시작되어 여러 주에 걸쳐 발병한 사태이다. 2015년 초까지 공중보건 관료들은 125명의 홍역 환자가 발생했다는 사실을 알아냈다. 이들은 홍역 예방 접종이 제대로 되어 있지 않았다. 결과적으로 집단 면역이 감염되기 쉬운 사람을 보호할 만큼 강하지 않았다.

이 캘리포니아 홍역 사태로 아동의 홍역 예방 접종을 요구하는 엄격한 법안이 촉구되었다. (유사한 법안이 몇몇 주에서 시행 중이다.) 2016-2017학년도부터 (면역력 약화 등의 이유로) 의료 면제가 없는 한, 부모가 백신 접종을 거부하면 아이들은 홈스쿨링을 해야 한다. 이 법은 공립이나 사립학교는 물론이고 보육시설에도 적용된다.

캘리포니아의 엄격한 백신 접종법은 공중보건단체는 물론 미국 전역의 소아과의사로부터 박수를 받았다. 하지만 또한 캘리포니아와 워싱턴 양쪽에서 백신 접종 의무법안을 취소하기 위해 열심히 로비를 벌이던 백신 반대 활동가들(대개 경멸조로 백신 반대주의자antivaxer라고 불린다)로부터 강력한 항의를 유발시켰다.

2017년 4월 또 다른 대규모 홍역 유행이 발생했는데, 이번에는 내 고향인 미네소타였다. 7월 중순까지 79건이 확인됐고, 그중 22명이 입원해야 했다. (이는 이미 2016년 미국 전역에서 발생한 홍역 건수보다 많다.)

디즈니랜드 사태와 마찬가지로 환자들은 대부분 홍역 면역이 형성되어 있지 않았다. 이 사태가 처음 확인된 것은 같은 보육시설에 다니는 세 아이들에서였다. 이 아이들을 비롯해 후속 사례에 나오는 아이들은 대부분 미국에서 태어난 소말리아 이민자들, 즉 백신 반대 활동가들이 목표로 삼았던 지역사회 출신이었다. (소말리아 아동의 MMR 백신 접종 범위가 급격히 감소한 것은 백신 반대 활동가들이 퍼뜨린 거짓된 공포 메시지가 영향을 미쳤기 때문임을 보여 주고 있다.)

놀랍게도 2019년에 상황이 더욱 안 좋아졌다. 4월까지 695건의 홍역이 미국에서 확인되었는데, 이는 1994년 이래 가장 많은 수치이다. 이 중 많은 사례가 뉴욕에서 일어났다. 더블라지오de Blasio 시장은 브루클린 일부에 보건비상사태를 선언하며 백신 접종을 요구했다. 세계보건기구는 2000년 미국에서 홍역이 제거되었다고 선언했지만, 안타깝게도 2019년 10월 질병통제예방센터는 미국이 홍역 퇴치 국가라는 지위를 잃을 합리적인 가능성이 있다고 발표했다. 뉴욕에서 계속 홍역이 발생했기 때문이다.

2019년 미국의 홍역 증가는 다른 곳에 반영되고 있다. 2019년 4월 세계보건기구는 전 세계적으로 홍역 발생이 4배 증가했다고 발표했다. 가장 힘 빠지는 일은 2000년 미국에서 홍역이 퇴치되었다고 선언된 직후 홍역이 급증하기 시작했다는 것이다. 이 주목할 만한 퇴보는 백신 반대주의자들에 의해 촉진된 집단 면역 감소와 관련이 있다(홍역을 예방하려면 인구의 95퍼센트가 면역을 형성해야 한다). 비극적이게도 이는 매우 명쾌하며 이미 해답이 존재하는, 과학적으로 쉽게 해결할 수 있는(홍역 백신은 매우 효과적이고 안전하다) 공중보건 문제이다.[8]

누구를 믿는가?

로렌스 고스틴Lawrence Gostin은 2015년 《미국의학협회지》에 실린 〈백신 논란에서의 법, 윤리학, 공중보건: 홍역 사태의 정치학〉에서[9] 홍역 사태가 어떻게 "공중보건, 개인의 선택, 부모의 권리라는 지속적인 가치에 관한 역사적인 논란을 재점화하고 있는지" 강조한다. 고스틴은 (정확히 말하자면, 내가 볼 때) 우리가 논란의 이면에 있는 종교적, 철학적, 정치적 문제를 고려해야 한다고 지적한다. "백신 정책은 정치적으로 분열되어 있지만, 과학적 견해는 아동 백신이 안전하고 효과적이며, 질병통제예방센터의 20세기 10대 성과 중 하나이고, 세계보건기구의 '최고의 상품'이라는 데 합의가 이루어지고 있다."

　의무 백신에 관한 논쟁에서 어느 편을 들어야 하는지는 "누구를 신뢰하는가?" 하는 질문에 어떻게 답하는가에 달려 있다. 감염병 전문의로서 내 개인적 견해는 고스틴의 의견과 비슷하다. 결국 나는 과학적 증거를 신뢰한다. 하지만 다른 의사들처럼 나 역시 환자들에게 가장 우선하는 것이 프리뭄 논 노체레Primum non nocere(해로운 일을 하지 말라)라는 데 의견을 같이 한다. 나는 백신을 포함한 모든 치료의 부작용에 관해 많은 걱정을 한다.

나는 일부 백신 반대 집단을 이끄는 것처럼 보이는 회의론도 이해한다. 결국 회의론은 과학의 근본 원리이다. 회의론은 또한 내 책 《의사의 머리로 들어가라: 더 좋은 치료를 받기 위한 의사결정을 내리는 데 필요한 10가지 상식 규칙》에서 제시하는 10가지 내과 규칙 중 하나에 기초하고 있다.[10] 이 책의 규칙 6은 "누구도 절대, 완전히 믿어서는 안 된다. 특히 통념의 전달자를 믿어서는 안 된다"이다. 그리고 대부분의 사람과 사실상 모든 의사에게, 백신의 가치는 통념이다.

통념은 관습적인 경우가 많다. 그것이 현명함을 동반하는 경우가 많기 때문이다. 하지만 또 한편으로는 우리가 본 것처럼, 시간이 흐르면서 완전히 틀린 것으로 입증되는 경우도 많다.

개인의 자유가 (집단 면역을 포함해서) 다른 모든 고려 사항보다 중요하다는 느낌이 강하게 들거나, 정부의 규제(또는 과학)를 믿을 수 없는 사람은 백신 반대 운동에 동참할 가능성이 크다. 하지만 이는 큰 실수다. 나 또는 누군가를 죽일 수도 있다.

안타깝게도 일부 백신 반대 활동가들은 영국의 연구원 앤드루 웨이크필드Andrew Wakefield를 신뢰한다. 웨이크필드는 1998년 홍역/볼거리/풍진 백신을 복용한 자폐아의 소화계에 있는 홍역 바이러스에 관한 연구를 《랜싯》에 발표했다.[11] 이 연구는 백신과 자폐 스펙트럼 사이에 관계가 있음을 시사했다. 6년 후 이 연구의 공저자들이 웨이크필드가 백신 제조사를 상대로 소송을 계획 중인 변호사에게 돈을 받았다는 사실을 알고 글에서 자신의 이름을 삭제하기 시작했다. 훗날 그 글은 《랜싯》에 의해 공식적으로 폐기되었고, 영국에서 웨이

제3부 · 미생물의 미래

크필드의 의사 면허가 취소되었다. 그리고 한 취재 기자가 웨이크필드의 사기를 폭로하는 연속 기사를 썼다.

현재 텍사스에 사는 웨이크필드는 지금까지도 홍역과 자폐 스펙트럼 사이에 확립되지 않은 연관성으로 부모를 겁준 데 대한 책임에서 자유롭지 못하다. 텍사스가 현재 백신 반대 운동의 중심지라는 사실은 놀라운 일이 아니다. (공교롭게도, 앞서 언급한 미네소타의 소말리아인 공동체에서 홍역이 발생하기 전에 웨이크필드가 그곳을 방문해 부모들과 이야기를 나누었다.) 2017년 질병통제예방센터는 백신 반대주의자들 때문에 몇몇 주에서 홍역 발생 사례가 증가하고 있다고 보고했다. 유럽에서는 2017년에 홍역 발생 사례가 3배 이상 증가했고, 백신 반대 활동가들이 이러한 안타까운 성장에 큰 역할을 했다.

홍역 백신과 자폐 스펙트럼 사이의 연관성은 광범위하게 조사되고, 재조사되었다. 인과관계가 있었음을 뒷받침하는 분명한 증거는 없다. 이 말은 자폐 스펙트럼과 백신 접종률 사이에 상관관계가 없다는 의미는 아니다. 하지만 이런 경우에 상관관계가 반드시 인과관계를 의미하지는 않는다. 바꿔 말해 백신 때문에 자폐 스펙트럼이 일어난다는 증거는 없다는 것이 분명하다. 반면 몇몇 연구에서는 임신 중 대기오염 노출과 어린 시절의 자폐 스펙트럼 발달 사이에 통계적으로 유의미한 상관관계가 있다는 사실을 발견했다. 그리고 덴마크에서 수행된 연구에서는 대기오염 관련 자폐 스펙트럼 발달에 또 다른 취약한 시간대로서 임신 직후 기간을 지적한다.[12] 여러분이 생각하는 것처럼, 백신의 위험과 관련해 지속되는 논란은 계속해서 의료계를 혼란스럽게 하고 있다. 2017년 《사이언스》에 실린 〈4가지 백신 신화〉에서 린지 웨셀Lindzi Wessel은 백신과 관련한 가장 위험한 거짓 주장들을 이야기한다. (1) 백신 접종이 자폐 스펙트럼을 유발할 수 있다. (2) 백신에 들어 있는 수은이 신경독소로 작용한다. (3) 백신 속 수은에 대처하면 아이들의 상태가 좋아진다. (4) 백신에서 벗어날수록 아이들이 더욱 안전해진다.[13]

하지만 과학적으로 확실한 타당성을 갖추는 것만으로, 사람들이 자신의 자녀에게 백신을 접종시키도록 설득할 수 없다는 것 또한 분명하다. 우리에게는 과학적인 발전과 함께 설득의 기술이 필요하다고 나는 믿는다. 그리고 지금 그러한 돌파구가 필요하다.

안타깝게도 백신의 신뢰도가 떨어지고 있는 것으로 보인다. 전 세계적으로 홍역 발생 건수가 늘어나고 있다는 사실이 이러한 결론을 뒷받침한다. 그리고 미국에서 2017-2018년 독감 기간 중 인플루엔자 관련 입원 건수를 기록했는데, 인플루엔자 예방 접종률은 37.1 퍼센트에 불과했다. 백신 접종을 주저하게 하는 것이 백신 반대주의자들의 역할임을 감안할 때, 세계보건기구가 2019년 10대 건강 위협 요소 중 하나로 백신 반대주의자들을 선택한 일은 전혀 놀랍지 않다. 하지만 잘못된 주장이 퍼져 나가는 것을 막기란 쉽지 않다. 다른 잘못된 정보의 확산과 마찬가지로, 소셜 미디어가 갈수록 많은 역할을 하고 있다.[14]

백신과 국제사회

미국과 유럽에서 홍역 발생 사례가 늘어 가고 있는 것에 대한 지속적인 우려에도 불구하고 희망의 여지는 있다. 2015년《사이언스》저널은 질병통제예방센터에서 국제 면역에 관한 고문 역할을 맡고 있는 스티브 코치Steve Cochi의 연구를 집중 조명했다.[15] 코치는 홍역 퇴치를 위한 캠페인을 이끌고 있는데, 이 캠페인은 성과를 낼 것으로 보인다. 효과적인 백신이 있고, 무엇보다도 홍역 바이러스가 숨을 수 있는 동물 종이 없기 때문이다. 이것이 얼마나 놀라운 성취인지 생각해 보라. 홍역 퇴치로 매년 10만 명이 넘는 어린이의 목숨을 구할 수 있다. 또한 홍역 백신에 대한 논란을 종식시킬 가장 효과적인 방법일 것이다. 홍역이 지구에서 사라지기만 하면 홍역 예방 백신이 필요한 사람은 없을 터이다.

제임스 콜그로브James Colgrove가 2016년《뉴잉글랜드 의학저널》에서 지적한 것처럼 홍역 같은 전염병을 통제하려면 설득과 강제가 모두 필요하다.[16] 콜그로브는 백신 정책 입안자들에게 핵심적인 과제는 "원하는 사람이라면 누구나 안정적으로 백신을 구할 수 있도록 공급을 보장하는 것"임을 일깨우고 있다.

20

미생물과 여섯 번째 멸종

———

"멸종은 규칙이지만, 생존은 예외다."

칼 세이건^{Carl Sagan}

운전석에 앉은 미생물들

진화에 관한 간략한 역사

먼저 '진화'라는 용어에 대해 고민해 보자. 생물학적 진화는 다양한 유형의 생물이 초기 형태로부터 성장하고 다양화되는 과정이다. 일반적인 믿음과는 반대로 이 개념은 다윈에서 유래하지 않으며, 고대 그리스까지 거슬러 올라간다. 하지만 다윈에게는 진화의 이면에 있는 메커니즘, 즉 자연선택을 발견한 공로가 있다. 그는 1859년에 출판돼 엄청난 논란을 불러일으킨 영향력 있는 저서 《종의 기원》에서 이 설명을 공식화했다.[1]

다윈의 진화 이론의 정수는, 모든 생명 형태는 관계가 있으며 공통된 조상에게서 물려받았다는 것이다. 종의 출현(등장) 또는 소멸(멸종)의 이면에서 지배하고 있는 힘은 자연선택이라는 과정이다.

이 자연선택 과정에 잠재되어 있는 것은 영양분과 그 외의 지원 환경 요소를 놓고 벌이는 경쟁이다. 다윈에 따르면 생존을 위한 투쟁은 환경에 적합한 종에게 보상을 해 주고 그렇지 않은 종을 제거한다. 비록 다윈 자신은 이런 표현을 사용하지는 않았지만, 이것이 이른바 적자생존이다.

물론 미생물 세계에 대한 이해는 제한적이었다. 다윈은 1831년에서 1836년 사이 그 유명한 비글호를 타고 탐험을 하며 현미경으로 따개비와 식물을 조사했다. 하지만 자신의 이론을 공식화할 때 다윈은 미시적인 생명체를 구상에서 완전히 배제했다.

1장에서 말했듯, 지구의 생명체는 LUCA(모든 생물의 공통 조상)

라는 단일세포 미생물이 서식했던 적대적인 환경에서 거의 40억 년
전에 시작되었다. LUCA에서 생명의 나무의 세 영역 중 박테리아와
고세균이 싹을 틔웠다. 세 번째 영역인 진핵생물은 박테리아와 고세
균 사이의 친밀한 관계에서 진화했다.

어떻게 LUCA처럼 작은 조상이 현재의 엄청나게 다양한 생물 형
태로 발전할 수 있었을까? 이러한 수수께끼를 이해하기 위해서는
'오랜 시간'을 이해해야 한다.

우주론자의 빅뱅이론에 따르면, 우리의 우주는 137억5000만 년
전에 탄생했다. 이에 비해 (현재 생명체가 살고 있다고 알려진 유일
한 천체인) 지구의 나이는 상대적으로 젊다. 대략 45억4000만 년
정도다.

최초의 생명체 LUCA는 38억 년 전에 등장했고, 약 18억 년 전에
핵과 내부 세포기관이 있는 최초의 진핵생물 세포가 나타났다. 그
후 약 11억 년 뒤(7억 년 전)에 육상식물이 나타났고, 동물은 약 5억
4000만 년 전에 나타났다. 호모 사피엔스는 약 30만 년 전에 모습을
나타냈다. (가장 오래된 것으로 알려진 호모 사피엔스는 독일 라이프치
히에 있는 막스플랑크 연구소의 고인류학자 팀에 의해 모로코에서 최근
발견됐다.)[2]

우리가 여기까지 오는 데 걸린 시간의 양을 이해하기 위해 이렇
게 생각해 보자. 지구에서 생명의 역사를 24시간으로 압축한다면
현대의 인간은 마지막 1분이 남았을 때에야 비로소 등장한다. 그리
고 시계를 우주의 탄생에 맞추어 놓는다면 우리의 존재는 눈 한 번
깜박이는 시간 안에 끝나 버린다.

18세기 스웨덴 과학자 카롤루스 린네Carolus Linneaus에 의해 분류법의 원칙이 만들어진 이래 생물학자들은 종에 따라 생물을 분류해왔다. 종species이라는 용어는 자연에서 실제로 또는 잠재적으로 교배할 수 있는 개별 생물의 집단으로 정의할 수 있다.

오늘날 종이라는 용어의 정의는 대부분 진화의 유전적 이해를 포함하고 있다. 예를 들어 고생물학자 안소니 바노스키Anthony Barnosky는 종을 '자신의 유전자를 자손에게 전달하고, 자손은 다시 그들의 자손에게 전달할 수 있는 식물 또는 동물 집단'이라고 정의한다 [3]

바노스키의 종에 대한 정의는 식물이나 동물처럼 자신의 유전자를 서로 암수에 따라 전달하는 유기체뿐만 아니라, 단순히 둘로 나뉘는 박테리아나 고세균처럼 무성생식을 하는 유기체에도 적용된다. 그리고 바이러스가 생명의 나무에 속한다는 것을 기꺼이 사실로 받아들인다면, 이렇게 작은 미생물도 처음 숙주세포를 차지하고나서 자신의 유전자를 후손에게 전달한다.

린네와 다윈은 유전자에 대해서는 아는 것이 없었다. 당시 과학적인 의사소통이 더 잘 이루어졌다면 다윈은 아우구스티노회의 수사이자 근대 유전학의 아버지 그레고어 요한 멘델Gregor Johann Mendel의 선구적인 연구에 대해 알 수 있었을지도 모른다. 1856년에서 1863년에 걸쳐 콩을 교배시킨 멘델의 독창적인 실험은 유전을 이해할 수 있게 해 주었다. 멘델은 1865년 브루노(현재의 체코공화국)에서 열린 작은 모임에서 자신의 흥분되는 결과를 발표했지만, 이후 35년 동안 그의 연구는 대부분 무시되고 인정받지 못했다.

1900년 멘델이 사망한 지 16년 뒤에 그의 연구는 3명의 과학자

제3부 · 미생물의 미래

에 의해 재발견되었다. 1909년 덴마크의 식물학자 빌헬름 요한센 Wilhelm Johanssen은 '유전자gene'라는 용어를 만들어 멘델의 유전 단위를 설명했다. 그리고 여러 해가 지나가고 여러 개의 노벨상이 수상되며 유전자의 정체(더 엄밀하게 말하자면 DNA, 즉 데옥시리보핵산)가 마침내 드러나게 되었다.

20세기 말 진화생물학은 칼 워즈 연구 팀이 메타지노믹스 혁명 Metagenomics Revolution이라 할 만한 것을 시작하면서 또 한 번 중요한 발전을 맞이했다. 이 책의 초반부에서 설명했듯, 이들은 근대 분자 생물학 도구를 사용해 실험실에서 키울(또는 배양할) 수 없는 미생물을 찾아냈다. 칼 워즈 연구 팀을 비롯해 그 뒤를 이은 연구원들은 이러한 환경에 사는 엄청나게 많은 미생물 종에서 유전물질을 발견했다.

지구상에 우리가 아는 미생물 종은 얼마나 존재할까? 우리가 아직 알지 못하는 종류는 얼마나 될까? 얼마나 많은 종이 멸종했을까? 이제 앉아서 심호흡을 한 다음, 앞으로 나올 어마어마하게 큰 숫자들을 살펴보자.

- 국제자연보호연맹International Union for the Conservation of Nature(IUCN)에 따르면 지구에는 약 870만 가지의 종이 존재한다.[4] (미생물은 포함하지 않은 숫자다. 여기에 대한 자세한 내용은 아래에 나온다.) IUCN은 이들 종의 15퍼센트 이하만 발견되었다고 추측한다. 달리 말하자면 우리는 지구에 사는 고등동물의 85퍼센트는 전혀 알지 못한다. 그보다 더 단순한 미생물을 포함한다면 그 비율은 더 높아질 것이다.

- 일부 전문가들이 말하는 수치는 훨씬 크다. 그들은 지구에 1000만에서 5000만 가지 종이 존재한다고 생각한다. 그중 300만에서 3000만(전체 생물 종의 최대 97퍼센트)은 무척추동물이고 100만은 곤충이다. 그들은 또한 30만에서 40만 가지의 식물(그중 25만은 꽃을 피운다)과 6100종의 양서류가 있다고 생각한다.
- 미생물의 경우, 과학자들은 1000경(10^{19}) 가지의 박테리아가 존재한다고 추정한다(누구도 확신하지는 못하지만). 이 가운데 1만5000종만이 우리에게 알려서 있으며, 인간에게 해를 끼치는 종은 1400가지뿐이다. 과학자들은 1000만 가지의 곰팡이류가 있다고 추정한다. 바이러스의 송이 몇 가지나 되는지는 모두 짐작만 할 뿐이다(1억에서 최소 10억 사이 어디쯤).
- 2016년 인디애나대학교의 연구원 케네스 로시Kenneth Locey와 제이 레넌Jay Lennon은 복잡한 축척의 법칙과 다수의 샘플에서 나온 데이터를 이용하여 현재 지구에 사는 생명체의 종은 1조 가지라고 추정했다.[5] 여기에는 바이러스와 고래, 그리고 그 사이의 모든 생명이 포함된다.

5대 멸종

지난 38억 년 동안 무수히 많은 종이 나타났다 사라져 갔다. 지금까지 지구에 존재했던 300억 종의 동물과 식물 중 99퍼센트 이상이 영원히 사라졌다.

지질학자와 고생물학자, 지구과학자 등은 45억4000살 먹은 지구의 긴 역사를 계층적으로 나눈다. 가장 긴 단위부터 이야기하자면 누대 또는 이언eon(5억 년 이상), 대era(수억 년), 기period(수천만 년에서 수억 년까지), 세epoch(수천만 년), 시대age(수백만 년) 등이 있다.

명왕누대Hadean(그리스어로 지옥Hades을 뜻한다)는 지구 탄생 이래 최초의 이언으로, 그때 지구 표면은 우리가 상상하는 지옥과 같았다. 하지만 생명체에 중요한 바다가 형성되었다. (물은 오르도비스기Ordovician Period에 최초의 육지식물이 나타나고 약 3억7000만 년 전인 데본기Devonian에 양서류가 바다에서 기어 나올 때까지 미생물, 식물, 동물 모두에게 서식지를 제공했다.)

상황이 재밌어진 것은 38억 년 전인 시생누대Archean로 바뀌는 시기였다. 지구 최초로 살아 있는 세포 LUCA가 등장한 것이다. 그 후 LUCA는 고세균과 박테리아 영역을 탄생시켰다. 마지막 영역인 진핵생물이 등장한 것은 원생누대Proterozoic Eon가 시작된 약 19억 년 전이 되어서였다.

가장 새로운 종 가운데 하나인 호모 사피엔스는 플라이스토세Pleistocene Epoch, 즉 앞서 언급한 대로 약 300만 년 전이 되어서야 나타났다. 마지막 빙하기가 끝날 무렵 인간의 문명은 홀로세Holocene Epoch(지구 역사의 마지막 1만1700년에 주어진 이름)에 접어들었다.

이 오랜 시간 동안 수십억 종의 동물과 식물이 나타났다가 사라졌다. 일부는 다른 종과의 경쟁에서 패배했고, 또 일부는 한 번 이상의 재앙에 의해 파괴되었다.

중생대Mesozoic Era에는 공룡이 동물 세계를 지배했다. 파충류의 시대로 알려진 이 시대는 2억4000만 년에서 6500만 년 전까지다.

1980년 루이스 앨버레즈Luis W. Alvarez와 월터 앨버레즈Walter Alvarez가 처음 세웠던 가설대로, 모든 공룡을 비롯해 지구에 사는 알려진 종의 76퍼센트가 6500만 년 전 유카탄반도를 강타한 유성에 의해 멸종되었다. 유성의 충격은 극심한 기후변화를 일으키기에 충분한 먼지를 토해 냈고, 대부분의 종들은 단지 그 변화에 적응하지 못해 멸종했다.

놀랍게도 이것은 이른바 '5대 멸종'에서 소규모에 해당한다.[6] 대량 멸종은 정의에 따르면 지구 종의 75퍼센트 이상이 멸종한 사건이나 시기를 말한다. 지질학적 기간에 따라 아래에 나열된 5대 멸종은 비교적 연속적으로 이어진 별송 사건에서 사뭇 규모가 큰 것들이다.

오르도비스기-실루리아기 대량절멸: 4억5000만 년에서 4억4000만 년 전.

데본기 말기 대량절멸: 3억7000만 년에서 3억6000만 년 전.

페름기-트라이아스기 대량절멸: 2억5200만 년 전. 지구 최대 멸종으로, 대멸종the Great Dying이라고도 한다. 모든 종의 90~96퍼센트가 사라졌다. 바다에서는 삼엽충이라는 매우 성공적인 해양 절지동물도 멸종했으며, 포유동물 유사 파충류의 전성기를 끝냈다. 척추동물이 회복하는 데는 3000만 년이 걸렸다.

트라이아스기-쥐라기 대량절멸: 2억130만 년 전. 대부분의 비공룡 지배파충류archosaur와 대형 양서류가 멸종되어 공룡의 경쟁자는 육지에 거의 남지 않았다.

백악기-팔레오기 대량절멸: 6500만 년 전. 날지 않는 공룡은 모두 멸종했다. 포유류와 조류가 주류 육상동물로 등장했다.

이러한 동물과 식물의 대량절멸이 미생물과 무슨 관련이 있을까? 분명한 사실은, 엄청난 수의 미생물 역시 이처럼 혹독한 시기 동안 멸종했다는 것이다. 어떤 미생물 종이 사라지고 어떤 종이 살아남았는지는 확실히 알 수 없다. 하지만 극한의 추위, 열기, 압력 등 열악하기 그지없는 조건에서도 살아남는 미생물인 고세균 극한 생물은 아무리 혹독한 환경일지라도 만족했을 것이다. (다른 행성에 생명체가 있는지 찾을 때 이러한 미생물을 염두에 둔다는 사실은 전혀 놀랍지 않다.)

새로운 종의 진화에 미생물의 역할이 있는 것처럼, 멸종에도 미생물의 역할이 있다. 2장에서 약 23억 년 전에 지구의 대기에 산소를 더해 준 식물성플랑크톤 남세균에게 감사해야 한다는 이야기를 했던 것을 기억하는지 모르겠다(산소대폭발 사건이라고 불리는 현상이다).[7] 이 소중한 기체가 없었다면 (인간을 포함한) 호기성생물은 나타나지 않았을 것이다.

MIT의 지구화학자 댄 로스먼Dan Rothman 연구 팀은 최근 연구에서 미생물의 부정적인 측면을 이야기하며, 고세균 미생물 메타노사르시나Methanosarcina가 2억5200만 년 전의 대멸종과 관련이 있었음을 시사했다.[8] 이 사건은 기체인 메탄과도 관련이 있다. 연구 팀은 바다에서 메타노사르시나가 대기 중의 열을 이산화탄소보다 훨씬 효율적으로 가두어 놓는 다량의 메탄 방출을 초래했다는 가설을 세웠다. 대량절멸 직전에 현재의 시베리아에 있는 화산이 엄청난 폭발과 함께 방대한 양의 이산화탄소를 뿜어냈다. 메타노사르시나에 의해 생성된 메탄과 화산에서 나오는 이산화탄소의 결합이 지구의 기온과 해양 산성화 수준을 상승시켜 치명적인 기후변화를 촉발시킨 것으로 보인다. (실제로 지구 온난화가 다섯 번의 대량 절멸 중 세 번의 원인이었던 것으로 보인다.)

많은 생물학자는 우리가 현재 여섯 번째 대규모 멸종 과정을 겪고 있다고 생각한다. 지구 온난화는 이번 대량절멸에서도 주범이다. 하지만 이번 멸종 사건은 상당히 다르다. 이전 다섯 차례의 멸종과는 달리 이번 멸종은 단일한 동물 종에 의해 일어나고 있다고 과학자들은 생각한다. 바로 호모 사피엔스다.

여섯 번째 멸종

"인간이 무엇이냐고? 인간은 하늘에 계신 아버지께서 원숭이에게
실망해서 창조하신 해로운 박테리아지."

마크 트웨인

———

인간의 진화에 대한 간략한 역사

우리 인간은 고릴라, 침팬지, 보노보, 오랑우탄 등을 포함하는 사람아과Hominidae에 관련 종들과 함께 모여 있다. (인간이 아닌 사람아과 집단은 유인원이라고도 한다.) 약 600만 년 전, 인간과 침팬지는 공통된 조모에게서 갈라져 나온다. 유전자 연구에 따르면 사람속에서 가장 먼저 기록된 구성원은 약 230만 년 전에 등장했다. 그들은 호모 하빌리스Homo Habilis 종에 속했다.

고인류학자와 고고학자는 호모속이 분기된 오스트랄로피테쿠스속의 초기 인간 화석을 계속해서 발견하고 있다. 이들 초기 인간의 조상 중 가장 유명한 것은 루시라는 애정어린 이름으로 불리는 오

스트랄로피테쿠스 아파렌시스*Australopithecus afarensis*종의 일원이다. 텍사스대학교 연구원들의 최근 연구에 따르면 루시는 약 320만 년 전 나무에서 굴러떨어져 입은 부상으로 사망했다.[9] 최근의 아프리카 조상 이론에 따르면, 호모 사피엔스는 약 30만 년 전에 처음 아프리카에 등장했다. 우리는 재빨리 움직였다. 아마도 가뭄 등 환경적인 요소들 때문에 인간은 아프리카 대륙에서 이주하여 호모 에렉투스, 호모 플로레시엔시스, 호모 네안데르탈렌시스 등의 종을 대체했다. (이들 중 마지막 종인 네안데르탈인은 유럽과 아시아 어딘가에서 나타났다. 그들은 중동과 유럽의 호모 사피엔스와 같은 동굴을 차지했다. 유전자 분석에 따르면 대략 8만5000년에서 3만5000년 전까지 네안데르탈인과 우리 종은 교배하고 있었다.)[10]

화석 기록에 따르면 우리에게는 적어도 15만 년 동안 많은 친구들이 있었고, 불과 5만 년 전만 해도 적어도 세 호모 종이 우리와 지구를 공유했다. 그런데 우리의 친척들에게 무슨 일이 생긴 것일까?

히브리대학교의 역사학자 유발 노아 하라리Yuval Noah Harari는 자신의 저서 《사피엔스》에서 이것이 약 7만 년에서 3만 년 전 사이에 나타난 새로운 사고 및 소통 방식(그는 인지혁명이라고 부른다)과 관련되어 있다고 주장한다.[11] 그는 사람속에 속하는 모든 종 중에 우리만이 유일하게 존재하지 않는 것을 생각하고 말할 수 있는 능력을 획득했다고 가정한다.

다윈학파의 관점에서 볼 때 이러한 특징(상상력과 이야기를 하는 능력)은 도움이 될 수 있다. 우리는 창의적인 생각이 얼마나 호모 사피엔스의 생존 확률을 높이고, 다른 종과의 경쟁에서 우위를 차지할 수 있게 해 주는지 상상할 수 있다.

하지만 고려해야 할 다른 가설들이 있다. 그중 한 가지는 미생물의 관점에서 본 것이다. 인간 사회를 형성한 미생물의 역사를 고려하면, 호모 사피엔스를 통해 전달된 미생물은 경쟁하는 유인원들을 도태시키는 데 결정적인 역할을 했을 것이다. 이 가설을 뒷받침하는 케임브리지대학교의 최근 연구에 따르면, 유럽 전역에 살던 네안데르탈인들이 호모 사피엔스의 집단 이동에 의해 아프리카에서 유출된 미생물에게 감염되었을 수도 있다.[12]

또 다른 가능성은 다른 인간 종에 비해 호모 사피엔스가 미생물적으로부터 우리를 방어하는 데 효과적인 면역계를 진화시켰을지도 모른다는 것이다. 또한 인간이 우리 종의 건강을 촉진하는 마이크로바이옴을 획득했을 수도 있다.

진화의 홀로게놈 이론

인간 마이크로바이옴이 우리 종의 진화에 기여했다는 가설은 홀로게놈Hologenome 개념이라는 진화생물학의 새로운 관점에 부합한다. 이 개념을 이해하기 위해, 우리는 3장의 어떤 핵심 아이디어로 돌아가야 한다.

3장에서 인간 마이크로바이옴이 우리 신체의 표면을 공유하는 많은 공생 미생물의 생태 공동체라고 했던 것을 기억할 것이다. (공생 미생물이라고 부르는 이유는 그들이 우리 없이 살지 못하거나, 우리가 그들 없이 살지 못하거나, 또는 둘 다의 이유로 그들이 우리와 함께 살기 때문이다.) 여기에 홀로게놈 진화 개념의 정수가 있다. 전생물체holobiont(숙주와 숙주의 공생체, 즉 숙주의 공생 미생물을 더한 것)가 홀로게놈(숙주의 유전자와 숙주의 공생체를 더한 것)과 함께 자연 선택을 형성한다. 2016년 《엠바이오》에 실린 글에서 이스라엘의 과학자 유진 로젠버그Eugene Rosenberg와 일라나 질버 로젠버그Ilana Zilber-Rosenberg 부부는 이렇게 썼다. "다수의 연구에 따르면 공생체는 해부학, 생리학, 성장, 선천적 면역과 적응 면역, 행동, 그리고 결론적으로 유전적 변화와 종의 기원과 종의 진화에 기여한다. 미생물과 미생물 유전자의 획득은 복잡성의 진화를 이끄는 강력한 메커니즘이다."[13] 바꿔 말해 '나의 DNA + 내 미생물의 DNA = 나의 홀로게놈'이다. 우리 종인 호모 사피엔스는 아마도 우리 세포의 게놈뿐만이 아닌, 그것에 우리 미생물 공동체의 게놈을 더한 것으로 가장 잘 정의될 것이다. 우리는 우리의 공생체와 함께 진화해 왔다.

이 개념은 비록 논란의 여지가 있지만 미생물과 인간 사이의 불가분 관계에 대한 폭넓은 이해와 양립할 수 있으며, 그러한 점에서 미생물과 모든 동식물 생태계 사이의 불가분 관계에 대한 이해와도 양립할 수 있다. 그리고 전생물체 이론이 진화생물학 분야에서 갈수록 설득력을 얻고 있다는 점을 지적해야 할 것이다.[14] 이 아이디어를 믿는 사람들은 대부분 진화할 때 박테리아 공생체가 주된 역할을 맡으리라고 생각한다. 하지만 우리는 다시 생각해야 할지도 모른다. 2016년 《이라이프》 저널에 실린 글에서 스탠퍼드대학교 연구원들은 바이러스가 인간 진화의 주요한 원동력이라고 주장했다.[15] 유전자의 기능은 모든 세포의 구성 요소인 단백질을 암호화하는 것이다. 이너드Enard와 페트로프Petrov의 연구 결과에 따르면 인간이 침

팬지에서 갈라진 이후, 모든 단백질 적응의 무려 30퍼센트가 바이
러스의 유전적 요소를 우리 조상의 게놈에 통합하여 이루어졌다.

인류세 멸종

지질학자들에 의하면 우리는 공식적으로 1만1700년 전에 시작한 홀
로세에 살고 있다. 하지만 호모 사피엔스가 지구에 미친 어마어마
하게 부정적인 영향에 대한 단서가 점점 쌓여 가는 것을 고려하여,
2019년 5월 인류세연구집단Anthropocene Working Group은 기진하 용어에
서 '세'가 바뀌는 획기적인 변화를 선언하는 공식 제안서를 국제층서
위원회International Commission on Stratigraphy에 제출하기로 합의했다. (어이
쿠! 세世는 수천만 년 동안 지속되어야 한다는 점을 기억하라.) 그들은
우리가 현재 인류세Anthropocene Epoch에 살고 있다고 제안했다. ('인류
세'라는 명칭은 '인간'을 뜻하는 그리스어 anthro와 '새로움'을 뜻하는 그
리스어 cene에서 유래했다.) 그들은 또한 우리가 인류세 멸종이라 불
리는 여섯 번째 멸종이 진행되는 한가운데에 있다고 주장했다.[16] 인
류세연구집단은 2016년 8월, 1940년대 말과 1950년대에 걸친 제2차
세계대전 후 호황을 인류세의 시작일로 인정할 것을 제안했다. 그들
의 제안은 이제 지질학적 시대 명명을 관할하는 국제층서위원회가
고려 중이다. 현재의 과학적 합의는 획기적인 명칭 변화를 선호한다.

하지만 인류세의 공식적인 시작일을 언제로 둘 것인지에 관한 논
란이 끊이지 않는다. 의론의 여지 없이, 인간의 파괴적인 기술들은
수천 년 전 우리 조상들이 곡물을 경작하고 전 세계를 횡단하면서
시작됐다. 하지만 이후 수천 년에 걸쳐 인간은 지구의 거의 모든 구

석에 흔적을 남겼다.[17]

거의 40억 년 전 생명이 시작한 이래 종의 멸종은 지속되어 왔다. 하지만 인간의 활동은 종이 멸종하는 속도를 급격히 촉진했다.

과학자들은 축적된 단서를 이용해 정상적인 배경소멸률background extinction rate을 계산해 냈다. 예를 들어 포유동물 5416종의 경우, 배경소멸률은 자연적으로 약 700년마다 1종이 사라진다고 예측한다. 하지만 인류세에서는 포유동물이 평균보다 16배 빠르게 멸종된다.

조류는 상황이 더 안 좋아서 멸종률이 배경소멸률의 19배이다. 그리고 양서류 종은 배경소멸률의 97배라는 어마어마한 속도로 사라지고 있다. 실제로 현재 전 세계 비미생물의 약 30퍼센트가 멸종 위기에 처해 있다.

양서류가 가장 높은 멸종위기 등급에 속한 이유는 무엇일까? 그 답은 부분적으로는 미생물 때문이다. 항아리곰팡이*Batrachochytrium dendrobatidis*, 줄여서 Bd라는 사악한 이름을 가진 균에 의해 발생하는 키트리디오미코시스chytridiomycosis라는 새로운 진균감염이 전 세계 6100여 종의 양서류를 대량 학살하고 있다. 20세기 초 아시아에서 처음 등장한 이 병은 전 세계로 빠르게 퍼졌다. 오늘날 이 진균감염은 36개국 이상의 나라에서 발견된다. SaveTheFrogs.com 웹사이트에 의하면 키트리디오미코시스는 생물 다양성에 미치는 영향 측면에서 역사상 최악의 질병일지도 모른다.[18]

포유동물 중에서는 박쥐가 가장 큰 문제다. 1400여 종의 박쥐 중 약 4분의 1이 멸종감시명단에 올라와 있다. 이번에도 미생물에게 부분적으로 책임이 있다. 박쥐흰코증후군white-nose syndrome이라는 또 다른 신종 진균감염병이 놀라운 속도로 박쥐를 죽이고 있다.

동물 및 식물 종의 놀라운 손실은 2019년 유엔 보고서 〈생물 다양성 및 생태계 서비스에 관한 정부 간 과학 정책 플랫폼〉에 자세히 설명되어 있다.[19] 그 보고서에 따르면 인간 때문에 100만 종이나 되는 동식물이 현재 멸종 위기에 처해 있으며, 전 세계 생태계가 심각한 위협을 받고 있다.

이러한 동물과 식물의 평범하지 않은 멸종 이면의 원인은 복잡하고, 내부분 세내로 이해하기가 힘늘나. 아지민 기후변화, 서식시 피괴, 병원균의 등장과 확산 모두가 연관되어 있는 것으로 보인다.

기후변화와 감염병

이 책에서 읽은 것처럼, 20세기의 마지막 25년을 기점으로 새롭게 나타나거나 재등장한 감염병이 놀라운 속도로 늘어나고 있다. 그리고 140여 가지 신종 감염병이 인간의 행동(또는 잘못된 행위)과 관련되어 있다는 것 또한 이 책에서 다루었다.

인간이 지구 온난화에 기여한 만큼, 또는 환경을 해친 만큼 특정 신종 병원균에게는 혜택이 된다. 지구 온난화가 지구의 마이크로바이옴에 미치는 영향은 이제 겨우 이해되기 시작했다. 기온이 올라갈수록 미생물은 성장하고 유전자는 변화한다. 2018년 《네이처 기후변화》 저널에 실린 글에서 데릭 맥파든Derrick MacFadden 연구 팀은 기온이 오를수록 일반적인 박테리아 병원균의 항생제 내성이 커진다는 사실을 보여 주었다.[20] (15장에서 많은 전문가들이 항생제 내성을 국제적인 감염병 위기를 초래하는 최대 위협 요소로 간주하고 있다고

제3부 · 미생물의 미래

말했던 것을 떠올려 보자.)

하지만 기후변화와 신종 감염병 관계에 관한 가장 설득력 있는 단서는 물과 곤충을 통해 확산되는 질병과 관련이 있다. 지구 온난화와 강수량의 증가로 질병을 확산하는 곤충들이 살기 좋은 서식지가 늘어 가고 있는 것이다.

기후변화는 특히 모기와 진드기에게 따뜻한 환영을 받고 있다. 모기는 뎅기열, 치쿤구니야, 지카, 말라리아, (조류의 도움을 받아) 웨스트나일 바이러스 등을 확산시킨다. 진드기들은 라임병, 아나플라스마병, 바베시아증 등을 일으키는 감염원을 확산시킨다.

수인성 감염병의 경우, 콜레라는 여전히 1년에 약 10만 명의 사망자를 내고, 그보다 5배 많은 사람이 매년 말라리아로 사망한다. 기후변화로 인해 기온과 강우량이 상승하기 때문이다. (앤서니 맥마이클Anthony McMichael과 그의 동료들은 저서 《기후변화와 국가의 건강》에서 기후변화가 재앙적인 유행병에 영향을 미친다는 설득력 있는 사례를 제시한다.)[21]

지난 몇 년 동안 우리는 플로리다 해안, 에리 호수, 그린란드 빙하 근처에서 유난히 크고, 해롭고, 기분 나쁜 녹조가 출현한 광경을 목격했다. 과학자들은 최근 1997년 이후 바다에서 조류藻類 생산량이 약 47퍼센트 증가했다는 사실을 발견했다. 녹조는 그 모습과 냄새가 나쁠 뿐 아니라 인간의 건강과 수중 생태계, 그리고 경제에 심각한 타격을 준다.

녹조는 남세균에 의해 형성된다. 남세균은 앞서 읽은 것처럼 지구의 대기에 산소를 공급하는 광합성 박테리아다. 조류는 직접 인간을 감염시키지는 않지만, 일부 조류는 우리가 병에 걸릴 수도 있는 독소를 생성한다. 조류는 기후변화와 함께 번성하기 때문에 갈수록 녹조가 커지고 있다.

미생물이 지구를 구한다?

많은 기후학자들은 일부 양서류의 멸종이, 인간을 포함한 모든 동물과 전체 중 37퍼센트가 이미 위험에 처해 있는 식물에게 심각한 잠재적 위험을 경고하는 '광산의 카나리아' 같은 역할을 하고 있는 것이라고 경고한다.

하지만 희망적인 관점에서, 인간이 살아남을 수 있었던 원인에 대한 유발 하라리 교수의 가설을 떠올려 보자. 그것은 인간의 상상력과 창의력이다. 호모 사피엔스가 기후변화 위협에 대한 경고를 받아들이는 데 너무 오래 걸리긴 했지만, 현재 대부분의 정부에서 문제의 중요성을 깨닫고 있다.

지구 온난화 문제와 관련해, 산업화 이전보다 평균 온도가 섭씨 2도를 초과해 상승하지 않도록 온실가스 배출을 억제하는 것을 목표로 하는 (기후변화에 관한 유엔 기본 협약 내에서 개발된) 역사적인 파리협정이 2015년 12월 195개국 대표자들에 의해 승인되었다. 2016년 9월까지 180개국이 이 협정에 서명했고 미국과 중국 등 26개국이 이를 비준했다. 이 비상한 수준의 국제협력은 사실상 모든 국가의 박수를 받았지만, 미국 행정부의 도널드 트럼프 대통령은 2017년 5월 이 협정에서 미국을 제외시켰다. 실제로 2017년 말까지 미국은 파리협정의 파트너가 아닌 유일한 국가이다(2021년 조 바이든 행정부가 출범하며 미국은 파리협정에 재가입했다—옮긴이).

호모 사피엔스가 상황에 잘 대처해 임박한 인류세 멸종을 피할 것이라고 낙관하는 다른 이유가 있다. 지구 온난화의 영향을 완화할 때 얻게 되는 이점 중 하나가 신종 감염병을 멈추는 데 도움이 된다는 것이다. 이러한 방향에서 볼 때 위험한 미생물을 관리하는 조정기구가 만들어진 것은 긍정적인 시도이다. 국제적이고 독립적인 다중 이해관계자로 구성된 '미래를 위한 세계 보건 위기 체계 구축 위원회Commission on Creating a Global Health Risk Framework for the Future'는 감염병을 전쟁이나 자연재해와 함께 인간의 삶과 건강, 사회를 위험에 빠뜨릴 수 있는 인류가 직면한 가장 큰 위험 중 하나라고 인정한다. 이 위원회의 목표는 유행성 감염병 위협을 인식하고 완화할 수 있는 효과적인 국제 시스템 구성을 제안하는 것이다.

다른 긍정적인 점은, 갈수록 많은 과학 지도자와 조직이 원헬스 접근 방식을 장려하고 있다는 것이다. 5장에서 보았듯 "우리는 한 배를 타고 있다". 따라서 우리의 세상에 영향을 미치는 문제에 대한 해결책은 의료 및 공공보건 전문가뿐만 아니라 정치인, 윤리학자, 법조인, 경제인, 기후학자, 지질학자, 미생물학자, 인류학자, 종교지도자 등 많은 전문가 네트워크와 관련되어 있다.

더 폭넓은 비전을 반영하는 것은 현재 탄력을 받고 있는 '지구 건강Planetary Health'이라는 연합 계획이다. 의학 저널 《랜싯》이 지지하고 있는 '지구 건강'의 관심사는 '병든 지구'의 건강을 관리하고 안정적으로 돌보는 것이다.

역설적인 사실은 인류세 멸종을 줄이기 위한 가장 유망하고 혁신적인 접근법 중 하나가 우리의 친구 미생물과 관련이 있다는 점이다. 여기에는 우리의 마이크로바이옴에 존재하는 우호적인 미생물뿐만 아니라 지구의 친구이기도 한 미생물도 포함된다.

알다시피 우리의 고대 미생물 선조들은 지구공학자와 생화학자로서 수십억 년의 경험이 있다. 예를 들어 일부 세균은 플라스틱이 맛있다고 생각한다. 다른 세균은 기름 유출 가스, 방사능 오염체, 나일론, 유황, 종이, 오염 물질을 기꺼이 먹어 치운다. 또 다른 미생물은 성장하면서 산소를 생산하거나 엄청난 양의 이산화탄소를 빨아들여 대기의 온도를 낮춘다. 일부 단서에 따르면 박테리아는 지속 가능한 에너지 개발에 도움을 줄 수 있다고 한다. 2018년 가을 《뉴욕 타임스》 전면 광고에서 화석연료의 거인 엑스모빌은 조류가 에너지 미래의 뜻밖의 협력자라고 격찬했다.

그리고 곰팡이를 잊어서는 안 된다. 《미생물학의 프런티어》 2018년 1월호에서 메릴랜드 베세스다에 있는 미국국립군의관의과대학교의 병리학 교수 마이클 달리Michael Daly와 그의 동료들은 미세진균인 로도토룰라 타이와넨시스Rhodotorula taiwanensis의 놀라운 잠재력을 보고했다.[22] 이 보잘것없는 곰팡이는 지구의 토양과 지하수에 묻힌 어마어마한 양의 방사능 폐기물을 정화하는 데 도움이 될지도 모른다. 한편 덴마크의 생명공학기업 노보자임스는 느타리버섯 같은 데서 볼 수 있는 효소를 개발하여 기후변화를 이겨 내려고 노력 중이다. 이 효소는 현재 상업용으로 사용되는 세탁 세제만큼 깨끗하게 옷을 세탁해 주면서도 더 낮은 온도에서 사용할 수 있어 상당한 양의 에너지를 절약한다. 유럽 가정에서 사용하는 에너지 중 세

탁기가 차지하는 비율은 6퍼센트에 이른다.

지구에서 가장 큰 환경인 바다에 관한 미생물 관련 좋은 소식이 있다. 2015년 '타라 해양 탐험대Tara Oceans Expedition'은 바다 마이크로바이옴의 구조와 기능을 정의하는 학제간 연구 프로그램을 발표했다. 바다는 38억 년 동안의 지구 역사에서 생명이 탄생하고 살아갈 수 있도록 도와주었기에 이 연구 프로그램은 매우 적절해 보인다. 또한 바다는 온실가스 방출로 인하여 축적되는 열의 약 90퍼센트를 흡수한다. 바다 마이크로바이옴의 구성원 목록이 기후변화 같은 문제의 해결책은 아니지만, 중요한 첫 단계이다.

최근 이루어진 수많은 과학적 발전, 특히 미생물 과학에서의 발전을 생각해 보면 우리에게는 6차 대량절멸을 피하기 위해 싸울 기회가 주어질지도 모른다. 만일 그렇지 않다면, 백악기 – 팔레오기 대량절멸 때 그랬듯 새들이라면 이번에도 명맥을 이을 수 있을지 모른다. 한 가지는 분명하다. 미생물은 살아남을 것이다.

21

과학, 무지, 그리고 미스터리

———

"과학은 영성과 양립할 뿐 아니라, 영성의 근원적인 원천이다. 우리가 광대한 거리와 시간의 흐름 속에서 우리의 자리를 인식할 때, 우리가 인생의 복잡함, 아름다움, 미묘함을 파악할 때 그 벅차오르는 느낌, 그 기쁨과 겸손이 더해지는 느낌은 (……) 영적이다. 과학과 영성이 어떻게든 상호 배타적이라는 개념은 양쪽 모두에게 해가 된다."

칼 세이건

20장에서 살펴본 바와 같이, 기후변화는 인간의 건강뿐만 아니라 병든 지구의 건강도 가장 크게 위협하고 있다. 근본적인 원인은 인간이지만, 공모자인 미생물도 인간을 포함하여 많은 종을 파괴하기 위해 자신의 역할을 다하고 있다.

이 책을 마무리 할 때 두 권의 책이 출간되어 기후변화와 인플루엔자 대유행병이라는 절망적 상태에 관한 2가지 시나리오에 대하여 용기를 북돋워 주었다. 두 권 모두 강력히 추천한다. 한스 로슬링의《팩트풀니스》[1]와 스티븐 핑커의《지금 다시 계몽》[2]이다. 로슬링과 핑커는 지난 반세기 동안 과학 및 기술 발전이 사회 정치 및 공중보건 분야에서 예상치 못한 결과를 가져왔다는 설득력 있는 증거를 제시한다.

이전 장에서 살펴본 것처럼, 기후변화를 멈출 수 있다는 희망의 근거는 분명히 존재한다. 그리고 그 희망은 과학이다. 과학은 또한 이 책에서 읽은 신종 감염병에 대한 답이 없는 질문과 과제를 해결하는 열쇠다.

이 책을 통해 여러분은 과학자들이 문제를 어떻게 해결하는지 보았다. 그중 일부는 당시 해결할 수 없었던 문제였다. 그렇다면 이 책의 〈인간의 적〉 부분에서 제기된 무수한 과제를 비롯하여 기후변화를 해결하는 데 도움이 될 만한 과학(그리고 개별 과학자)의 핵심적인 특징은 무엇일까?

모든 훌륭한 과학자의 주요한 원동력 2가지는 바로 호기심과 상상력이다. 과학자가 아닌 사람들은 대개 상상력이 늘 과학의 초석이었다는 사실을 깨닫지 못한다. 알베르트 아인슈타인은 이렇게 말

제3부 · 미생물의 미래

했다. "나는 상상력에 근거하여 자유롭게 그림을 그리는 미술가일 뿐이다. 상상력은 지식보다 중요하다. 지식은 제한적이지만, 상상력은 세상을 끌어안는다."

역사를 통틀어 세균에 관한 수많은(아마도 모든) 예상치 못했던 과학적 발견이 기존 관념에서 벗어나 생각했던 과학자들에 의해 이루어졌다. 결국 그들이 옳았다는 (그리고 선견지명이 있었다는) 사실이 입증되었다.

가장 좋은 사례 중 하나는 최초로 세균을 발견한 과학자 안톤 판 레이우엔훅이다. 1683년 자신이 발명한 현미경을 이용해 관찰한 미생물에 대한 독창적인 설명("아주 작은 극미동물이자, 아주 재빠르게 움직이는 것")은 존경받는 런던왕립학회 회원들에게 냉소적인 조롱을 받았고, 그의 실험을 재현하고 나서야 인정받을 수 있었다. (레이우엔훅은 자신이 미생물학의 아버지가 될 운명이라고는 생각도 못했다.)

이 일화는 또한 과학의 핵심적인 두 측면을 강조하고 있다. 첫 번째는 모든 가설은 실험을 통해 테스트되어야 하고, 다른 연구원이 같은 결과를 재현할 수 있어야 한다는 요구 사항이다. 두 번째는 때때로 간과되고는 하는 기술의 중요성이다. 판 레이우엔훅이 현미경을 발명하지 않았다면 그의 아이디어가 관찰을 통해 입증되지 않았을 테고, 그 아이디어는 오랜 기간 동안 아무런 발전도 이루지 못했을 것이다.

비슷하지만 현대적인 맥락에서 칼 워즈의 연구에 대해 생각해 보자. 판 레이우엔훅으로부터 거의 3세기 후인 1977년 워즈는 이전에는 알려지지 않았던 생명의 나무 영역인 고세균을 발견하여 생물학계를 뒤흔들었다. 이 발견은 환경 샘플에서 직접 게놈을 유전자 분석하는 군유전체학metagenomics이라는 신기술 덕분에 가능했다. 워즈와 그의 동료들은 우리의 몸과 지구에 천문학적으로 많은 (대부분 유익하거나 무해한) 미생물이 살고 있다는 사실을 발견했다. 결과적으로 20장에서 읽은 것처럼 과학자들은 이제 미생물을 이용하여 인류를 구하는 방법을 상상하고 있다.

친밀한 친구를 키우거나 인간의 적과 싸울 수 있는 혁신의 수는 거의 무한해 보인다. 전체 과학계를 떠들썩하게 냈던 이러한 획기적인 발전 중 가장 흥미로운 것은 CRISPR-Cas9이다. (CRISPR는 '크리스퍼'라고 발음하며 clustered regularly interspaced short palindromic repeats의 약자다. Cas는 CRISPR 관련 단백질을 일컫는다.) 이 도구를 사용하면 과학자들은 어떤 동물이나 식물에서든 세포의 게놈에 있는 하나 이상의 유전자를 편집할 수 있다.[3] 이것을 발견한다면 조만간 노벨상을 수상할 가능성이 매우 높다(2020년 CRISPR-Cas9 작동 원리를 규명한 에마뉘엘 샤르팡티에Emmanuelle Charpentier와 제니퍼 다우드나Jennifer A. Doudna에게 노벨화학상이 수여되었다—옮긴이).

CRISPR-Cas9은 박테리아와 고세균이 천적인 박테리오파지로부터 자신을 보호하는 것과 똑같은 방식으로 작용한다. 즉 인간이 CRISPR-Cas9을 작동하게 하는 기술을 발견했을지 모르지만, 미생물은 그것을 발명했다. (유전자 편집도구를 만들기 위해 처음 이 아이디어를 제안했던 3가지 연구는 10여 년 전 유명 학술지에 제출되었지만, 놀랍지 않게도 모두 거절당했다.)

CRISPR-Cas9의 잠재력은 엄청나다. 게놈 편집을 사용하면 암,

혈우병, 겸상적혈구빈혈 등 유전적 요소가 있는 다양한 의학적 질환과 근육위축, 낭포성 섬유증 등 파괴적인 유전질환을 치료할 수 있다. 하지만 CRISPR-Cas9 유전자 편집 기술은 아직 걸음마 단계에 불과하며 안전과 효과, 그리고 특정 맥락에서의 도덕성에 많은 의문점이 남아 있다. 2018년 11월 28일 중국의 과학자 허젠쿠이賀建奎는 세계 최초의 유전자 편집 아기(HIV 감염에 내성이 있는 변형된 유전자를 가진 여자 쌍둥이)가 탄생했다고 발표했지만, 곧 그 발표는 과학계와 생명윤리학계에 의해 폐기되었다.[4]

8장에서 살펴보았듯, 이러한 유형의 혁명적인 유전자 기반 기술은 모기처럼 고약한 해충 전체를 변형시키거나 제거할 수 있는 힘을 우리에게 제공한다. (하지만 그러한 기술이 널리 구현되기 전에 많은 윤리적 문제가 해결되어야 한다.)

좋은 소식이 또 있다. 2018년 3월 바이츠만 과학연구소에서 일하는 이스라엘의 과학자들이 《사이언스》에 중요한 과학적 발전을 보고했다. 그들은 박테리아와 고세균에서 이전에는 알려지지 않은, 바이러스로부터 인간을 보호해 줄 수도 있는 면역계를 발견했다.[5]

우리의 미생물 적과 싸우고 우호적인 미생물 동맹을 찾을 수 있도록 돕는 또 다른 획기적인 기술 발전은 바로 인공지능 개발이다. 2017년 7월 《사이언스》에 실린 존 보해넌John Bohannon의 글에 따르면, 생명공학회사 지모젠에서 일하는 로봇들은 "미생물에 관한 실험을 하면서 유용한 화학물질을 더 많이 생산할 방법을 찾으며 하루를 보낸다". 그리고 인공지능은 단순한 도구가 아니다. "어떤 연구실에서는 인공지능이 실험을 구상하고, 실행하며, 결과를 해석한다."[6]

(인공지능의 상상력은 어떨까!)

과학 발전에서 호기심과 상상력의 역할을 강조한 적이 있지만, 유능한 과학자들에게는 또 다른 무언가가 필요하다. 상상력의 균형을 잡아 주는 의심이다. 기존의 통념에 도전하는 새로운 관찰이나 이론이 나올 때는 특히 의심이 필요하다.

하지만 너무 많은 의심(또는 잘못 이해된 의심)은 때로 과학적 발전을 저해한다. 질병 발생의 미생물 원인설의 창시자 중 한 명인 루이 파스퇴르가 겪었던 일을 떠올려 보자. 1860년대에 파스퇴르는 박테리아가 발효 과정은 물론이고 살아 있는 물질이 부패하는 원인이라고 주장했다. 하지만 당시 지배적인 이론(그리고 통념)은 자연발생이라는 과정을 통해 무생물에서 생명체가 생길 수 있다는 것이었다. 통념을 따르는 사람들은 처음에는 파스퇴르의 주장을 의심했다. 파스퇴르의 주장에 부합하는 단서가 쌓여 가는 동안 동료들은 자신의 의심을 고수했고, 파스퇴르의 생각과 관찰에 격렬하게 반대했다. 결과적으로 파스퇴르는 뿌리 깊이 박힌 자연발생설을 최종적으로 뒤엎을 과학적인 단서를 제공하는 데 수개월도 수년도 아닌, 수십 년을 보낼 수밖에 없었다.

의심은 거부와는 많이 다르다. 거부는 이상하거나 새로운 아이디어는 생각조차 하지 않으려 하거나, 설득력 있는 단서가 뒷받침된 뒤에도 받아들이지 않으려는 것이다.

의심이 적절히 기능한다면, 이는 우리가 무언가를 무시하거나 오만하지 않고 신중하면서도 조심스러운 태도를 갖도록 한다. 하지만 부정주의(합리적으로 들리지만 실제로는 완전히 거짓인 주장을 하는 것)는 과학 발전을 저해할 뿐이다. 의심은 때로 사람을 죽이기도 한다. 담배 흡연과 폐암, 심장질환 등의 관계를 부정했던 담배업계를 생각해 보라.

반대되는 증거에 직면했을 때 통념을 뒷받침하기 위해 부정주의가 사용된다면 인류 전체, 아니 지구 전체가 패배하고 만다.

생각해 볼 만한 또 하나의 통념이 있다. 다수의 기후학자들은 이제 지구가 전 세계적으로 심각한 기후변화라는 대격변을 겪고 있다는 데 동의한다. 기후 모델링이라는 정교한 기술을 바탕으로 한 기후학자의 제안은 통념의 수준까지 올라왔다. 나를 포함하는 수많은 과학자들은 이러한 통념을 이해할 수 있다.

그러나 통념은 토론과 의문의 대상이 되어야 한다. 때로는 통념이 완전히 틀린 것으로 드러나기 때문이다. (이 경우 나는 기후학자들이 틀리길 바라지만 우리의 후손, 동물, 식물의 목숨을 기후학자들의 실수에 걸지는 말자.)

하지만 우리가 확실하게 아는 한 가지는 미생물들이 지구에 사는 생명체의 역사에 깊이 관여하고 있다는 것이다. 그리고 지난 반세기 동안 인간의 적들이 놀랄 만큼 발생한 사실에 근거한다면, 미생물들은 미래에 엄청난 재앙을 일으킬 수 있다. 따라서 어떠한 것들이 언제 나타날지 확신할 수는 없지만, 우리와 지구가 대비할 수 있도록 국제적으로 진행되고 있는 최근의 연구는 매우 고무적이다.

우리가 모르는 것

자연 세계에 관한 새로운 지식을 발견하는 즐거움은 대다수 과학자들을 이끄는 힘이다. 하지만 과학은 꾸준하고 겸손하게 무지를 인정하는 사고를 필요로 한다. 유명한 의사이자 자연에 대한 다수의 저서와 에세이를 쓴 루이스 토머스Lewis Thomas가 현명하게 말한 것처럼 "20세기 과학의 가장 위대한 업적 중 하나는 인간이 무지하다는 사실을 발견한 것이다".

토머스의 관점은 컬럼비아대학교의 신경과학자 스튜어트 파이어스타인Stuart Firestein의 놀라운 책 《무지: 어떻게 과학을 이끄는가?》에서 확장된다.[7] "무지를 인지하는 것이 과학적 탐구의 출발심이다. 무언가를 우리가 알 수 없고 설명할 수 없다고 인정한다면, 우리는 그것이 연구할 가치가 있다고 인정하는 것이다."

생명의 이야기에서 우리가 모르는 가장 중요한 부분은 그 기원이다. 우리의 마지막 공통 조상인 LUCA는 어디서 온 것일까? 인간의 모든 발전과 지식에도 불구하고 우리는 여전히 그 답을 모른다.

런던대학교의 진화생화학자 닉 레인Nick Lane은 그의 저서 《바이털 퀘스천: 생명은 어떻게 탄생했는가》에서 복잡한 세포가 어떻게 나타났는지에 대해 우리가 얼마나 무지한지 요약하고 있다. "생존하는 진화적 매개체도 존재하지 않고, 이러한 복잡한 특징이 어떻게 또는 왜 나타났는지에 대한 어떤 징조를 나타내는 '잃어버린 고리'도 없으며, 단지 박테리아의 형태적 단순성과 놀랄 만큼 복잡한 그 외 모든 것들 사이의 설명되지 않는 공허함만이 존재할 뿐이다. 진화의 블랙홀이다."[8] 2장에서 언급했던 신경과학자 안토니오 다마지오는 과학적 겸손에 대하여 이와 유사한 주장을 강력하게 펼친다.

우리는 분명히 살아 있는 유기체의 특징과 작용, 그리고 진화에 대하여 어느 정도 자신감을 가지고 이야기를 나누고, 약 130억 년 전에 각각의 우주가 어디서 시작했는지 찾을 수 있다. 하지만 우리에게는 우주의 기원과 의미에 대한 만족스러운 과학적 이해가 없다. 간단히 말해 우리와 관련된 모든 것에 관한 이론은 없다는 것이다. 이것은 우리의 노력이 얼마나 평범하고 확신에 차 있지 않은지, 그리고 우리가 모르는 것에 직면했을 때 얼마나 개방적이어야 하는지를 일깨워 준다.[9]

16세기와 17세기 유럽에서 과학혁명이 일어나기 수세기 전, 중국의 두 학자는 지식의 한계를 깨달았다. 공자는 말했다. "진정한 앎이란 얼마나 무지한지 아는 것이다." 그리고 기원전 6세기 공자와 동시대를 살았던 노자는 이렇게 말했다. "아는 사람은 예측하지 않고, 예측하는 사람은 알지 못한다."

일부 과학자는 미래 예측에서 인간의 불확실성이 극복될 수 있다고 생각한다. 그들은 충분한 시간과 경험, 정보가 있다면 자연에 관한 모든 것을 알 수 있다고 주장한다. 다른 과학자들은 그만큼 낙관적이지 않다. 이들은 미래의 일부 측면이 본질적으로 알 수 없는 것이라고 보는데, 이를 우연성의 딜레마aleatory dilemma라고 한다.

이 책에서 읽었듯, 과학적 무지에서 가장 심각한 부분은 전문가들이 미래를 정확히 예측하지 못한다는 점이다. 한 가지만 예를 들자면, 이 책의 〈인간의 적〉 부분에서 강조한 신종 감염병 습격은 아무도 예측하지 못했다. 인간의 적들이 '무엇이고, 어디에 있으며, 언제 나타날 것인지' 예측하기 위해 많은 과학자들이 열심히 노력하고 있지만, 이들은 '알 수 없는 미지의 것'으로 보인다. (그렇지만 예측 불가성은 과학에만 국한되어 있지 않다. 잠시 주식시장이나 세계에 중대하게 영향을 미쳤던 사건들을 생각해 보라.)

우리의 무지는 다음에는 어떤 인간의 적들이 나타날지, 지금 싸우고 있는 적들이 언제 사라질지, 또는 사라지기는 할지 예측하는 것처럼 중요한 과제만 포함하지는 않는다. 여러분이 살펴봤듯, 미생물에 관해 무지한 새 영역이 꾸준히 나타나고 있다. 예를 늘어 마이크로바이옴에 존재하는 어마어마한 양의 미생물 중에서 어떤 것이 우리의 건강에 중요하고, 어떤 것이 특정 질병에 도움을 줄까? 왜 소수의 사람들만 웨스트나일 바이러스, 뎅기, 지카 같은 우리의 적들에게 감염되는가? 왜 HIV에 감염이 되면 누구나 결국 병에 걸려 (치료를 받지 않는 한) 죽고 마는 것일까? 각각의 질문에 대한 현재의 확실한 답은 '우리는 모른다'이다.

이 책에서 읽어 보았듯, 많은 미생물의 본질은 근본적으로 신비롭다. 우리는 많은 경우에 그들이 하는 일이 어떻게 이루어지는지 확실히 알지 못한다.

다행히도 많은 과학자들이 알고 싶어 한다. 스튜어트 파이어스타인은 이렇게 말한다. "과학자가 되려면 불확실성에 대한 믿음이 있어야 하고, 미스터리에서 즐거움을 찾아야 하고, 의심을 키우는 법을 배워야 한다." (그리고 미스터리를 능가하는 유일한 즐거움은 가끔씩 문제를 해결하는 경험이라는 사실을 덧붙일 수 있을 것이다.)

과학자들이 어떻게 생명이 시작되었나에 관한 근원적인 미스터리를 연구하는 동안, (다른 많은 생명체와 함께) 우리 종의 멸종에 대하여 우려하는 사람도 있다. 흥미롭게도 이러한 우려는 과학과 종교 사이의 대화를 낳았다. 2015년 프란치스코 교황은 이성과 신앙의 동맹을 제안했다. 98쪽 분량의 회칙에서 교황은 기후 파괴를 막아 달라고 간청했다. 그리고 2016년 《네이처》에 실린 〈종교와 과학은 진정한 대화를 할 수 있다〉라는 제목의 글에서 캐스린 프리차드 Kathryn Pritchard는 영국 교회의 교구들이 주도하는 '목사를 실험실로 데려가라'라는 프로젝트를 소개한다.[10]

내 희망은 실험실 방문에 미생물학 실험실이 많이 포함되는 것이다. 그곳에서 네덜란드의 개혁칼뱅주의자이자, 자신의 놀라운 발견이 단지 신이 창조한 위대한 경이로움의 증거라고 믿은 안톤 판 레이우엔훅에 관한 이야기로 대화를 시작할 수 있을 것이다.

주요 발견들

1674   미생물학의 아버지이자 현미경의 공동 발명가 안톤 판 레이우엔훅, 최초로 단일세포 생물(미생물) 발견.

1796   백신의 아버지 에드워드 제너, 천연두 백신을 고안.

1847   위생의 창시자 이그나즈 제멜바이스, 최초로 소독 절차를 제안하여 산욕열을 예방.

1854   전염병학의 아버지 존 스노, 런던의 콜레라 발병을 추적하여 브로드스트리트 펌프의 물이 오염되었음을 밝히다.

1856-1863   유전학의 아버지 요한 그레고어 멘델(유전의 기본 법칙) 콩 교배 실험 진행.

1857-1885   저온살균과 발효의 창시자 루이 파스퇴르, 질병 발생의 미생물 원인설과 백신에 크게 기여하다.

1859   진화론의 창시자 찰스 다윈, 《종의 기원》 출간.

1876-1882   세균학과 '질병 발생의 미생물 원인설'의 창시자 로

베르트 코흐, 박테리아 배양법을 고안하고 탄저병과 결핵의 원인을 밝혀내다.

1882-1909 엘리 메치니코프, 세포면역학과 프로바이오틱스 개념을 세우다.

1892-1898 바이러스학의 창시자, 드미트리 이바노프스키와 마르티뉘스 베이에린크, 바이러스학을 창시하다.

1915-1918 프레데릭 트워트와 펠릭스 데렐, 박테리오파지 발견.

1928 알렉산더 플레밍, 페니실린 발견.

1935 생태학의 창시자 아서 탄슬리, 생물 공동체(식물, 동물, 미생물)가 환경을 구성하는 공기, 물, 무기질 토양 같은 비생물 구성 요소와 상호작용하는 것이라고 생태계를 정의.

1953 제임스 왓슨과 프랜시스 크릭, DNA(단백질 생산과 유전의 청사진)의 이중나선 구조 발견.

1977-1991 칼 워즈, 메타지노믹스metagenomics(분자생물학 기술을 이용하여 환경 샘플에서 직접 얻어 낸 유전 물질을 연구하는 학문)를 개척하고 고세균이라는 생물 영역을 발견하다.

2016 윌리엄 마틴 연구 팀, LUCA(모든 생물의 공통 조상) 상정.

주요 미생물과 (좋거나, 나쁘거나, 이도 저도 아닌) 미생물의 행태

- 미생물–숙주 관계: 상리공생(양쪽에 모두 이로운 관계), 기생(미생물에게는 이롭고 숙주에게는 해로움), 편리공생(미생물에게는 이롭고 숙주는 얻는 것도 잃는 것도 없음), 공생(둘 이상의 서로 다른 종 사이에서 벌어지는 지속적인 생물학적 상호작용), 내공생(공생하는 유기체 중 한쪽이 상대방의 내부에 사는 공생 관계).
- 미생물의 99퍼센트 이상은 배양되지 않는다(군유전체학 기술을 이용하여 감지할 수 있다).
- 최초의 생물 형태인 박테리아는 38억 년 전에 지구에 나타났다.
- 고대 모든 생명체의 공통 조상인 고세균과 박테리아(원핵생물) 덕분에 진핵생물(원생생물, 곰팡이, 동물, 식물)이 나타날 수 있었다.
- 박테리아 및 고세균과 함께 등장하여 진화한 바이러스(주로 살균세포)는 그 수가 10^{31}에 달한다.
- 지구에서 가장 오래된 화석인 스트로마톨라이트(화석화된 남세균)는 37억 년 전 그린란드에서 형성되었다.
- 우리의 고대 미생물 조상은 더위나 추위, 산성, 염분 같은 적대적인 환경에서 살면서 번식했던 극한미생물이었다.
- 남세균 덕분에 23억 년 전 산소대폭발이 발생하여 호기성생물이 등장했다. 오늘날 바다에 사는 미생물은 우리가 숨 쉬는 산소의 절반가량을 생산하며, 비슷한 비율의 이산화탄소를 제거한다.
- 미생물은 20억 년 동안 지구를 독차지해 왔다. 원핵생물과 진핵생물(1000만에서 5000만 종 이상), 박테리아(1000만 종, 그중 인간에게

해로운 병원균은 1400여 종), 고세균(종의 수는 알려져 있지 않다. 그 중 병원균은 극소수), 곰팡이(150만에서 500만 종, 그중 병원균은 불과 300종), 바이러스(100만에서 1억 종, 그중 병원균은 128종) 등 다양한 종이 살고 있다고 추정된다.

- 2001년 조슈아 레더버그는 인간 마이크로바이옴을 말 그대로 우리의 인체를 공유하는 공생 미생물, 병원성 미생물 등의 생태 공동체라고 정의했다.

- 인간 마이크로바이옴 프로젝트(2008년에 시작하여 현재 신생 중). 장(인체 내 세포 수와 비슷한 39조 개, 약 2000종의 박테리아, 100종 이상의 곰팡이, 수조 종의 박테리아, 확인되지 않은 수의 고세균), 피부(1000여 종의 박테리아 1조 개와 곰팡이류 수백 종), 여성 성기(유산균만 80여 종), 입(1000종 이상의 박테리아), 호흡기(확인되지 않은 수의 박테리아, 고세균, 곰팡이, 바이러스).

- 디스바이오시스(장 마이크로바이옴의 미생물 구성의 불균형)는 비만, 2형 당뇨병, 염증성 장질환(크론병과 궤양성 대장염), 과민성대장증후군, 대장암, 천식, 알레르기, 다발성경화증과 루푸스 같은 자가면역질환과 관련이 있다.

- 악명 높은 치명적인 적: 천연두(역사에 기록된 모든 전쟁 사망자 수보다 많은 사람을 죽인, 1977년 근절된 바리올라 마요르 바이러스), 페스트(총 28번의 유행을 일으켰으며, 유럽 인구의 30~60퍼센트가 사망한 중세 흑사병 유행[1346-1353]의 주범인 페스트균), 결핵(유럽 인구의 3분의 1이 사망한 19세기 백색 페스트의 주범이며, 현재도 매년 150만 명을 죽이고 있는 결핵균), 말라리아(매년 50만 명에 달하는 사

람[대부분 아이들]을 죽이는 열대열원충), 콜레라(19세기와 20세기에 7차례의 국제적인 대유행을 통해 연간 10만 명의 사상자를 낸 콜레라균).

- 신종 감염병: 1967년 이래 등장했다가 사라지고, 위치를 바꿔 재등장한 감염병. 140~168종의 미생물인 것으로 추정된다. 60퍼센트가 동물을 매개로, 즉 곤충을 통해 직간접적으로 전파된다.

이 책에서 강조한 신종 감염병

2부에 등장한 순서에 따름.

- HIV: 1983년 뤼크 몽타니에와 프랑수아즈 바레시누시가 발견했다. 2013년까지 3900만 명이 사망했다.
- 에볼라 바이러스: 1976년 질병통제예방센터의 과학자들과 피터 피오트가 자이레와 수단에서 발견했다. 2013년에서 2015년 사이에 발생한 서부 아프리카 유행에서 1만1000명 이상의 사상자가 발생했다.
- 뎅기열 바이러스: 1907년 P. M. 애시번과 찰스 F. 크레이그가 발견했다. 2010년까지 전 세계 연간 5000만에서 1억 명이 감염됐다(그중 50만 명은 생명을 위협받는 치명적인 상태였다).
- 치쿤구니야 바이러스: 1952년 탕가니카(현 탄자니아)에서 발견됐다. 2013년 카리브해 지역에 도착하여 라틴아메리카에 전파돼 첫해에 100만 건이 넘는 감염이 발생했다.
- 지카 바이러스: 1947년 우간다의 지카숲에서 발견됐다. 2015년

브라질에 도착하여 첫 해에 100만 건 이상의 감염이 발생했다. 현재 아메리카대륙과 동남아시아 지역에 급속도로 전파되고 있다.

- 웨스트나일 바이러스: 1937년 우간다에서 발견되었다. 1999년 뉴욕에 도착해 미국 본토의 모든 주로 전파됐다.

- 인간에게 감염되는 조류독감: A(H1N1): 1918년 대유행은 세계적으로 500만 명을 감염시켰고, 5000만에서 1억 명이 사망했다(인류 역사상 가장 치명적인 자연 재앙 중 하나). A(H5N1): 1997년 첫 번째 발병이 일어났고 2003년 이래 700건 이상이 발생해 절반 이상이 사망했다. A(H7N9): 2013년 중국에서 139건이 발생했고, 2017년 6월까지 735건이 발생하여 3분의 1 이상이 사망했다.

- 니파 바이러스: 뇌염의 원인으로 1999년 말레이시아에서 발견됐다. 동남아시아에서 500건 이상이 발생했으며 사망률이 40~70퍼센트에 이른다.

- 사스 바이러스: 중증급성호흡기증후군의 원인. 2003년 아시아 대륙에서 발병해 전 세계적으로 8098건이 발생했으며, 사망률은 10퍼센트다. 2004년 이후로 발생하지 않았다.

- 메르스 바이러스: 중동호흡기증후군의 원인. 2012년 사우디아라비아에서 알리 모하메드 자키가 발견했다. 2016년까지 26개국에서 1644건이 보고됐으며, 590명이 사망했다.

- 레지오넬라 뉴모필라: 레지오넬라증의 원인. 1976년 필라델피아에 처음 등장했다. 미국에서는 연 8000건에서 1만8800건이 계속해서 발생하고 있다.

- 보렐리아 버그도페리: 라임병의 원인. 1981년 윌리 버그도퍼가 발

견했다. 연 3만에서 30만 건이 미국에서 계속 발생하고 있다.

- 아나플라스마증: 인간에게 발생한 사례는 1980년 J. S. 더믈러와 존 바켄이 발견했다. 미국에서 매년 2000건 이상 발생하고 있다.
- 바베시아증: 1957년 인간에게서 발생한 최초 사례가 기록되었다. 1969년 미국 북동부 해안에서 발발해 중서부로 확산됐다(2013년 에는 질병통제예방센터에 1762건이 보고됐다).
- 대장균 O157:H7: 혈변이 섞인 설사의 원인. 1982년 최초로 발견 됐다. 미국에서 매년 9만5000명 이상이 감염된다.
- 광우병(소해면상뇌증): 1986년 영국에서 발견. 1996년 크로이츠펠 트 야코프병의 변종으로 인간에게 발병한 사례가 보고됐다. 모든 발병이 치명적이며, 2014년까지 229건이 발생했다.
- 클로스트리디오이데스 디피실 대장염: 1978년 존 바틀렛 등이 인 간의 몸에서 원인균을 발견했다. 미국에서는 매년 45만 건이 발생 하여 1만5000명이 사망한다. 2013년 대변 미생물군 이식이 이 질 병을 효과적으로 치료한다는 사실이 입증되었다.
- 작은와포자충: 크립토스포리디아증의 원인. 1976년 최초의 인간 환자 발생했다. 미국에서 매년 74만8000건의 위장염을 일으킨다.
- 노로바이러스: 1972년 앨버트 Z. 카피키안이 발견했다. 미국에서 매년 1900만에서 2100만 건의 급성위장염을 일으킨다.
- 메티실린 내성 황색 포도상구균(MRSA): 1968년 미국의 병원에서 나타났고, 1997년 지역사회에서 발견됐다. 2005년 미국에서 27만 8000명 이상이 입원 치료를 받았다.
- 카바페넴 내성 장내세균(CRE): 2001년 발견됐으며, 대부분의 항생

제에 내성이 있어서 "악몽 박테리아"라고 불린다.

- 콜리스틴 내성 대장균: 2015년 발견됐으며, 다른 그람음성 종에 전달되는 유전자를 지니고 있다. 치료가 불가능한 박테리아 감염이 나타날 수 있다.

머리글

1. 아이들이 뜨거운 반응을 보여 주었기에 나는 이 강연이 자랑스러웠다. 그래서 그날 저녁 내 딸이 강연에 대해 한마디도 하지 않은 것은 뜻밖이었다. 내가 아이들이 했던 질문에 대한 의견을 밝히자 딸아이는 이렇게 대답했다. "훌륭한 강연이었어요, 아빠. 덕분에 다음 수업 시간을 30분이나 빼먹었거든요."
2. Joshua Lederberg, Robert E. Shope, and Stanley C. Oaks Jr., eds., *Emerging Infections: Microbial Threats to Health in the United States* (Washington, DC: National Academies Press, 1992).

1. 생명의 나무

1. Roland R. Griffiths et al., "Psilocybin Produces Substantial and Sustained Decreases in Depression and Anxiety in Patients with Life-Threatening Cancer: A Randomized Double-Blind Trial," Journal of Psychopharmacology 30, no. 12(December 2016): 1181-97.
2. David Quammen, *The Tangled Tree: A Radical New History of Life* (New York: Simon & Schuster, 2018).

3. 바닷물 한 숟가락에는 수백만 마리의 바이러스가 산다. 최근 연구에 따르면 바다에는 20만 종에 달하는 바이러스가 존재하며, 특히 북극해 지역은 다양한 바이러스의 서식처다. Ann C. Gregory et al., "Marine DNA Viral Macro- and Microdiversity from Pole to Pole," *Cell* 177 (May 16, 2019): 1-15. Gregory et al., "Marine DNA Viral Macro- and Microdiversity from Pole to Pole," *Cell* 177 (May 16, 2019): 1-15.

4. Arshan Nasir and Gustavo Caetano-Anolles, "A Phylogenomic Data- Driven Exploration of Viral Origins and Evolution," *Science Advances* 1, no. 8(September 25, 2015).

5. Frederik Schulz et al., "Giant Viruses with an Expanded Complement of Translation System Components," *Science* 356, no. 6333 (April 7, 2017): 82-85.

2. 미생물의 세계

1. 2001년 9월에 일어났던 탄저병 공격을 기억하는가? 세계무역센터에 가해진 9월 11일 공격 1주일 뒤부터 매우 치명적인 탄저균 포자가 상원의원 2명과 몇몇 언론사에 배달되기 시작해, 결국 5명이 사망하고 17명이 감염됐다. 용의자는 포트데트릭 군사기지의 생화학공격 방어연구실에서 일하던 한 과학자였는데, 2008년 자살했다. 탄저병에 대한 불안은 미국 정부와 과학계에 탄저병을 비롯한 생화학 테러를 방지하기 위한 어마어마한 투자를 촉발시켰다. 당시 나를 포함한 미국의 거의 모든 감염병 전문가들은 선진국에서는 사실상 사라진 병이었던 탄저병의 임상적 특징을 공부해야만 했다.

2. Yinon M. Bar-On, Rob Phillips, and Ron Milo, "The Biomass Distribution on Earth," *Proceedings of the National Academy of Sciences of the USA* 115, no. 25 (June 19, 2018): 6506-11.

3. Deep Carbon Observatory, "Life in Deep Earth Totals 15 to 23 Billion Tons of Carbon—Hundreds of Times More Than Humans," *ScienceDaily*, December 10, 2018, https://www.sciencedaily.com/

releases/2018/12/ 181210101909.htm.

4. Edward O. Wilson, *Genesis: The Deep Origin of Societies* (New York: Liveright, 2019).

5. Antonio Damasio, *The Strange Order of Things: Life, Feeling, and the Making of Cultures* (New York: Pantheon Books, 2018).

6. 자연선택이 집단 행동이나 사회적 행동에 호의적이라는 견해에 대해 자세히 알고 싶다면 Nicholas A. Christakis, *Blueprint: The Evolutionary Origins of a Good Society* (New York: Little, Brown Spark, 2019)를 보라.

3. 인간 마이크로바이옴

1. David Quammen, *The Tangled Tree: A Radical New History of Life* (New York: Simon & Schuster, 2018). 이 책은 주로 1977년 고세균을 발견한 일리노이대학의 미생물학자 고故 칼 워즈의 삶과 연구에 초점을 맞추고 있다. 워즈와 그의 동료들이 이들 미생물을 찾으려고 사용했던 기술인 메타지노믹스는 미생물학 분야에 대변혁을 일으켰다.

2. Susan L. Prescott, "History of Medicine: Origin of the Term Microbiome and Why It Matters," *Human Microbiome Journal 4* (June 2017): 24-25. 조슈아 레더버그가 2001년 이 용어를 만든 것으로 널리 인정받고 있지만, 사실 이 단어는 1988년 이전부터 존재하고 있었다.

3. Michael Specter, "Germs Are Us," *New Yorker*, October 15, 2012.

4. Martin J. Blaser, *Missing Microbes: How the Overuse of Antibiotics Is Fueling Our Modern Plagues* (New York: Henry Holt, 2014). 내과의사이자 감염병 전문가인 마틴 블레이저는 내가 볼 때 인간 마이크로바이옴 분야에서 활동하는 가장 유명한 의사과학자physician-scientist이다. 그가 인간 마이크로바이옴 연구 프로그램의 책임자를 맡고 있는 뉴욕대학교의 랑곤 메디컬센터에서 수많은 중요 연구가 수행되었다.

5. Cassandra Willyard, "Could Baby's First Bacteria Take Root Before

Birth?," *Nature* 553 (January 17, 2018): 264-66. 통념에 따르면 자궁에는 미생물이 없기 때문에 신생아의 몸은 산모의 산도(제왕절개의 경우는 피부)를 빠져나오면서 처음 미생물과 만나게 된다. 하지만 이 논문에서 논의하고 있는 것처럼, 논란의 여지가 있는 새 연구 결과에 따르면 태아가 태어나기 전에 태반 안에서 무해하거나 몸에 이로운 미생물을 만날 수도 있다.

6. Simon Lax et al., "Longitudinal Analysis of Microbial Interaction between Humans and the Indoor Environment," *Science* 345, no. 6200 (August 29, 2014): 1048-52.

7. Jack A. Gilbert et al., "Current Understanding of the Human icrobiome," *Nature Medicine* 24 (April 10, 2018): 392-400.

8. Lisa Maier et al., "Extensive Impact of Non-Antibiotic Drugs on Human Gut Bacteria," *Nature* 555 (March 29, 2018): 623-28.

9. Matt Richtel, *An Elegant Defense: The Extraordinary New Science of the Immune System* (New York: Morrow, 2019). 위생 가설이 나타난 지 수십 년이 지나긴 했지만, 이제야 청결이 신앙심만큼이나 중요한 것은 아니라는 생각이 대중화되고 있다. 아마도 인간 마이크로바이옴 연구가 일반 대중의 관심을 받기 때문일 것이다. 하지만 아이들이 흙이나 코딱지를 먹는 행동을 너무 걱정할 필요가 없다는 일부 의사들의 조언은 아직 과학적으로 검증되지 않았다.

10. Michelle M. Stein et al., "Innate Immunity and Asthma Risk in Amish and Hutterite Farm Children," *New England Journal of Medicine* 375 (August 4, 2016): 411-21.

11. Hein M. Tun et al., "Exposure to Household Furry Pets Influences the Gut Microbiota of Infants at 3-4 Months Following Various Birth Scenarios," *Microbiome* 5 (April 6, 2017): 40.

12. Bas E. Dutilh et al., "A Highly Abundant Bacteriophage Discovered in the Unknown Sequences of Human Faecal Metagenomes," *Nature Communications* 5, no. 4498 (July 24, 2014).

13. Robynne Chutkan, *The Microbiome Solution: A Radical New Way*

to Heal Your Body from the Inside Out (New York: Avery, 2015).

14. Fanil Kong et al., "A New Study of Chinese Long-Lived Individuals Identifies Gut Microbial Signatures of Healthy Aging," *Current Biology* 26, no. 18 (September 26, 2016): R832-R833.

15. Vanessa K. Ridaura et al., "Gut Microbiota from Twins Discordant for Obesity Modulate Metabolism in Mice," *Science* 341, no. 6150 (September 6, 2013).

16. R. Liu et al., "Gut Microbiome and Serum Metabolome Alterations in Obesity and after Weight-Loss Intervention," *Nature Medicine* 23, no. 7 (June 19, 2017): 859-68.

17. Bertrand Routy et al., "Gut Microbiome Influences Efficacy of PD-1-based Immunotherapy against Epithelial Tumors," *Science* 359, no. 6371 (January 5, 2018): 91-97.

18. Emma Barnard et al., "The Balance of Metageomic Elements Shapes the Skin Microbiome in Acne and Health," *Scientific Reports* 6, no. 39491 (December 21, 2016), DOI: 10.1038/srep39491.

19. Chris Callewaert, Jo Lambert, and Tom Van de Wiele, "Towards a Bacterial Treatment for Armpit Malodour," *Experimental Dermatology* 26, no. 5 (May 2017): 388-91.

20. Yang He et al., "Gut-Lung Axis: The Microbial Contributions and Clinical Implications," *Critical Reviews in Microbiology* 43, no. 1 (October 26, 2016): 81-95.

21. Timothy R. Sampson et al., "Gut Microbiota Regulate Motor Deficits and Neuroinflammation in a Model of Parkinson's Disease," *Cell* 167, no. 6 (December 1, 2016): 1469-80.

22. Emeran Mayer, *The Mind-Gut Connection: How Hidden Conversation within Our Bodies Impacts Our Mood, Our Choices, and Our Health* (New York: HarperCollins, 2016).

23. I. A. Marin et al., "Microbiota Alteration Is Associated with the Development of Stress-Induced Despair Behavior," *Scientific*

Reports 7, no. 43859 (March 7, 2017).

24. Elizabeth Pennisi, "Gut Bacteria Linked to Mental Well-Being and Depression," *Science* 363, no. 6427 (February 8, 2019): 569.

25. Susan L. Lynch and Oluf Pedersen. "The Human Intestinal Microbiome in Health and Disease," *New England Journal of Medicine* 375 (December 15, 2016): 2369-79.

26. Rodney Dietert, *The Human Superorganism: How the Microbiome Is Revolutionizing the Pursuit of a Healthy Life* (New York: Dutton, 2016).

27. Rob Dunn, *The Wild Life of Our Bodies: Predators, Parasites, and Partners That Shape Who We Are Today* (New York: HarperCollins, 2014).

4. 신체 방위부

1. Jan C. Rieckmann et al., "Social Network Architecture of Human Immune Cells Unveiled by Quantitative Proteomics," *Nature Immunology* 18, no. 5 (May 1, 2017): 583-93.

2. Ian F. Miller and C. Jessica E. Metcalf, "Evolving Resistance to Pathogens," *Science* 363, no. 6433 (March 22, 2019): 1277-78.

3. Leore T. Geller et al., "Potential Role of Intratumor Bacteria in Mediating Tumor Resistance to the Chemotherapeutic Drug Gemcitabine," *Science* 357, no. 6356 (September 15, 2017): 1156-60.

5. 모두 연결되어 있다

1. Delphine Destoumieux-Garzon et al., "The One Health Concept: 10 Years Old and a Long Road Ahead," *Frontiers in Veterinary Science* 5, no. 14 (February 12, 2018), DOI: 10.33891/fvets2018.00014.

2. Jop de Vrieze, "This Project Brings Desert Soil to Life," Operation-

CO2.com, June 30, 2015. http://operationco2.com/life-news/this-project-bringsdesert-soil-to-life-418.html.

3. Emily Monosson, *Natural Defense: Enlisting Bugs and Germs to Protect Our Food and Health* (Washington, DC: Island Press, 2017).

4. Kasie Raymann, Zack Shaffer, and Nancy A. Moran, "Antibiotic Exposure Perturbs the Gut Microbiota and Elevates Mortality in Honeybees," *PLOS Biology* 15, no. 3 (March 14, 2017), DOI:10.13711/journal.pbio.2001861.

5. Habib Yaribeygi et al., "The Impact of Stress on Body Function: A Review," *EXCLI Journal* 16 (July 21, 2017): 1057-72, DOI: 10.17179/excli2017-480.

6. 우리를 괴롭힌 적들

1. Joshua Lederberg, Robert E. Shope, and Stanley C. Oaks Jr., eds., Emerging Infections: Microbial Threats to Health in the United States (Washington, DC: National Academies Press, 1992).

2. Arthur W. Boylston, "The Myth of the Milkmaid," New England Journal of Medicine, no. 378 (February 1, 2018): 414-15.

3. Livia Schrick et al., "An Early American Smallpox Vaccine Based on Horsepox," New England Journal of Medicine 377 (October 12, 2017): 1491-92.

4. 1970년대 초 산타페의 인디언 병원에서 군의관으로 근무하던 시절, 우리 의사들은 언제나 전염병을 경계하고 있었다. 내가 진료소에서 일했던 산펠리페 푸에블로의 한 젊은이 사례가 생생하게 기억난다. 그 청년은 앨버커키의 병원에 고열과 림프선부종으로 입원한 적이 있었다. 청년의 상태는 심각했지만, 이틀이 지나도록 진단과 치료가 확정되지 않자 가족들은 청년을 마을로 데려갔다. 나중에 청년의 혈액에 페스트균이 있는 것으로 보고되자 즉시 공중보건 간호사가 항생제 치료를 하기 위해 마을로 파견되었다. 하지만 그 청년은 어디서도 찾을 수 없었다.

주술사에게 치료를 받고 있었기 때문이다. 청년이 2주 후에 항생제 치료를 받기 위해 앨버커키의 같은 병원에 모습을 드러냈을 때는 더 이상 치료가 필요하지 않았다. 청년은 완전히 회복된 상태였고, 누구도 그 주술사가 청년을 어떻게 했는지 알지 못했다.

5. Michael J. A. Reid et al., "Building a Tuberculosis-Free World: The Lancet Commission on Tuberculosis," Lancet 393 (March 30, 2019): 1331-84.

6. Martin J. Blaser, "The Theory of Disappearing Microbiota and the Epidemics of Chronic Diseases," Nature Reviews Immunology 17 (July 27, 2017):461-63.

7. 킬러 바이러스

1. HIV가 얼마나 교활한지 알려 드리자면, HIV에 감염된 환자가 치유된 두 번째 사례는 에이즈가 유행한 지 거의 40년이 지난 2019년 보고되었다. 두 번째 환자 역시 첫 번째 환자와 마찬가지로 감염에 내성이 있는 CD4 림프구가 포함된 골수이식이 필요했다. Jon Cohen, "Has a Second Person with HIV Been Cured?," Science 363, no. 6431 (March 8, 2019): 1021.

2. Susan Jaffe, "USA Sets Goal to End the HIV Epidemic in a Decade," Lancet 393 (February 16, 2019): 625-26.

3. Jon Cohen, "AIDS Pioneer Finally Brings AIDS Vaccine to linic," Science/Health, October 8, 2015, https://www.sciencemag.org/news/2015/10/aidspioneer-finally-brings-aids-vaccine-clinic.

4. 머크가 백신을 무료로 제공하고 있다는 사실은 칭찬받아 마땅하다. 이 백신은 인간에게 무해한 소포성 구내염 바이러스에 에볼라 바이러스 표면 단백질 유전자를 추가해 만든다. Jon Cohen, "Ebola Outbreak Continues Despite Powerful Vaccine," Science 364, no. 6437 (April 19, 2019): 223.

5. Vinh-Kim Nguyen, "An Epidemic of Suspicion—Ebola and Violence in the DRC," New England Journal of Medicine 380, no. 14 (April 4,

2019): 1298-99.

8. 모기가 옮기는 감염에 관한 소문

1. 최근 록펠러대학교의 연구에 따르면 모기의 더듬이에 있는 IR8a라는 수용기가 모기가 좋아하는 냄새를 나게 하는 젖산 감지와 관련되어 있다고 한다. Joshua I. Raji et al., "*Aedes aegypti* Mosquitoes Detect Acidic Volatiles Found in Human Odor Using the IR8a Pathway," *Current Biology* 29, no. 8 (April 22, 2019): 1253-62. 이러한 연구는 모기 방충제 연구로 이어질 수 있다.

2. 뎅기열 바이러스는 처음 감염될 때는 거의 치명적이지 않다는 특이성을 가지고 있다. 하지만 다른 뎅기열 바이러스에 의해 두 번째 감염이 일어나면 심각한 증상이 나타날 수 있다. 뎅기열 바이러스 백신 뎅박시아(DengVaxia)는 4가지 바이러스 유형에 대해 면역력을 증진시킨다. 따라서 한 번도 뎅기열 바이러스에 감염된 적이 없는 사람들에게 백신은 첫 번째 감염처럼 작용하여, 잠재적으로 두 번째 자연 감염에서 일어날 수 있는 심각하고 치명적인 반응에 대비하게 해 준다. 요즘은 백신을 투여하기 전에 백신 접종자가 이전에 자연적으로 뎅기열에 감염된 적이 있는지 확인하는 테스트를 하고 있다. 안타깝게도 2017년 백신이 금지된 필리핀에서 저명한 소아과의사이자 뎅기열 연구자가 백신 홍보에 관여한 혐의로 기소되었다. Fatima Arkin, "Dengue Researcher Faces Charges in Vaccine Fiasco," *Science* 364, no. 6438 (April 26, 2019): 320.

3. Emil C. Reisinger et al., "Immunogenicity, Safety, and Tolerability of the Measles-Vectored Chikungunya Virus Vaccine MV-CHIK: A Double-Blind, Randomised, Placebo-Controlled and Active-Controlled Phase 2 Trial," *Lancet* 392 (December 22/29, 2018): 2718-27.

4. 길랭·바레증후군은 면역계가 신경을 공격하여 점차 잠재적으로 생명을 위협하는 쇠약이나 마비를 일으키는 신경질환이다. 2016년 9월까지 12개국에서 지카로 인한 길랭·바레증후군 사례가 증가했다고 보고

되었다.

9. 미생물은 비행 중

1. 나는 임상 연구 기간 동안, 이식된 장기의 거부반응이 나타나지 않게 하는 면역억제 약물을 복용하는 사람들처럼 면역계에 문제가 있는 환자들에게 영향을 미치는 감염병을 연구했다. 연구를 시작했던 1977년에는 물론 웨스트나일 바이러스 환자가 없었지만, 금세기 초까지 웨스트나일 바이러스는 장기이식을 받은 사람에게 뇌 감염을 일으키는 가장 흔한 원인이 되었다. 나와 상담했던 환자들은 대부분 70대였고, 장기이식을 받은 사람들은 그보다 젊었다.

2. David C. E. Philpott et al., "Acute and Delayed Deaths after West Nile Virus Infection, Texas, USA, 2002–2012," *Emerging Infectious Diseases* 25, no. 2 (February 2019): 256–64.

3. Galia Rahav et al., "Primary versus Nonprimary West Nile Virus Infection: A Cohort Study," *Journal of Infectious Diseases* 213, no. 5 (March 1, 2016): 755-61.

4. Wenqing Zhang and Robert G. Webster, "Can We Beat Influenza?," *Science* 357, no. 6347 (July 14, 2017): 111.

5. 박쥐도 물론 병에 걸린다. 광견병 같은 질환 외에도 박쥐는 인간에게는 전파되지 않는 박쥐흰코증후군white-nose syndrome이라는 독특한 신종 감염병에 걸린다. 이 감염병은 병만큼이나 추한 이름이 붙은 곰팡이(지오미세스 데스트럭탄스Pseudogymnoascus destructans)에 의해 발생하며 매우 치명적이다. 흰코증후군이라는 이름은 감염된 박쥐의 얼굴에 나타나는 독특한 흰색 솜털에서 유래했다. 2007년 뉴욕주에서 처음 발견된 박쥐흰코증후군은 거침없이 서쪽으로 전파되기 시작해 2016년 워싱턴주까지 전파되어 600만 마리가 넘는 박쥐를 죽였고, 2019년 초에는 수많은 미네소타 박쥐 종이 멸종 위기에 처했다.

10. 이곳에서는 숨 쉬지 마세요

1. Yaseen M. Arabi et al., "Middle East Respiratory Syndrome," *New England Journal of Medicine* 376 (February 9, 2017): 584-94.
2. Nick Phin et al. "Epidemiology and Clinical Management of Legionnaires' Disease," *Lancet* 14, no. 10 (June 23, 2014): 1011-21.

11. 숲속의 미생물

1. 등빨간긴가슴잎벌레 진드기는 다양한 유형의 진드기 가운데 가장 치명적인 인간의 적이지만, 그 외에도 다양한 진드기 종이 여러 유형의 병원균을 전파하여 인간을 고통스럽게 한다. 미국에 등장한 새로운 걱정거리는 아시아의 작은소참진드기Haemaphysalis longicornis이다. 2017년 발견되었고 이미 최소 9개 주에 전파됐다. 이 진드기가 어떻게 바다를 건너왔는지는 알려져 있지 않다. 진드기는 미국에서 흔히 볼 수 있는 다양한 병원균을 전파하기 때문에 질병관리센터의 레이더 화면에서 선명히 볼 수 있다. (2019년에는 질병관리센터에서 최초로 인간에게 해를 끼치는 병원균을 지니고 있는 미국의 진드기 개체 수를 감시하기 시작했다.) 오드니토도로스 투리카타Ornithodoros turicata는 비교적 최근에 등장한 진드기로, 텍사스주 오스틴에서 보렐리아 투리카타에B.turicatae 박테리아로 인해 발생한 진드기 매개 감염병 사태의 원인 제공자였다. Jack D. Bissett et al., "Detection of Tickborne Relapsing Fever Spirochete, Austin, Texas, USA," *Emerging Infectious Diseases* 24, no. 11 (2018): 2003-9.
2. 치료 후 라임병증후군은 희귀한 병은 아니다. 적절한 항생제 치료를 받은 뒤 완전히 회복하지 못한 라임병 환자의 수는 알려지지 않았지만, 최근 예측에 따르면 2020년까지 200만 명에 이른다. Allison DeLong, Mayla Hsu, and Harriet Kotsoris, "Estimation of Cumulative Number of Post-Treatment Lyme Disease 2020," *BMC Public Health* 19 (April 24, 2019): 352.

3. 최근 잘 알려지지 않은 만성라임병에 대한 많은 우려와 논란이 제기되고 있다. 이 질병 환자들은 병에 걸리기는 했지만 일반적으로 보렐리아 버그도페리 감염에 양성 반응을 보이지 않으며, 증상도 라임병의 공식적인 임상 기준을 충족하지 않는다. 하지만 문제는 실험실 테스트가 라임병 진단에 그다지 도움이 되지 않는 경우가 많다는 점이다. 일반적으로 감염병 전문가들은 만성라임병 치료가 비효율적이고 때로는 매우 해롭다는 이유로 치료에 부정적이다. 실제로 만성라임병 환자를 대상으로 한 장기간 항생제 치료를 무작위로 시험했을 때, 단기간 치료받은 사람에 비해 건강과 관련한 삶의 질이 더 좋아진다고 볼 수 없다는 결과가 나왔다. Anneleen Berende et al., "Randomized Trial of Longer-Term Therapy for Symptoms Attributed to Lyme Disease," *New England Journal of Medicine* 274 (March 31, 2016): 1209-20. 정말 병을 대수롭지 않게 여기며 아무것도 하지 않아도 되는지, 누군가에게 고통을 주는 병을 왜 치료하려 하지 않는가 하는 반론은 분명 설득력이 있다. 하지만 항생제의 위험성 때문에 나를 포함한 대다수의 의사는 이런 반론에 동의하지 않는다.

4. J. Stephen Dumler et al., "Human Granulocytic Anaplasmosis and *Anaplasma phagocytophilum*," *Emerging Infectious Diseases* 11, no. 12 (December 2005): 1828-34.

5. Edouard Vannier and Peter J. Krause, "Human Babesiosis," *New England Journal of Medicine* 366 (June 21, 2012): 2397-2407.

12. 쇠고기에는 무엇이 들어 있을까?

1. Joan Stephenson, "Nobel Prize to Stanley Prusiner for Prion Discovery," *Journal of the American Medical Association* 278, no. 18 (November 12, 1997): 1479.

2. Richard T. Johnson, "Prion Diseases," *Lancet Neurology* 4, no. 10 (October 1, 2005): 635-42.

3. Ross M. S. Lowe et al., "*Escherichia coli* O157:H7 Strain Origin,

Lineage, and Shiga Toxin 2 Expression Affect Colonization of Cattle," *Applied and Environmental Microbiology* 75, no. 15 (August 2009): 5074-81.

4. April K. Bogard et al., "Ground Beef Handling and Cooking Practices in Restaurants in Eight States," *Journal of Food Protection* 76, no. 12 (2013): 2132-40.

13. 장에서 일어나는 일들

1. Herbert L. DuPont, "Acute Infectious Diarrhea in Immunocompetent Adults," *New England Journal of Medicine* 370 (April 17, 2014): 1532-40.

2. 클로스트리듐 디피실*Clostridium difficile*이라는 이름이었던 이 박테리아는 2016년 유전적 유사성에 근거해 클로스트리오이데스 디피실로 명칭이 바뀌었다. 임상에서는 간단하게 *C. diff*라고 부른다.

3. 페루 어린이의 크립토스포리디아증 연구에서, 감염된 아이들의 63퍼센트가 증상을 나타내지 않았다. 증상을 보이지 않았던 미국의 감염 아동과 성인의 30퍼센트에서 크립토스포리듐 항체가 발견되었다.

4. Elizabeth Robilotti, Stan Deresinski, and Benjamin A. Pinsky, "Norovirus," *Clinical Microbiology Reviews* 28, no. 1 (January 2015): 134-64.

5. Jae Hyun Shin et al., "Innate Immune Response and Outcome of *Clostridium difficile* Infection Are Dependent on Fecal Bacterial Composition in the Aged Host," *Journal of Infectious Diseases* 217, no. 2 (January 15, 2018): 188-97.

6. Robert A. Britton and Vincent B. Young, "Interaction between the Intestinal Microbiota and Host in *Clostridium difficile* Colonization Resistance," *Trends in Microbiology* 20, no. 7 (July 2012): 313-19.

14. 겉모습이 다가 아니라면

1. Andie S. Lee et al., "Methicillin-Resistant *Staphylococcus aureus*," *Nature Reviews Disease Primers* 4 (May 31, 2018): article 18033.
2. Carl Andreas Grontvedt et al., "Methicillin-Resistant *Staphylococcus aureus* CC398 in Humans and Pigs in Norway: A 'One Health' Perspective on Introduction and Transmission," *Clinical Infectious Diseases* 63, no. 11 (December 1, 2016): 1431-38.
3. Bob C. Y. Chan and Paul Maurice, "Staphylococcal Toxic Shock Syndrome," *New England Journal of Medicine* 369 (August 29, 2013): 852.
4. A. P. Kourtis et al., "Vital Signs: Epidemiology and Recent Trends in Methicillin-Resistant and in Methicillin-Susceptible *Staphlococcus aureus* Bloodstream Infections—United States," *MMWR Morbidity and Mortality Weekly Report* 68, no. 9 (March 8, 2019): 214-19.

15. 항생제 오용의 위험

1. World Health Organization, "High Levels of Antibiotic Resistance Found Worldwide, New Data Show," news release, January 29, 2018.
2. Ruobing Wang et al., "The Global Distribution and Spread of the Mobilized Colistin Resistance Gene mcr-1," Nature Communications 9 (March 21, 2018): article 1179.
3. Bradley M. Hover et al., "Culture-Independent Discovery of the Malacidins as Calcium-Dependent Antibiotics with Activity against Multidrug-Resistant Gram-Positive Pathogens," Nature Microbiology 3 (February 12, 2018): 415-22.
4. Joseph Nesme et al., "Large-Scale Metagenomic-Based Study of Antibiotic Resistance in the Environment," Current Biology 24 (May 19, 2014): 1096-1100.

5. D. J. Livorsi et al., "A Systematic Review of the Epidemiology of Carbapenem-Resistant Enterobacteriaceae in the United States," Antimicrobial Resistance & Infection Control 7, no. 55 (April 24, 2018).

6. M. P. Freire et al., "Bloodstream Infection Caused by Extensively Drug- Resistant *Acinetobacer baumannii* in Cancer Patients: High Mortality Associated with Delayed Treatment Rather Than with the Degree of Neutropenia," *Clinical Microbiology and Infection* 22, no. 4 (April 2016): 352-58.

7. 왜 과학자들이 1만2000킬로나 떨어진 곳의 갈매기 엉덩이를 상세하게 조사하는지 궁금할지도 모르겠다. 그에 대한 답은 항생제에 내성이 있는 미생물이 어디에나 있기 때문이다. 지구상에 미생물이 없는 장소나 대상(갈매기의 엉덩이)은 거의 없다. 따라서 성장할 가능성이 없거나, 항생제에 내성이 있는 박테리아가 전파되지 않는 장소나 대상 역시 없다.

8. Lancet Commission, "Building a Tuberculosis-Free World: *The Lancet* Commission on Tuberculosis," *Lancet* 393, no. 10178 (March 20, 2019): 1331-84.

9. David W. Eyre et al., "A *Candida auris* Outbreak and Its Control in an Intensive Care Setting," *New England Journal of Medicine* 379 (October 4, 2018): 1322-31.

10. Jeremy D. Keenan et al., "Azithromycin to Reduce Childhood Mortality in Sub-Saharan Africa," *New England Journal of Medicine* 378 (April 26, 2018): 1583-92.

16. 대변 이식에 관한 솔직한 이야기

1. Els van Nood et al., "Duodenal Infusion of Donor Feces for Recurrent *Clostridium difficile*," *New England Journal of Medicine* 368 (January 13, 2013): 407-15.

2. Sahil Khanna et al., "A Novel Microbiome Therapeutic Increases Gut Microbial Diversity and Prevents Recurrent *Clostridium difficile* Infection," *Journal of Infectious Diseases* 214, no. 2 (July 15, 2016): 173-81.

3. Stuart Johnson and Dale N. Gerding, "Fecal Fixation: Fecal Microbiota Transplantation for *Clostridium difficle* Infection," *Clinical Infectious Diseases* 64, no. 3 (February 1, 2017): 272-74.

4. Ed Yong, "Sham Poo Washes Out," *Atlantic*, August 1, 2016.

5. Dae-Wook Kang et al., "Long-Term Benefit of Microbiota Transfer Therapy in Autism Symptoms and Gut Microbiota," *Scientific Reports* 9 (April 9, 2010): article 5821, DOI:10.1038/s41598-019-42183-0.

6. Jocelyn Kaiser, "Fecal Transplants Could Help Patients on Cancer Immunotherapy Drugs," *Science/Health*, April 5, 2019, DOI:10.1126/science.aax5960. 미네소타대학교 암센터의 산과학 및 산부인과·여성건강과 조교수 티모시 스타는 알렉산더 코러츠와 팀이 되어 이러한 관계를 더 깊게 연구했다. 소아과 혈액종양학자 루시 터코테와 코러츠는 미네스타대학교 마소닉 아동병원에서 마이크로바이옴 지식을 응용해 백혈병 환자의 건강을 개선할 방법을 찾고 있다.

17. 우호적인 박테리아와 곰팡이로 치유하기

1. Kate Costeloe et al., "*Bifidobacterium breve* BBG-001 in Very Preterm Infants: A Randomised Controlled Phase 3 Trial," Lancet 387, no. 10019 (February 13, 2016): 649.

2. Stephen B. Freedman et al., "Multicenter Trial of a Combination Probiotic for Children with Gastroenteritis," *New England Journal of Medicine* 379 (November 22, 2018): 2015-26.

3. Jennifer Abbasi, "Are Probiotics Money Down the Toilet? Or Worse?" *Journal of the American Medical Association* 321, no. 7 (February 19, 2019): 633-35.

4. Pinaki Panigrahi et al., "A Randomized Synbiotic Trial to Prevent Sepsis among Infants in Rural India," *Nature* 548 (August 24, 2017): 407-12.

5. Scott C. Anderson, John F. Cryan, and Ted Dinan, *The Psychobiotic Revolution: Mood, Food, and the New Science of the Gut-Brain Connection* (Washington, DC: National Geographic, 2017).

6. Nadja B. Kristensen et al., "Alterations in Fecal Microbiota Composition by Probiotic Supplementation in Healthy Adults: A Systematic Review of Randomized Controlled Trials," *Genome Medicine* 8, no. 1 (May 10, 2016): 52.

7. Andrew I. Geller et al., "Emergency Department Visits for Adverse Events Related to Dietary Supplements," New England Journal of Medicine 373 (October 15, 2015): 1531-40.

8. Aida Bafeta et al., "Harms Reporting in Randomized Controlled Trials of Interventions Aimed at Modifying Microbiota: A Systemic Review," Annals of Internal Medicine 169, no. 4 (August 21, 2018): 240-47.

18. 우호적인 바이러스로 치유하기

1. Carl Zimmer, *A Planet of Viruses* (Chicago: University of Chicago Press, 2011).

2. Patrick Jault et al., "Efficacy and Tolerability of a Cocktail of Bacteriophages to Treat Burn Wounds Infected by *Pseudomonas aeruginosa* (Phago-Burn): A Randomised Controlled Double-Blind Phase 1/2 Trial," *Lancet Infectious Diseases* 19, no. 1 (January 1, 2019): 35-45.

3. Robert T. Schooley et al., "Development and Use of Personalized Bacteriophage-Based Therapeutic Cocktails to Treat a Patient with a Disseminated Resistant *Acinetobacter baumannii* Infection,"

Antimicrobial Agents and Chemotherapy 61, no. 10 (October 2017), DOI:10.1128/AAC.00954-17.

4. Rebekah M. Dedrick et al., "Engineered Bacteriophages for Treatment of a Patient with a Disseminated Drug-Resistant *Mycobacterium abscessus*," *Nature Medicine* 25 (May 8, 2019): 730-33.

5. Waqas Nasir Chaudhry et al., "Synergy and Order Effects of Antibiotics and Phages in Killing *Pseudomonas aeruginosa* Biofilms," *PLOS One* (January 11, 2017), DOI:10.1371/journal. pone.0168615.ecollection2017.

19. 백신의 미래

1. John Rhodes, *The End of Plagues: The Global Battle against Infectious Disease* (New York: Palgrave Macmillan, 2013).

2. 파스퇴르의 기념비적 발견은 명예를 기리기 위해 그의 이름을 딴 파리 연구소 예배당의 모자이크로 기억되고 있다. 파스퇴르는 그야말로 우연히 닭에게 닭콜레라를 일으키는 박테리아의 오래된 배양액을 접종했고, 이것이 신선하고 치명적인 콜레라 박테리아에 맞서서 닭을 보호한다는 사실을 발견했다. 파스퇴르는 오래된 배양액 안의 쇠약해진 박테리아가 닭의 면역력을 키우는 데 도움이 되었다는 사실을 깨달았다. 물론 4장에 요약된 복잡한 면역 작용은 알지 못했지만, 이 실험은 면역이 결국 병원균에 대한 기억을 발전시킨다는 사실을 보여 주며 면역학 분야의 문을 새롭게 열었다.

3. Michael R. Weigand et al., "Genomic Survey of Bordetella pertussis Diversity, United States, 2000-2013," *Emerging Infectious Diseases* 25, no. 4 (April 2019): 780-83.

4. 2019년 2월 필라델피아의 템플대학교에서 볼거리가 발생해 3월 말까지 1000명이 넘는 학생에게 퍼져 갔다. Jeremy Bauer-Wolf, "Measles Outbreak at Temple University," *Inside Higher Ed*, April 2, 2019,

https://www.insidehighered.com/news/2019/04/02/temple-sees-mumpsoutbreak-more-100-cases. 이 유행은 해외여행자로부터 유래했다고 여겨졌으며, 해외여행 전에 올바른 백신 접종을 받는 것의 중요성을 입증했다. (일본 같은 일부 국가에서는 홍역 예방 접종을 받지 않는다.) 대학 캠퍼스처럼 생활 권역이 가깝게 붙어 있는 장소는 감염 확산에 취약하다.

5. Mark Honigsbaum, "Vaccination: A Vexatious History," *Lancet* 387, no. 10032 (May 14, 2016): 1988-89.

6. Shawn Otto, *War on Science: Who's Waging It, Why It Matters, What Can We Do about It* (Minneapolis: Milkweed Editions, 2016).

7. H. Cody Meissner, Narayan Nair, and Stanley A. Plotkin, "The National Vaccine Injury Compensation Program: Striking a Balance between Individual Rights and Community Benefit," *Journal of the American Medical Association* 321, no. 4 (January 29, 2019): 343-44.

8. Catharine I. Paules, Hilary D. Marston, and Anthony S. Fauci, "Measles in 2019—Going Backward," *New England Journal of Medicine* (April 17, 2019), DOI:10.1056/NEJMp1905099. (Epub ahead of print.)

9. Larry O. Gostin, "Law, Ethics, and Public Health in the Vaccination Debates:Politics of the Measles Outbreak," *Journal of the American Medical Association* 313, no. 11 (March 17, 2015): 1099-1100.

10. Phillip K. Peterson, *Get Inside Your Doctor's Head: 10 Commonsense Rules for Making Better Decisions about Medical Care* (Baltimore, MD: Johns Hopkins University Press, 2013).

11. Andrew J. Wakefield et al., "Ileal-Lymphoid-Nodular Hyperplasia, Nonspecific Colitis, and Pervasive Developmental Disorder in Children," *Lancet* 351, no. 9103 (February 28, 1998): 637-41. Retracted in *Lancet* 375, no. 9713 (February 6-12, 2010): 445.

12. Beate Ritz et al., "Air Pollution and Autism in Denmark," *Environ*

mental Epidemiology 2, no. 4 (December 2018): e028, DOI:10.1097/EE9.0000000000000028.

13. Lindzi Wessell, "Four Vaccine Myths and Where They Came From," *Science*, April 27, 2017, DOI:10.1126/scienceaa/1110.

14. Heidi J. Larson and William S. Schulz, "Reverse Global Vaccine Dissent," *Science* 364, no. 6436 (April 12, 2019): 105.

15. Leslie Roberts, "Is Measles Next?," *Science* 348, no. 6238 (May 29, 2015): 958-63.

16. James Colgrove, "Vaccine Refusal Revisited—the Limits of Public Health Persuasion and Coercion," *New England Journal of Medicine* 375 (October 6, 2016): 1316-17.

20. 미생물과 여섯 번째 멸종

1. 다윈과 편지를 주고받았던 친한 동료인 자연주의자 앨프리드 러셀 월리스는 1858년 사실상 같은 결론에 이르게 되었다. 실제로 두 사람은 그해 7월 어느 학회에서 함께 이 이론을 발표하기로 했지만, 결국 월리스는 혼자 발표를 해야만 했다. 그날 다윈은 아내와 함께 성홍열(치명적인 감염병)에 걸려 세상을 떠난 어린 아들을 땅에 묻어야 했기 때문이다. (1840년대 초에 패트릭 매튜라는 정원사 역시 자연선택 원리를 제시했으며, 《군함용 목재와 수목재배에 관하여》라는 책에 부록으로 실어 출간하기까지 했다. 아니나 다를까 당시 세상은 그의 통찰을 알아보지 못했다.)

2. Jean-Jacques Hublin et al., "New Fossils from Jebel Irhoud, Morocco and the Pan-African Origin of *Homo sapiens*," *Nature* 546 (June 8, 2017): 289-92.

3. Anthony D. Barnosky, *Dodging Extinction: Power, Food, Money, and the Future of Life on Earth* (Oakland: University of California Press, 2014).

4. Camilo Mora et al., "How Many Species Are There on Earth and in

the Ocean?," *PLOS Biology* (August 23, 2011), DOI:10.1371/journal. pbio.1001127.

5. Kenneth J. Locey and Jay T. Lennon, "Scaling Laws Predict Global Microbial Diversity," *Proceedings of the National Academy of Science USA* 113, no. 21 (May 24, 2016): 5970-75.

6. 나처럼 1970년대 이전에 학교에서 진화에 대해 배운 사람이라면 진화가 시간에 따라 아주 느리게, 심지어 예측 가능한 속도("자연은 도약하지 않는다")로 서서히 진행되는 과정이라고 배웠을 것이다. 따라서 지구가 그동안 5대 대량 멸종 등 다양한 충격을 받아 왔다는 사실에 놀랐을지도 모르겠다. 1972년 20세기의 가장 영향력 있는 진화생물학자 스티븐 굴드는 논란이 많은 단속평형이론 개념(punctuated equilibrium, 대다수의 종이 지질학적으로 어느 한 순간에 급속도로 기원한 다음 그 상태로 지속된다는 핵심적인 통찰)을 소개했다.

7. 놀랍게도 바다에 사는 아주 작은 식물성플랑크톤은 광합성을 통해 세상에 존재하는 산소의 약 50퍼센트를 생산한다. 나머지는 육지에서 식물과 나무의 광합성을 통해 생산된다.

8. Daniel H. Rothman et al., "Methanogenic Burst in the End-Permian Carbon Cycle," *Proceedings of the National Academy of Sciences USA* 111, no. 15 (April 15, 2014): 5462-67.

9. John Kappelmann et al., "Perimortem Fractures in Lucy Suggest Mortality Fall out of a Tall Tree," *Nature* 537 (September 22, 2016): 503-7.

10. 뉴기니인의 유전체에 관한 새로운 연구에 따르면 호모 사피엔스와 네안데르탈인의 멸종된 사촌 데니소반과의 교배가 불과 1만5000년 전에 있었다. Ann Gibbons, "Moderns Said to Mate with Late-Surviving Denisovans," *Science* 364, no. 6435 (April 5, 2019): 12-13.

11. Yuval Noah Harari, *Sapiens: A Brief History of Humankind* (New York: HarperCollins, 2015).

12. Charlotte J. Houldcroft and Simon J. Underdown, "Neaderthals May Have Been Infected by Diseases Carried out of Africa by

Humans," *American Journal of Physical Anthropology* 160, no. 3 (July 2016): 379-88.

13. Eugene Rosenberg and Ilana Zilber-Rosenberg, "Microbes Drive Evolution of Animals and Plants: The Hologenome Concept," *mBio* (March 31, 2016), DOI:10.1128/mBio.01395-15.

14. Jean-Christophe Simon et al., "Host-Microbiota Interactions: From Holobiont Theory to Analysis," *Microbiome* 7, no. 5 (January 11, 2019).

15. David Enard et al., "Viruses Are a Dominant Driver of Protein Adaptation in Mammals," *eLife* (May 17, 2016): e12469, DOI:10.7354/eLife.12469.

16. Elizabeth Kolbert, *The Sixth Extinction: An Unnatural History* (New York: Henry Holt, 2014).

17. Nicole L. Boivin et al., "Ecological Consequences of Human Niche Construction: Examining Long-Term Anthropogenic Shaping of Global Species Distributions," *Proceedings of the National Academy of Sciences USA* 113, no. 23 (June 7, 2016): 6388-96.

18. Ben C. Scheele et al., "Amphibian Fungal Panzootic Causes Catastrophic and Ongoing Loss of Biodiversity," *Science* 363, no. 6434 (March 29, 2019): 1459-62.

19. UN Intergovernmental Science-Policy Platform on Biodiversity and Ecosystems, "UN Report: Nature's Dangerous Decline 'Unprecedented'; Species Extinction Rates 'Accelerating,'" May 6, 2019.

20. Derek R. MacFadden et al., "Antibiotic Resistance Increases with Local Temperature," *Nature Climate Change* 8 (May 21, 2018): 510-14.

21. Anthony McMichael, Alistair Woodward, and Cameron Muir, *Climate Change and the Health of Nations: Famines, Fevers, and the Fate of Populations* (New York: Oxford University Press, 2017).

22. Rok Tkavc et al., "Prospects for Fungal Bioremediation of Acidic Radioactive Waste Sites: Characterization and Genome Sequence of *Rhodotorula taiwanensis* MD 1149," *Frontiers in Microbiology* (January 8, 2018), DOI:10.3389/fmicb.2017.02528.

21. 과학, 무지, 그리고 미스터리

1. Hans Rosling, Ola Rosling, and Anna Rosling Ronnlund, *Factfulness: Ten Reasons We're Wrong about the World—and Why Things Are Better Than You Think* (New York: Flatiron, 2018).

2. Steven Pinker, *Enlightenment Now: The Case for Reason, Science, Humanism, and Progress* (New York: Penguin, 2018).

3. Mazhar Adli, "The CRISPR Tool Kit for Genome Editing and Beyond," *Nature Communications* 9, no. 1 (May 15, 2018): 1911, DOI:10.1038/s41467-018-04252-2.

4. Pam Belluck, "Chinese Scientist Who Says He Edited Babies' Genes Defends His Work," *New York Times*, November 28, 2018.

5. Shany Doron et al., "Systematic Discovery of Antiphage Defense Systems in the Microbial Pangenome," *Science* 359, no. 6379 (March 2, 2018), DOI:10.1126/science.aar4120.

6. John Bohannon, "A New Breed of Scientist, with Brains of Silicon," *Science*, July 5, 2017, DOI:10.1126/science.aan7046.

7. Stuart Firestein, *Ignorance: How It Drives Science* (New York: Oxford University Press, 2012).

8. Nick Lane, *The Vital Question: Energy, Evolution, and the Origins of Complex Life* (New York: W. W. Norton, 2015).

9. Antonio Damasio, *The Strange Order of Things: Life, Feeling, and the Making of Cultures* (New York: Pantheon Books, 2018).

10. Kathryn Pritchard, "Religion and Science Can Have a True Dialogue," *Nature* 537 (September 22, 2016): 451, DOI:10.1038/537451a.

추천 도서

- Anderson, Scott C., John F. Cryan, and Ted Dinan. *The Psychobiotic Revolution: Mood, Food, and the New Science of the Gut-Brain Connection.* Washington, DC: National Geographic, 2017.
- Anton, Ted. Planet of Microbes: *The Perils and Potential of Earth's Essential Life Forms.* Chicago: University of Chicago Press, 2017.
- Barnosky, Anthony D. *Dodging Extinction: Power, Food, Money, and the Future of Life on Earth.* Oakland: University of California Press, 2014.
- Bauerfeind, Rolf, Alexander von Graevenitz, Peter Kimmig, Hans Gerd Schiefer, Tino Schwartz, Werner Slenczka, and Horst Zahner. *Zoonoses: Infectious Diseases Transmissible from Animals to Humans.* 4th ed. Washington, DC: ASM Press, 2016.
- Biddle, Wayne. *A Field Guide to Germs. New York: Henry Holt, 1995.*
- *Blaser, Martin J. Missing Microbes: How the Overuse of Antibiotics Is Fueling Our Modern Plagues.* New York: Henry Holt, 2014.
- Bloomberg, Michael, and Carl Pope. *Climate of Hope: How Cities, Businesses, and Citizens Can Save the Planet.* New York: St. Martin's Press, 2017.

- Choffnes, Eileen R., LeighAnne Olsen, and Alison Mack, rapporteurs. *Microbial Ecology in States of Health and Disease (Workshop Summary).* Institute of Medicine. Washington, DC: National Academies Press, 2014.
- Chutkan, Robynne. *The Microbiome Solution: A Radical New Way to Heal Your Body from the Inside Out.* New York: Avery, 2015.
- Clark, David P. *Germs, Genes and Civilization: How Epidemics Shaped Who We Are Today.* Upper Saddle River, NJ: FT Press, 2010.
- Damasio, Antonio. *The Strange Order of Things: Life, Feeling, and the Making of Cultures.* New York: Pantheon Books, 2018. (《느낌의 진화: 생명과 진화를 만든 놀라운 순서》, 임지원 옮김, 아르테, 2019.)
- Darwin, Charles. *The Origin of Species by Means of Natural Selection of the Preservation of Favored Races in the Struggle for Life.* New York: New American Library, 2003. (《종의 기원》, 장대익 옮김, 사이언스북스, 2019.)
- Dennett, Daniel C. *From Bacteria to Bach and Back: The Evolution of Minds.* New York: W. W. Norton, 2017.
- Diamond, Jared. *Guns, Germs, and Steel: The Fates of Human Societies.* New York: W. W. Norton, 1997. (《총, 균, 쇠: 무기, 병균, 금속은 인류의 운명을 어떻게 바꿨는가》, 김진준 옮김, 문학사상, 2005.)
- Dietert, Rodney. *The Human Superorganism: How the Microbiome Is Revolutionizing the Pursuit of a Healthy Life.* New York: Dutton, 2016.
- Dunn, R. *The Wild Life of Our Bodies: Predators, Parasites, and Partners That Shape Who We Are Today.* New York: Harper Perennial, 2014. (《야생의 몸, 벌거벗은 인간: 우리의 몸을 만든 포식자, 기생자, 동반자》, 김정은 옮김, 열린과학, 2012.)
- Eldredge, Niles. *Eternal Ephemera: Adaptation and the Origin of Species from the Nineteenth Century through Punctuated Equilibria and Beyond.* New York: Columbia University Press, 2015.

- Firestein, Stuart. *Ignorance: How It Drives Science.* New York: Oxford University Press, 2012. (《이그노런스: 무지는 어떻게 과학을 이끄는가》, 장호연 옮김, 뮤진트리, 2017.)
- Fortey, Richard. *Life: A Natural History of the First Four Billion Years of Life on Earth.* New York: Vintage Books, 1997.
- Goetz, Thomas. *The Remedy: Robert Koch, Arthur Conan Doyle, and the Quest to Cure Tuberculosis.* New York: Avery, 2014.
- Hall, W., A. McDonnell, and J. O'Neill. *Superbugs: An Arms Race against Bacteria.* Cambridge, MA: Harvard University Press, 2018.
- Harari, Yuval Noah. *Sapiens: A Brief History of Humankind.* New York: HarperCollins, 2015. (《사피엔스: 유인원에서 사이보그까지 인간 역사의 대담하고 위대한 질문》, 조현욱 옮김, 김영사, 2015.)
- Holt, Jim. *Why Does the World Exist? An Existential Detective Story.* New York: Liveright, 2012. (《세상은 왜 존재하는가: 역사를 관통하고 지식의 근원을 통찰하는 궁극의 수수께끼》, 우진하 옮김, 21세기북스, 2013.)
- Kolbert, Elizabeth. *The Sixth Extinction: An Unnatural History.* New York: Henry Holt, 2014. (《여섯 번째 대멸종》, 이혜리 옮김, 처음북스, 2014.)
- Kolter, Roberto, and Stanley Maloy, eds. *Microbes and Evolution: The World Darwin Never Saw.* Washington, DC: ASM Press, 2012.
- Lane, Nick. *The Vital Question: Energy, Evolution, and the Origins of Complex Life.* New York: W. W. Norton, 2015. (《바이탈 퀘스천: 생명은 어떻게 탄생했는가》, 김정은 옮김, 까치, 2016.)
- Lederberg, Joshua, Robert E. Shope, and Stanley C. Oaks Jr., eds. *Emerging Infections: Microbial Threats to Health in the United States.* Washington, DC: National Academies Press, 1992.
- Mackenzie, John S., M. Jeggo, P. Daszak, and J. A. Richt, eds. *One Health: The Human–Animal–Environment Interfaces in Emerging Infectious Diseases.* Current Topics in Microbiology and

Immunology 366. New York: Springer, 2013.

- Mayer, Emeran. *The Mind-Gut Connection: How the Hidden Conversation within Our Bodies Impacts Our Mood, Our Choices, and Our Overall Health.* New York: HarperCollins, 2016. (《더 커넥션: 뇌와 장의 은밀한 대화》, 김보은 옮김, 브레인월드, 2017.)
- McKenna, Maryn. *Big Chicken: The Incredible Story of How Antibiotics Created Modern Agriculture and Changed the Way the World Eats.* Washington, DC: National Geographic, 2017. (《빅 치킨: 항생제는 농업과 식생활을 어떻게 변화시켰나》, 김홍옥 옮김, 에코리브르, 2019.)
- McMichael, Anthony J., Alistair Woodward, and Cameron Muir. *Climate Change and the Health of Nations: Famines, Fevers, and the Fate of Populations.* New York: Oxford University Press, 2017.
- McNeill, William H. *Plagues and People.* New York: Doubleday, 1997. (《전염병과 인류의 역사》, 허정 옮김, 한울, 2019.)
- Monosson, Emily. *Natural Defense: Enlisting Bugs and Germs to Protect Our Food and Health.* Washington, DC: Island Press, 2017.
- Morris, Robert D. *The Blue Death: Disease, Disaster, and the Water We Drink.* New York: HarperCollins, 2007.
- Mukherjee, Siddhartha. *The Gene: An Intimate History.* New York: Scribner, 2016.
- National Academies of Sciences, Engineering, and Medicine. *Exploring Lessons Learned from a Century of Outbreaks: Readiness for 2030; Proceedings of a Workshop.* Washington, DC: National Academies Press, 2019.
- Nye, Bill. *Undeniable: Evolution and the Science of Creation.* New York: St. Martin's Press, 2014.
- O'Malley, Maureen A. *Philosophy of Microbiology.* New York: Cambridge University Press, 2014.
- Osterholm, Michael T., and Mark Olshader. *Deadliest Enemy: Our*

War against Killer Germs. New York: Little, Brown, 2017. (《살인 미생물과의 전쟁: 40년 경력 영학 조사관이 밝힌 바이러스 대유행의 모든 것》, 김정아 옮김, 글항아리, 2020.)

- Otto, Shawn. *War on Science: Who's Waging It, Why It Matters, What Can We Do about It.* Minneapolis: Milkweed Editions, 2016.
- Pennington, Hugh. *Have Bacteria Won? Cambridge: Polity Press, 2016.*
- *Pinker, Steven. Enlightenment Now: The Case for Reason, Science, and Humanism.* New York: Penguin, 2018. (《지금 다시 계몽》, 김한영 옮김, 사이언스북스, 2021.)
- Piot, Peter. AIDS *Between Science and Politics.* New York: Columbia University Press, 2015.
- Quammen, David. *Spillover: Animal Infections and the Next Human Pandemic.* New York: W. W. Norton, 2012. (《인수공통 모든 전염병의 열쇠》, 강병철 옮김, 꿈꿀자유, 2020.)
- ———, *The Tangled Tree: A Radical New History of Life.* New York: Simon & Schuster, 2018. (《진화를 묻다: 다윈 이후, 생명의 역사를 새롭게 밝혀낸 과학자들의 여정》, 이미경, 김태완 옮김, 프리렉, 2020.)
- Rhodes, John. *The End of Plagues: The Global Battle against Infectious Disease.* New York: Palgrave Macmillan, 2013.
- Rosling, Hans, Ola Rosling, and Anna Rosling Rönnlund. *Factfulness: Ten Reasons We're Wrong about the World—and Why Things Are Better Than You Think.* New York: Flatiron, 2018. (《팩트풀니스: 우리가 세상을 오해하는 10가지 이유와 세상이 생각보다 괜찮은 이유》, 이창신 옮김, 김영사, 2019.)
- Shah, Sonia. *Pandemic Trafficking Contagions, from Cholera to Ebola.* New York: Sarah Crichton Books, 2016. (《판데믹: 바이러스의 위협》, 정해영 옮김, 나눔의집, 2017.)
- Smolinski, Mark S., Margaret A. Hamburg, and Joshua Lederberg.

Microbial Threats to Health: Emergence, Detection, and Response. Washington, DC: National Academies Press, 2003.

- Thomas, Chris D. *Inheritors of the Earth: How Nature Is Thriving in an Age of Extinction.* New York: PublicAffairs, 2017.

- Verstock, Frank T., Jr. *The Genius Within: Discovering the Intelligence of Every Living Thing.* New York: Harcourt, 2002.

- Wilson, Edward O. *Biophilia.* Cambridge, MA: Harvard University Press, 1984. (《바이오필리아: 우리 유전자에는 생명 사랑의 본능이 새겨져 있다》, 안소연 옮김, 사이언스북스, 2010.)

- —————, *Genesis: The Deep Origin of Societies.* New York: Liveright, 2019.

- —————, *The Meaning of Human Existence.* New York: Liveright, 2014. (《인간 존재의 의미: 지속 가능한 자유와 책임을 위하여》, 이한음 옮김, 사이언스북스, 2016.)

- Yong, Ed. *I Contain Multitudes: The Microbes within Us and a Grander View of Life.* New York: HarperCollins, 2016. (《내 속엔 미생물이 너무도 많아: 기상천외한 공생의 세계로 떠나는 그랜드 투어》, 양병찬 옮김, 어크로스, 2017.)

- Zimmer, Carl. *A Planet of Viruses.* Chicago: University of Chicago Press, 2011. (《바이러스 행성: 바이러스는 어떻게 인간을 지배했는가》, 이한음 옮김, 위즈덤하우스, 2013.)

- Zinsser, Hans. *Rats, Lice, and History.* Boston: Little, Brown, 1934.

옮긴이 **홍경탁**

카이스트 전기 및 전자공학과를 졸업하고 동 대학원에서 경영과학 석사학위를 받았다. 기업 연구소와 벤처기업에서 일했으며, 지금은 전문 번역가로 활동 중이다.《데이터 자본주의》,《길 잃은 사피엔스를 위한 뇌과학》,《우아한 방어》,《폭염사회》,《공기의 연금술》등을 옮겼다. 번역에 대한 의문점은 http://mementolibro.tistory.com에서 답을 구할 수 있다.

감수 **김성건**

2002년 한국과학기술원 생명과학과에서 박사 학위를 받았다. 2007년부터 한국생명공학연구원 생물자원센터에서 일하고 있으며, 2018년부터 생물자원센터장을 맡고 있다. 세균 분야 큐레이터이며, 글라이딩 세균(gliding bacteria) 등 유용한 신종 세균 자원에 대한 미생물 분류와 특성분석에 관한 연구를 수행하고 있다.

미생물이 우리를 구한다

초판 1쇄 인쇄 2022년 1월 14일
초판 1쇄 발행 2022년 1월 28일

지은이 | 필립 K. 피터슨
옮긴이 | 홍경탁
발행인 | 강봉자, 김은경

펴낸곳 | (주)문학수첩
주소 | 경기도 파주시 회동길503-1(문발동633-4) 출판문화단지
전화 | 031-955-9088(대표번호), 9534(편집부)
팩스 | 031-955-9066
등록 | 1991년 11월 27일 제16-482호

홈페이지 | www.moonhak.co.kr
블로그 | blog.naver.com/moonhak91
이메일 | moonhak@moonhak.co.kr

ISBN 978-89-8392-892-4 03470

* 파본은 구매처에서 바꾸어 드립니다.